生物多样性保护与绿色发展之中国实践

张惠远　郝海广　张　强等　著

科 学 出 版 社
北　京

内 容 简 介

在全面推进生态文明建设的背景下，我国保护生物多样性和推动绿色发展的力度持续加大，取得了显著成效。本书在辨析生态文明建设、生物多样性保护和绿色发展之间关系的基础上，从我国生物多样性保护现状、生物多样性保护与绿色发展主要举措、生物多样性保护与和谐人居建设、生物多样性保护与乡村绿色发展等方面阐述了我国推动生物多样性保护与绿色发展的主要做法、典型案例以及取得的成效，并最后提出实现生物多样性保护和绿色发展双赢的对策措施，为促进人与自然和谐共生提供支撑。

本书可供生物多样性保护、生态环境保护、自然资源管理相关政府部门、企事业单位工作人员，以及科研院所和高等院校的科研人员、工程技术人员、师生阅读使用。

图书在版编目（CIP）数据

生物多样性保护与绿色发展之中国实践/张惠远等著. —北京：科学出版社, 2021.6

ISBN 978-7-03-068685-5

Ⅰ. ①生…　Ⅱ. ①张…　Ⅲ. ①生物多样性–生物资源保护–研究–中国　Ⅳ. ①X176

中国版本图书馆 CIP 数据核字(2021)第 076515 号

责任编辑：王海光　闫小敏 / 责任校对：郭瑞芝
责任印制：吴兆东 / 封面设计：北京图阅盛世文化传媒有限公司

科学出版社 出版
北京东黄城根北街 16 号
邮政编码: 100717
http://www.sciencep.com

北京华宇信诺印刷有限公司印刷
科学出版社发行　各地新华书店经销
*
2021 年 6 月第　一　版　开本：889×1194　1/16
2025 年 1 月第三次印刷　印张：11 3/4
字数：376 000

定价：128.00 元

(如有印装质量问题, 我社负责调换)

2020 UN BIODIVERSITY CONFERENCE
COP 15 - CP/MOP10 - NP/MOP4
Ecological Civilization-Building a Shared Future for All Life on Earth
KUNMING · CHINA

生态文明：共建地球生命共同体

谨以此书献给《生物多样性公约》第十五次缔约方大会

Ecological Civilization–Building a Shared Future for All Life on Earth

This book is dedicated to the 15th Meeting of the Conference of the Parties to the *Convention on Biological Diversity*

丛书编委会

井　欣　　生态环境部自然生态保护司生物多样性保护处处长
周　桔　　中国科学院科技促进发展局生物技术处处长
曾　艳　　中国科学院科技促进发展局副研究员
王　静　　科学出版社生物分社社长
沈　建　　中国环境出版集团副总经理
陈永梅　　中国环境科学学会科普部主任
胡飞龙　　生态环境部南京环境科学研究所副研究员
万夏林　　生态环境部对外合作与交流中心副室主任

前　言

作为人类生存和发展的基础，生物多样性提供生态服务，维护生态安全，是绿色发展的重要保障，更是推动绿色转型的战略资源。长期以来，传统的粗放发展方式给生物多样性、生态安全带来巨大灾难，影响人类可持续发展。“杀鸡取卵、竭泽而渔的发展方式走到了尽头，顺应自然、保护生态的绿色发展昭示着未来。”当前，全球工业化、城镇化仍然处于深入推进阶段，资源消耗“天花板”和生态环境“底线”的约束作用将更加突出，经济发展提质增效、转型升级的要求更加紧迫。

保护生物多样性，推动绿色发展，是当前国际社会的共识，也是衡量一个国家生态文明水平和可持续发展能力的重要标志。虽然世界各国均把绿色发展作为重大战略选择，但是全球绿色发展进程仍不尽如人意。2020 年以来，受新冠肺炎疫情冲击和世界经济衰退影响，无论是生物多样性保护还是绿色发展都将面临巨大冲击和挑战，实现人与自然和谐共生的生态文明社会任重道远，急需深入开展实践探索，推动生物多样性保护和绿色发展迈上新台阶。

中国是全球生物多样性最丰富的国家之一。中国政府历来高度重视生物多样性保护工作，成立了由国务院副总理担任主任的中国生物多样性保护国家委员会，将生物多样性保护上升为国家战略，发布了《中国生物多样性保护战略与行动计划》（2011—2030 年）和《联合国生物多样性十年中国行动方案》，出台了一系列法规、政策、规划，将生物多样性保护纳入各部门、各地区的有关规划和计划，实施了一大批重大工程，生物多样性保护工作取得显著成绩。十八大以来，中国将生态文明建设作为“五位一体”总体布局的重要组成内容，把美丽中国作为奋斗目标，把生态环境保护工作摆在更加突出的位置，加快推进绿色发展，努力促进人与自然和谐共生。中国推进生物多样性保护与绿色发展的实践探索，不仅为中国深入推进生态文明建设积累了重要经验，也为全球可持续发展提供了重要借鉴和参考。

《生物多样性公约》第十五次缔约方大会将在中国昆明举办，主题为“生态文明：共建地球生命共同体”。加快推进全球生态文明建设，努力实现《生物多样性公约》2050 年生物多样性可持续利用和惠益分享目标，对于实现人与自然和谐共生美好愿景和提高人类福祉具有重要意义。本书以此次大会为契机，主要从三个角度展现我国生态文明建设过程中在推动生物多样性保护与绿色发展方面所做的工作及取得的成效，展现党中央带领全国人民共同促进人与自然和谐发展的坚定决心，展示中国引领全球生态文明建设和生态环境保护的大国担当。这三个方面是：第一，全面阐述中国生态文明理念及其对于生物多样性保护的重大意义，总结中国生物多样性保护的法规、政策等；第二，梳理保护生物多样性、推进绿水青山向金山银山转化的典型案例、经验模式和实践成效；第三，提出实现生物多样性保护和绿色发展双赢的对策措施，为实现人与自然和谐共生提供支撑。

本书内容主要基于生态环境部预算项目“生态环境保护监管”“生态环保扶贫与对口支援”，国家自然科学基金项目“典型生态脆弱区景观多功能权衡及生态风险调控机理研究”（41871196）、“泾河流域生态保护政策驱动下的生态系统服务流研究”（41701601）的研究成果。

本书由张惠远主持撰写，郝海广、张强负责统稿。具体章节编写人员为：第一章，刘海燕、张惠远、郝海广、张强、张哲；第二章，冯丹阳、张强、张惠远、郝海广、王宝良；第三章，周美华、张强、张惠远、郝海广、王宝良；第四章，吴保锋、张哲、张惠远、郝海广、张强、李圆圆；第五章，张哲、管梦鸾、张惠远、李毓琛、雒新萍、张强、郝海广；第六章，李娟花、郝海广、张惠远、张强、方磊、舒昶；第七章，刘煜杰、林青霞、张惠远、张超、郝海广、张强、朱粟锋；第八章，李圆圆、张惠远、郝海广、张强、张哲。

“绿水青山就是金山银山，改善生态环境就是发展生产力。良好生态本身蕴含着无穷的经济价值，能够源源不断创造综合效益，实现经济社会可持续发展。”“我们要像保护自己的眼睛一样保护生态环境，像对待生命一样对待生态环境，同筑生态文明之基，同走绿色发展之路！”人类对生物多样性价值的认识和重视程度不断提升，这将成为生物多样性保护的内生动力。保护生物多样性，推动绿色发展，世界各国需同心协力，共同守护地球，共建万物和谐的美丽家园。

著　者

2020 年 10 月

目　录

第 1 章　生物多样性保护与绿色发展的关系

生物多样性是人类赖以生存的物质条件，是经济社会可持续发展的基础，是生态安全和粮食安全的保障。人类的发展历史，与形形色色的生物有着密不可分的关系，各类生物资源为人类提供了赖以生存的物质基础，保障了人类的衣食住行，奠定了人类经济、社会和生态可持续发展的基础。传统的经济发展模式多是以破坏生态平衡、大量消耗能源与资源为特征的损耗式经济，常常导致资源过度开发并威胁生态安全。相对于传统经济模式而言，绿色发展是以维护人类生存环境、合理使用能源与资源为特点的一种可持续的经济发展模式，是现代社会一种新型的经济模式和发展形态，成为保护和利用生物资源的政策支撑。当前，关于生物多样性与绿色发展关系的认识仍在发展完善之中，有必要对其概念内涵和发展历程进行系统梳理。

1.1　生物多样性的定义与层次

生物资源的合理利用和有效保护，是世界关注的热点，同时是一个矛盾而艰巨的任务。由于生物多样性的概念和内涵一直以来是学界共同探讨与不断完善的课题，理清生物多样性的内涵，理解多样的物种对于形成人类生态系统的重要性，进而协调生态环境和经济可持续性，是实现生物多样性可持续发展的基础，也是生物多样性研究关注的焦点。

1.1.1　生物多样性的定义

1. 定义演变

生物多样性这一概念由美国野生生物学家和保育学家雷蒙德（Ramond F. Dasman）1968 年在其著作《一个不同类型的国度》（*A Different Kind of Country*）中首先提出，其英文是 biology 和 diversity 的组合，即 biological diversity。此后的十多年，这个词并没有得到广泛的认可和传播，直到 1985 年，罗森（W. G. Rosen）第一次使用“生物多样性”的缩写形式 biodiversity，并于 1986 年第一次出现在公开出版物上，自此“生物多样性”才在科学和环境领域得到广泛传播与使用。1984～1986 年，多位学者尝试给出生物多样性的概念，但都不明确（Wilcox，1984；Norse，1986）。美国国会技术评估办公室 1987 年给予了生物多样性更明确的定义，即生物之间的多样化和变异性及物种生境的生态复杂性。

自 1989 年至今，众多学者或机构均对生物多样性的概念进行了阐述和解析，生物多样性的概念在学科发展中不断变化。世界自然基金会（World Wide Fund for Nature，WWF）对生物多样性的定义是：地球生命的宝库——无数植物、动物和微生物，它们所包含的基因及由它们构成的复杂生态系统（WWF，1989）。国际鸟类保护理事会（International Council for Bird Preservation，ICBP）对生物多样性的定义是：地球上所有生命的多样化，它包括所有的基因、物种和生态系统及生物所参与的各种生态过程（ICBP，1992）。《生物多样性公约》对生物多样性的定义是：所有来源的形形色色生物体，这些来源包括陆地、海洋和其他水生生态系统及其所构成的生态综合体；这包括物种内部、物种之间和生态系统的多样性。

我国学者马克平（1993）提出，生物多样性是生物及其与环境形成的生态复合体及与此相关的各种生态过程的总和，由生态系统多样性、物种多样性和遗传（基因）多样性三个层次组成。随后，他进一步提出，生物多样性是生物及其与环境形成的生态复合体及相关的生态过程的总和，包括生物与生存环境形成的复杂的生态系统多样性和景观多样性（马克平，1993）；钱迎倩（1994）认为，生物多样性是生物及其与环境形成的生态复合体以及与此相关的各种生态过程的总和，包括数以百万计的动物、植物、微生物和它们所拥有的基因以及它们与其生存环境形成的复杂的生态系统，是生命系统的基本特征。2011

年，环境保护部（现生态环境部）提出生物多样性的定义：生物（动物、植物、微生物）与环境形成的生态复合体以及与此相关的各种生态过程的总和，包括生态系统、物种和基因三个层次（中华人民共和国环境保护部，2011）。此外，林学名词审定委员会（2016）认为生物多样性是一定地区的各种生物，以及由这些生物所构成的生命综合体的丰富程度，包括遗传多样性、物种多样性、生态系统多样性等多个层次。

2. 内涵与层次

不同学科对生物多样性有不同的理解和关注度。多数学者或机构（马克平，1993；钱迎倩，1994；陈灵芝，1993；李俊清，2012；薛达元，2011；林学名词审定委员会，2016）认为生物多样性一词至少应有三个方面的含义，即生物学的、生态学的和生物地理学的生物多样性。①生物学意义：多侧重于生命实体群（主要指物种及其以下的实体）在代谢、生理、形态、行为等方面表现出的差异性，如生命有机体、分类学生物的多样性；②生态学意义：主要指群落、生态系统或者景观在组成、结构、功能及动态等方面的差异性，如生态、物种和生境多样性；③生物地理学意义：指不同分类群或其组合的分布特征或差异，如植物区系多样性。

前期的学者将生物多样性分为 3 个层次，即遗传多样性、物种多样性和生态系统多样性（马克平，1993）。但是也有学者不接受生态系统多样性的概念。例如，Hawksworth（1994）认为生态系统包括有机体群落和无机环境两部分，而后者显然是没有生物多样性的。迟德富等（2005）指出生态系统多样性与遗传多样性和物种多样性虽然统称为生物多样性，但其与后两者有较大区别：一方面生态系统多样性是遗传多样性与物种多样性在更高、更复杂层次的体现；另一方面生态系统多样性除包含不同的物种与生物群落外，还与生物的生境和生态过程密切相关。生态系统多样性的形成，一方面取决于构成各类生态系统中生物群落的差别，另一方面与生态系统中环境因子的特异性相关。

对景观多样性这一层次的争论较大。王伯荪等（2005）认为景观多样性是指景观单元结构和功能方面的多样性，它包括斑块多样性、类型多样性和格局多样性，主要研究组成景观的斑块数量、大小、形状和景观的类型、分布及斑块之间的连接性、连通性等结构与功能方面的多样性。虽然，景观多样性与生物多样性无论在研究内容上还是研究方法上均有所不同，明显有别于生物多样性的概念与内涵，但景观多样性层次在后来逐渐被接受（马克平，1993；钱迎倩，1994）。在较大时空尺度上，景观多样性构成其他层次生物多样性的背景，并与其他层次生物多样性密切相关，对于物质迁移、能量交换、生产力水平、物种分布扩散等有重要影响，是生物多样性的重要组成部分。

也有学者将文化多样性作为生物多样性的一个组分（张新时，1994），即在语言、宗教信仰、社会结构等人类社会特征上表现出的多样性（裴盛基等，2012）。文化多样性是指在不同文化背景或同一文化背景下，人类对生物多样性保护和持续利用方式的多样化，以及因文化背景差异而反映出来的人类生活方式和在不同环境中采取的生存策略的多样化（陈灵芝和马克平，2001）。文化多样性应属于对生物多样性保护和利用的方式或影响，不宜置于生物多样性中。

总之，生物多样性既是生物资源丰富多彩的标志，也是生物之间及其与生存环境之间复杂相互关系的体现，是生物与环境协同进化的结果。生物与环境通过物质循环、能量流动和信息交流形成了相对稳定的开放系统，维持着人类赖以生存的生物多样性和生态系统。综上，本书中生物多样性是生物及其与环境形成的生物类群层次结构和功能的多样性，包括遗传多样性、物种多样性、生态系统多样性和景观多样性 4 个层次。

1.1.2 生物多样性的层次

1. 遗传多样性

遗传多样性（genetic diversity）即物种内基因和基因型多样性。任何物种的个体都保持着大量的遗传类型，均是一个基因库。遗传多样性作为生物多样性的重要组成部分，是生态系统多样性和物种多样性的基础，因此具有非常重要的研究意义。遗传多样性包含分子、细胞和个体三个方面遗传变异的多样性，对物种和群落的多样性有决定性作用。1900 年孟德尔遗传规律的发现为遗传多样性研究奠定了基础。

广义的遗传多样性是指蕴藏在地球上植物、动物和微生物个体基因中的遗传信息总和（McNeely et al.，1990）。狭义的遗传多样性主要是指生物种内基因的变化，包括种内显著不同的种群之间以及同一种群内的遗传变异（WRI et al.，1992），故遗传多样性不仅包括变异水平的高低，也包括变异的分布格局，即种群的遗传结构（夏铭，1999）。从不同的角度出发，对遗传多样性有不同的阐述。施立明（1990）认为遗传多样性为种内和种间表现在分子、细胞、个体三个水平上的遗传变异度。季维智和宿兵（1999）认为遗传多样性在广义上是指种内或种间表现在分子、细胞、个体三个水平上的遗传变异度，狭义上则主要是指种内不同群体和个体间的遗传多态性程度。迟德富等（2005）认为遗传多样性是指地球上所有生物所携带的遗传信息总和，也就是各种生物所拥有的多种多样的遗传信息。张风春等（2015a）认为遗传多样性是指一个物种的基因组成中遗传特征的多样性，包括种内不同种群之间或同一种群内不同个体的遗传变异。冯晓辉（2015）认为遗传多样性又称基因多样性，是指生物体内决定性状的遗传因子及其组合的多样性。

2. 物种多样性

物种多样性（species diversity）是指物种水平的多样性。理论上，物种多样性是指地球上所有生物物种及其各种变化的总体，是生物多样性在物种水平上的表现形式；通常也指不同物种的出现频率与多样性，或是指地球上动物、植物、微生物等生物种类的丰富程度。针对一个地区物种的多样化，可以从分类学、生物地理学等角度，开展物种多样性规模、形成、演化，物种受威胁现状，以及物种可持续研究。

不同学者对物种多样性也有各自定义。迟德富等（2005）认为物种多样性是一定区域内物种的多样化及其变化，包括一定区域内生物区系的状况、形成、演化、分布格局及其维持机制。而张风春等（2015a）定义其为“在一次个体采集（数据集）中，不同物种的有效物种数，以及一定时间、一定空间中各个物种的个体分布特点，包括了物种丰富度和物种均匀度”。物种多样性是生物多样性在物种水平上的表现形式，是指地球上动物、植物、微生物等生物种类的丰富程度（冯晓辉，2015）。

物种多样性是生物多样性的关键，它既体现了生物之间及其与环境之间的复杂关系，又体现了生物资源的丰富性。物种多样性主要包括两个方面：①指一定区域内的物种丰富程度，可称为区域多样性（regional diversity）；②指生态学方面的物种分布均匀程度，可称为生态多样性（ecological diversity）或群落物种多样性（蒋志刚等，1997）。区域多样性方面，通过区域物种调查，从分类学、系统学和生物地理学角度，对一定时空尺度上物种总数的形成、迁徙和灭绝，科、属、种的分布中心，种类的特有分布与岛屿生物地理学所涉及的物种问题进行研究。群落多样性方面，往往从生态学角度对群落的结构水平进行研究，强调物种多样性的生态学意义，如群落的物种组成、物种多样性的程度、生态功能群的划分、物种在能量流和物质流中的作用等。

3. 生态系统多样性

生态系统由不同生物群落组成。组成生态系统的生物群落一般具有垂直结构和水平结构。物种多样性和生态系统的稳定与恢复之间紧密相关。某些物种可能是关键种，其存在与否影响群落组成，从而进一步影响生态系统的功能。此外，有些生态系统通常存在于另外一些生态系统之中。

生态系统是由具有不同营养特点的生物组成的，即营养多样性导致生态系统多样性。生态系统多样性是指生物圈内生境、生物群落和生态过程的多样性。McNeely 等（1990）认为，生态系统多样性是指不同生态系统的变化及其频率，即生物圈内生境、生物群落和生态过程的多样化及生态系统内生境差异、生态变化的多样性。陈灵芝（1993）认为，生态系统多样性是指生物圈内栖息地、生物群落和生态学过程的多样性，以及生态系统内栖息地差异和生态学过程变化的多样性。迟德富等（2005）和冯晓辉（2015）认为，生态系统多样性是指生物圈内生物群落、生境与生态过程的多样化。张风春等（2015b）则认为，生态系统多样性包括生态系统类型、结构、功能和生态过程的多样化等。

生境多样性是指无机环境，如地形、地貌、气候、水文等的多样性；生物群落多样性是指群落组成、结构和动态（包括演替和波动）方面的多样化；生态过程是生态系统组成、结构和功能在时间、空间上的变化，主要包括物质流、能量流、水分循环、营养物质循环以及生物间的竞争、捕食和寄生等。生态系统多样性主要涉及较大单位的生态系统，如森林、草原、湖泊或珊瑚礁等生态系统的多样性。

生态系统服务是指人类从生态系统获得的所有惠益。千年生态系统评估（millennium ecosystem assessment，MA）把生态系统服务分为供给服务、调节服务、文化服务和支撑服务 4 类，服务的核心是生态系统的产品、过程和格局。生态系统服务的识别与分类是生态系统功能的对象化过程，也是以人类需求审视生态系统的过程。生态系统通过结构—过程—功能这一途径提供服务，各种服务的直接动力来源于自然界生物地球化学循环，生物多样性通过生态系统属性和过程影响生态系统服务的形成与维持。生物多样性越高，生态系统功能性状的范围越广，生态系统服务水平就越高、越稳定（李文华等，2002，2009；范玉龙等，2016）（图 1-1）。

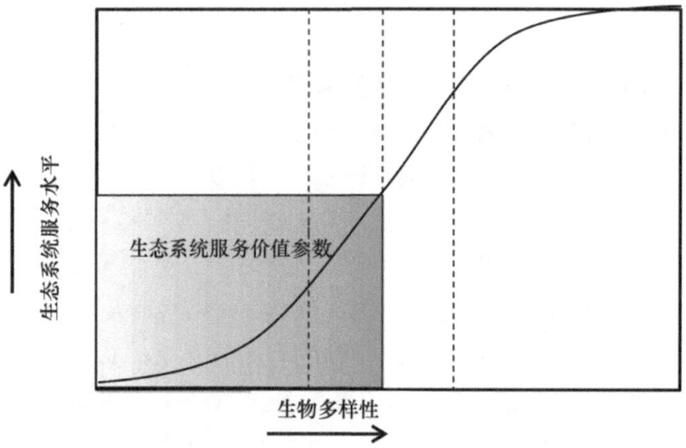

图 1-1　生物多样性与生态系统服务（范玉龙等，2016）

生态系统服务包含很多的价值（Pearce，1995；McNeely et al.，1990；Turner，1991），如空气和水的净化，旱涝的缓解，废弃物的去毒和分解，土壤及其肥力的形成和更新，农作物和天然植物的授粉，农作物大量潜在害虫的控制，种子的传播和养分的循环，生物多样性的维持，农业、医药、工业关键生产要素的提供，太阳有害紫外线的防护，气候的局部稳定，极端温度、大风和大浪的调节与抑制，人类多样性文化的支撑，人类审美和益智需求的满足等（张志强等，2002）。换言之，生态系统支撑着空气和水清洁、作物传粉、废弃物分解、病虫害控制和极端自然事件调节等诸多的过程。水、食物、纤维、燃料和药物都是这一纷繁奇妙生命网络的产物。艺术、文化和宗教的灵感来自自然，同时自然也为人类提供了丰富的休憩场地和精神世界（McNeely and Mainka，2009）。然而，在被评估的生态系统服务中 60%在全球范围内正在退化或其利用方式不可持续（WRI，2003）。总之，生态系统提供的服务，包含自然、生态和社会功能（表 1-1）。

表 1-1　生态系统的服务功能

生态系统服务	内容	举例
气体调节	大气化学成分调节	CO_2/O_2 平衡，O_3 防紫外线，调节 SO_2 水平
气候调节	温度、降水及其他由生物媒介介导的全球与地区性气候调节	温室气体调节，影响云形成的生源硫化物二甲基硫产物
干扰调节	生态系统响应环境波动的容量、阻尼和完整性	风暴防止、洪水控制、干旱恢复等对环境变化的响应

续表

生态系统服务	内容	举例
水调节	水文流动调节	为农业、工业和运输提供用水
水供应	水的储存和保持	向集水区、水库和含水岩层供水
控制侵蚀和保持沉积物	生态系统内的土壤保持	防治土壤被风、水侵蚀，把淤泥保存在湖泊和湿地中
土壤形成	土壤形成过程	岩石风化和有机质积累
养分循环	养分的储存、内循环和获取	固氮，N、P 和其他元素及养分循环
废物处理	易流失养分的再获取，过多或外来养分、化合物的去除或降解	废物处理，污染控制，解除毒性
传粉	有花植物配子的运动	提供传粉者以便植物种群繁殖
生物防治	生物种群的营养动力学控制	关键捕食者控制被食者种群，顶位捕食者使食草动物减少
避难所	为常居和迁徙种群提供生境	育雏地、迁徙动物栖息地、当地收获物种栖息地或越冬场所
食物生产	总初级生产中可用作原材料的部分	通过渔、猎、采集和农耕收获鱼、鸟、兽、作物、坚果、水果等
原材料	总初级生产中可用作原材料的部分	木材、燃料和饲料产品
基因资源	独一无二的生物材料和产品的来源	医药、材料科学产品，用作农作物抗病和抗虫基因，家养物种（宠物和植物栽培品种）
休闲娱乐	提供休闲旅游活动机会	生态旅游、钓鱼运动及其他户外游乐活动
文化	提供非商业性用途的机会	生态系统的美学、艺术、教育、精神及科学价值

4. 景观多样性

景观多样性是指景观单元在结构和功能方面的多样性（傅伯杰和陈利顶，1996），主要研究组成景观的斑块数量、大小、形状和景观的类型、分布及斑块间的连接性、连通性等结构与功能方面的多样性（Barrett and Peles，1994）。

简言之，景观多样性是指由不同类型的景观要素或生态系统构成的景观在空间结构、功能机制和时间动态方面的多样性或变异性。①空间结构：主要是景观元素的大小、形状、类型、数量及空间组合，景观结构及其变化是自然生物和社会要素相互作用的结果，影响物种分布、动物运动、营养元素迁移、地表径流和土壤侵蚀等。②功能机制：指物质、能量、物种在景观元素之间的流动，长期的物质和能量流动可改变景观结构，同时受景观结构的制约。③时间动态：是景观结构和功能随时间的变化过程，自然干扰、人类活动和植被内源演替是景观动态变化的主要原因，动态变化的结果可能是增加或减少景观的多样性。

景观多样性是自然干扰、人类活动和植被内源演替的结果，对物质、能量和物种在景观中的迁移、转化与迁徙有重要的影响，是景观生态学研究的主要内容。景观多样性包括类型多样性、斑块多样性和格局多样性（丁圣彦，2004）。①类型多样性是指景观类型（如农田、森林、草地等）的丰富度和复杂度，常用多样性指数、丰富度、优势度等指标表征。景观类型多样性与物种多样性之间的关系曲线呈正态分布（图 1-2）（傅伯杰和陈利顶，1996），并不是简单的正比关系。②斑块多样性是指景观中斑块数量、大小和形状的多样性与复杂性，主要考虑斑块的总数、斑块面积的大小和斑块的形状。斑块的总数即景观的完整性和破碎化程度，会影响种群的大小和灭绝的速率；斑块的面积不仅影响物种的分布和生产力水平，而且影响能量和养分的分布；斑块的形状对生物的扩散和动物的觅食，以及物质和能量的迁移具有重要的影响，其最重要的生态学特征是边缘效应，如林缘对森林植物和动物区系成分有很大的影响。③格局多样性是指景观类型空间分布的多样性及各类型之间以及斑块与斑块之间的空间关系和功能联系，对物质迁移、能量交换、物种运动有重要影响，对养分的截留和传输具有选择性。

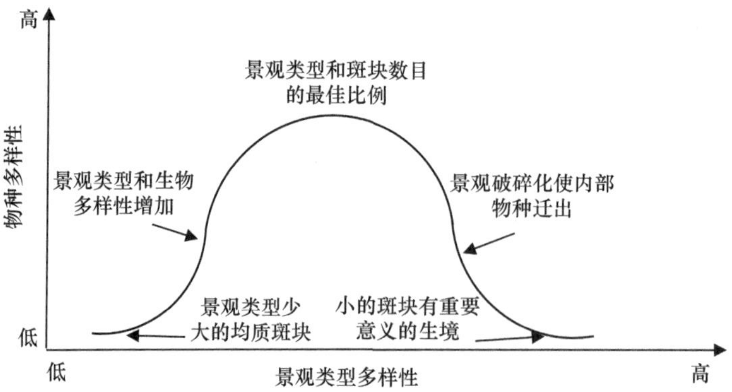

图 1-2 景观类型多样性与物种多样性的关系（傅伯杰和陈利顶，1996）

1.2 生物多样性的价值与意义

生物多样性对一个区域实现绿色发展的贡献主要体现在其价值上。已有研究表明，关于生物多样性价值的分类方式不一。从基本概念来看，遗传多样性、物种多样性、生态系统多样性和景观多样性始终贯穿在人类的生产生活与社会发展过程中，其直接价值、间接价值和潜在价值为人类提供方方面面的物质条件，保障人类生存安全，并提供了人类科研、美学需求等方面的支撑，其经济学意义对于稳定世界格局和推动全球发展的作用不可估量。

1.2.1 生物多样性的价值

早期生物多样性价值有二元价值论，其被简单分为直接价值和间接价值（McNeely et al.，1990；陈灵芝，1993）。一些学者认为生物多样性具有利用价值和内在价值（蒋志刚等，1997）。后来生物多样性价值被认为体现在直接经济价值、间接价值和伦理价值三方面（陈灵芝和马克平，2001）。

生物多样性价值也存在多元价值论。薛达元（1999）、郭忠玲（2003）将生物多样性价值按其性质分为使用价值和非使用价值两大类。其中使用价值分为直接价值和间接价值，非使用价值包括选择价值、遗产价值、存在价值，分别介绍如下。

1. 生物多样性的直接价值

生物多样性的直接价值包括：①显著实物型直接价值，以生物资源提供的直接产品的形式出现，根据生物资源产品的市场流通情况，又分为消耗性使用价值和生产性使用价值。②非显著实物型直接价值，指生物多样性为人类所提供的服务，是无实物形式，但仍可以感觉到，且能够为人类提供直接的非消耗性利用方面的服务，如生态旅游、动物表演，或以文学作品、舞台艺术、影视图片为载体的生物多样性文化享受，或作为科学家开展生物、生态、地理、人文历史等多学科研究的对象。

2. 生物多样性的间接价值

生物多样性的间接价值包括：①生物多样性为生态系统演替与生物进化提供所需的丰富的物种和遗传资源；②生物多样性在生态系统结构和功能形成与维持方面的作用；③生态系统的服务功能，如光合作用与有机物合成、CO_2固定、保护水源、维持营养物质循环、污染物的吸收与降解等。

3. 生物多样性的选择价值

生物多样性的选择价值指个人和社会利用生物资源与生物多样性潜在的用途，包括未来直接利用、间接利用、选择利用和潜在利用等价值。

4. 生物多样性的遗产价值

生物多样性的遗产价值指当代人为将某种资源留给子孙后代而自愿支付的费用，体现在当代人为使其后代以后能受益于某种资源而自愿支付的保护费用。

5. 生物多样性的存在价值

生物多样性的存在价值也称内在价值，指人们为确保某种资源继续存在（包括其知识）而自愿支付的费用。存在价值是资源本身具有的一种经济价值，是与人类利用（包括现在利用、将来利用和选择利用）无关的经济价值，即资源的存在价值是永续的。

李俊清和李景文（2006）则将生物多样性的价值归为 6 个类别。①直接利用价值，如食物、药材、作物品种、生物控制、木材、建筑和燃料等。②间接经济价值或生态价值（环境作用、生态服务），包括生态系统的生产力、保持水土、调节气候、废物处理、环境监测。③科研、教学价值，包括研究植被恢复的自然模型、野外实习。④休闲和生态旅游价值。⑤存在与备择价值，存在价值即内在价值，备择价值是指物种在未来某个时候能为人类社会提供经济利益的潜能。⑥生物多样性负价值，即一些物种的存在对于人类是有害的，也就是无论人类科学如何发达、医疗条件如何先进，但由病毒、病菌引起的疾病仍然折磨着患者；病虫害的肆虐使人们不得不使用有害于人类健康的农药；为保护珍稀濒危物种，必须投入大量的人力、物力和财力进行科学研究、人工繁育与建立保护区；由于政府在很多地区实行了禁猎，一些野生动物大量繁殖，种群数量不断扩大，如山区野猪种群数量的快速增长，开始破坏农田等，给当地农民造成严重的经济损失等。

李俊清（2012）基于上述分类，将生物多样性价值再归为 4 类，并做出相应调整：①直接利用价值，包括消耗使用价值和生产使用价值，如食物、木材、纺织品、建筑材料、药品、燃料等；②间接经济价值或生态价值（环境作用、生态服务），包括生态系统的生产力、保持水土、涵养水源、调节气候、废物处理、环境监测，以及科研、教学价值，如研究植被恢复的自然模型、野外实习、美学价值（如休闲、生态旅游等）、科学试验等，生态学价值；③存在与备择价值；④伦理价值。

国内认同度较高的分类方式是将生物多样性价值分为使用价值与非使用价值（刘桂环等，2015）。使用价值包括生物多样性的直接使用价值和间接使用价值。直接使用价值可以通过消费获得，如食品、林产品、林副产品、药材等。间接使用价值可以以无成本方式获得，如水源涵养、水土保持、气候调节等生态系统功能和文化、精神价值。非使用价值体现在生物多样性的遗产价值和存在价值。遗产价值是指生物多样性和生态系统服务功能对后代的可利用性；存在价值是指人们通过生物多样性获取知识等。

总之，生物多样性的价值应该是“生态复合体以及与此相关的各种生态过程的总和”所提供的具有经济意义的价值，其与生态系统的功能所提供的经济价值相似，但更强调生物多样性在基因、物种、生态系统和景观各个层次的作用及其价值。综上，本书将生物多样性价值归类为直接价值、间接价值、潜在价值。①直接价值，指直接为人类提供各种各样的物质和服务，可直接转化为经济效益，如食用价值、药用价值、工业价值、科研价值、美学价值等；直接价值又分为产品自用的消耗性使用价值和产品用于市场销售的生产性使用价值。②间接价值，多指生态功能，不直接转化为经济效益，如生物多样性的环境作用和生态系统服务等。③潜在价值，指目前尚未被人类发现的使用价值。

1.2.2　生物多样性的重要意义

从单个物种到整个生态系统，生物多样性对于人类健康和福祉至关重要。它为人类提供了丰富多样的生产生活必需品、健康安全的生态环境和独特别致的景观文化。我们饮用的水、食用的食品和呼吸的空气，其质量均有赖于自然界的健康才能得以维持（图 1-3）。

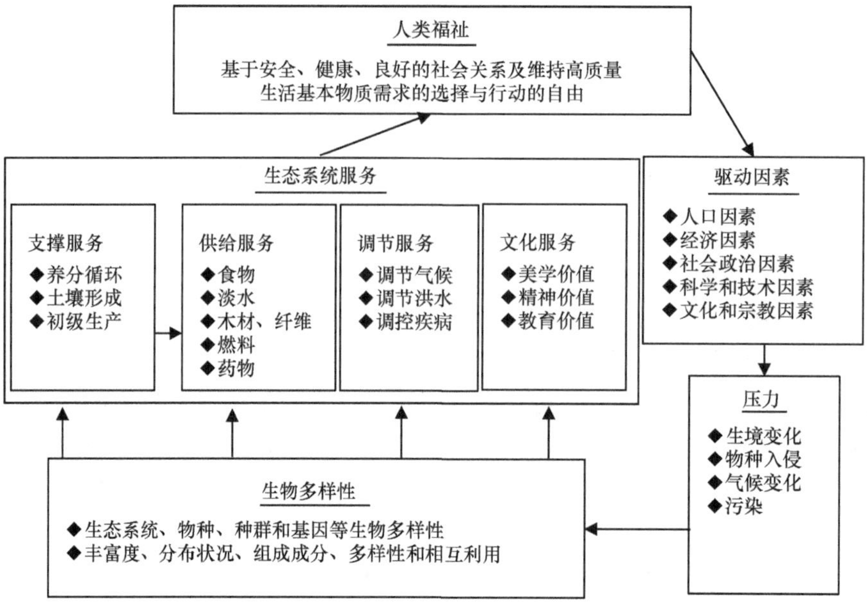

图 1-3 生物多样性与人类福祉的关系（UNEP-WCMC，2008）

1. 生物多样性是人类赖以生存的物质条件

地球的生物多样性为人类直接提供了绝大部分的食物、纤维、药物、建筑和其他生活、生产原料，是人类食物、药物和工业原材料的主要来源。

人类的食物几乎完全取自生物资源。约有 3000 种植物被人类食用，另有 75 000 种植物具有可食用价值，当前被人类种植的食用植物有 150 余种。目前人类 90%的粮食来源于约 20 种植物，仅小麦、水稻和玉米三个物种就提供了 70%以上的粮食，而且是单一型或遗传基础狭窄的品种。中国粮食作物主要为小麦、玉米、水稻、大豆，食物中蛋白质来源于牛、羊、猪、鸡、鸭等少数几种畜禽。全世界每年生产的水产品，其中一半以上来源于天然捕捞，这些产品有的直接上市供人类食用，有的作为养殖饲料间接地为人类提供动物蛋白质。

除直接为人类提供食物外，野生生物还在其他方面为人类生活做出了巨大的贡献。现代种质资源的国际交流已成为世界粮食生产的基本保障条件之一。例如，巴西为东南亚提供野生橡胶种质，同时巴西本身需要从其他国家引进甘蔗、大豆及其他作物种质。美国农产品的 98%出自非本地品种，美洲农业 50%的产量来源于亚洲或非洲物种；非洲农业 70%的产量源自亚洲或美洲物种；亚洲作物 30%的产量与美洲或非洲物种有关。

生物多样性还为人类提供了多种多样的工业原料，如木材、纤维、橡胶、造纸原料、天然淀粉、油脂等。木材是大多热带国家的经济支柱。1981～1983 年，亚洲、非洲和南美的年平均木材出口额达到 81 亿美元。据统计，中国 1986 年木材产量为 6502.4 万 m^3，但远远不能满足需要，每年仍需进口木材，成为国家经济发展的沉重负担。在比较偏远的地区，人类所需能源仍主要依靠自然生物资源，其中最主要的是森林产出的薪柴。在尼泊尔、坦桑尼亚和马拉维，90%以上的能源取自薪柴；据统计，1983 年全世界共消耗了 1.6 亿 m^3 以上的薪柴，占森林木材总产量的 54%；1989 年中国农村总能耗已超过 5 亿 t 标准煤，其中 55%为生物能源，即薪柴、秸秆、茅草等（邓可蕴，2001）。世界主要能源石油、煤和天然气都是由森林储藏了几百万年的太阳能形成的，全世界一年消耗的煤炭，相当于消耗了 1 万年所储藏的太阳能。

2. 生物多样性是人类健康的重要保障

生物多样性与人类医疗保健的关系密切，发展中国家 80%的人口靠传统药物进行治疗，发达国家 40%

以上的药物依靠自然资源。尽管现代许多药品是化学合成的，但其原材料大多取自野生生物。美国 14%的药物中包含活性植物成分；在中国，野生生物入药已有数千年历史，记载的药用植物达 10 000 多种，其中 1700 种为常用药物，三七、当归、甘草、黄连等都是中国著名的药用植物。

动物也同样提供了重要的药物原料，如水蛭素是珍贵的抗凝剂，蜂毒可治疗关节炎，某些蛇毒制剂能控制高血压，斑蝥素可以治疗某些癌症。许多抗细菌、抗病毒物质及心脏活性物质、神经生理活性物质是从海洋动物中获得的。同时许多动物在行为学和医学研究中具重要作用，如狒狒、黑猩猩、非洲素领猴对于艾滋病和其他疾病的生物医药研究是非常宝贵的。此外，一些动物还是重要的医药研究模型和实验动物。

茯苓、冬虫夏草、猴头菌、灵芝等真菌或其衍生物也是重要的中药材。

3. 生物多样性为人类创造良好的生活环境

生物多样性对于减缓气候变化、恢复生态系统、清洁水源、建立宜居环境和缓解贫困等起到了重要作用，与人类的生存、健康、发展以及精神需求密切相关，中国林业科学研究院为期 10 年的研究表明，在巴丹吉林沙漠南缘沙地上，大范围人工防风固沙林和农田防护林体系改善环境的作用明显，该区绿化后对短波辐射多吸收 10%～20%，7 月前后可降低大气蒸发量 30%～40%，绿化区风速降低 28%～37%，大气浑浊度降低 35%，远方降尘量在上风区减少 48%。举世闻名的三北防护林体系起到的作用更为巨大，最直接的就是北京大气环境质量的改善，20 世纪 50 年代北京每年平均有 60 个风沙日，而且半数集中在春季，现在城区、郊区林木覆盖率达到 28%，1989 年与 1981 年相比市区大气每立方米悬浮颗粒物含量下降 18%，每平方千米月降尘量下降 43%，同期风沙日数减少 39%（高志义，1991）。此外，湿地生态系统能够吸收和分解环境中的有机废物、农药和其他污染物。天然植被，特别是森林，能够通过吸收污染物而净化空气和水（张桂英和王之安，2004）。

生物多样性为人类创造了良好的居住环境。在城市中，粉尘是导致大气污染的主要物质之一，其含有大量烟尘、碳粒、铅、汞、镉等成分，对人体危害极大，一些叶片粗糙且密生茸毛、叶面存在褶皱的植物，具有强烈的吸尘、滞尘能力；叶片光滑的植物，也可滞尘。一棵成年松树每年可吸附成吨的灰尘，泡桐被称为天然吸尘器，夹竹桃具有解毒吸尘之功效，被称为绿色吸尘器。城市噪声污染常常危害居民的身心健康，良好的绿化可有效减弱噪声危害。马路边种植多层行道树，如雪松、杨树、珊瑚树、桂花等隔声效果良好，绿化树木减弱噪声的效果与林带的宽度、高度、位置、结构模式及植物种类等有密切的关系（江苏省植物研究所，1978）。通常，树冠矮的乔木比树冠高的乔木减弱噪声的能力强，灌木的降噪作用更显著。阔叶树降噪效果比针叶树好，几条狭窄林带比一条宽林带的降噪功能强。由乔木、灌木和草本构成的多层稀疏林带比一层稠密林带的降噪效果更好（中国科学院植物研究所，1978）。

城市中绿色空间廊道、生物通道等绿色设施的建设，城市森林公园、动物园、植物园、自然保护区等的建立等，丰富了城市生物多样性（杜乐山等，2017），有效地增加了城市动物的种类和数量，极大地提高了城市的观赏、娱乐性。天更蓝、山更绿、水更清，“山峦层林尽染，平原蓝绿交融，城乡鸟语花香”的美丽画卷正缓缓铺开。拓展城市绿色空间，在百姓身边呈现错落有致的“森林”景观，越来越多的绿色挤进城市核心区，生物多样性为城市可持续发展注入“生态韧性”。

4. 生物多样性是维护国家安全的保障

生物多样性具有涵养水源、防风固沙、保持水土、固碳释氧、减缓气候变化等多方面的生态功能，是维护国家生态安全的保障。①植物通过光合作用将太阳能储藏起来，从而成为食物链中能量流的来源，为绝大多数物种的生存提供能量基础。②保护水源，维持水体的自然循环，减弱旱涝。据测算，天然降水落到森林地带，降水量的 15.30%被茂密的林冠截留，50.80%被林地上的生物凋落物和森林土壤吸收，雨后再缓缓以泉水形式释放，调节河流汛期和枯水期流量（阎树文荷黄元，2000）。③防止水土流失，减轻泥石流和滑坡等自然灾害。在海岸带，森林可以减轻台风的破坏作用，还能减少泥石流和滑坡的发生。20 世纪 50 年代四川森林覆盖率达 30%，有泥石流的县仅有 16 个；80 年代森林覆盖率降到 13%，有泥石流的县达 100 多个。1981 年对陕西南部调查表明，森林覆盖率为 18.5%的代家坝，滑坡达 2900 余处，而森林覆盖率为 31.6%的巴山区，仅有 360 多处，相差 8 倍之多（陈灵芝，1993）。

生物多样性保障国家的粮食安全。联合国《生态系统和生物多样性的经济学》报告显示，每年由生物多样性丧失所造成的经济损失为 2 万亿～4.5 万亿美元，相当于全世界生产总值的 7.5%。植株得到保护，是粮食丰收、产量递增的核心保障要素之一（宋培培等，2020）。联合国粮食及农业组织 2019 年发布的报告也指出，农业生物多样性正在加速消失，加上人类依赖越来越少的物种获取粮食，使原本就已十分脆弱的粮食安全防线接近崩溃边缘。

生物多样性为人类社会的卫生安全奠定了基础。生物多样性是全人类的财富，生物多样性损害与丧失所产生的系列影响，也将是全球性的，任何人、任何国家都无法置身事外。目前正在全球肆虐的新冠肺炎疫情就是一个明显例子。与之前发生的 SARS、埃博拉病毒、尼帕病毒等一样，新冠肺炎发生不排除是因为人类食用野生动物或者侵占野生动物栖息地，导致长期存在的病毒从动物传播到人。这些在全球肆虐的由动物病毒引发的疫情，不仅为保护生物多样性、加强生物安全提供了现实论据，也为“人与自然是生命共同体，全球是一个命运共同体”提供了有力证据。因此，必须从地球生命共同体的角度认识和保护生物多样性，维护地球生命共同体的健康安全，实现人与自然、人与人和谐共生。

5. 生物多样性为人类发展提供其他支撑

生物多样性是一个国家重要的战略资源，生物资源占有量是衡量一个国家可持续发展能力的重要指标（柏成寿和崔鹏，2015）。生物多样性对于科学技术的发展是不可或缺的，其科研价值体现在多个方面。①利用仿生学发展军事产品：飞机来自对鸟类的模仿，船和潜艇是对鱼类与海豚的模仿，火箭利用的是水母反冲原理；依据响尾蛇利用红外线自动热定位确定捕获物位置的原理，成功设计了导弹引导系统；依据昆虫平衡棒具有保持航向不偏离作用的原理，制造了控制高速飞行器和导弹航向稳定的振动陀螺仪。②动物品种的改良：生物多样性有助于改良现有的栽培植物品种，培育新的更优良的栽培品种，如将野生生物的抗性（抗病性、抗旱性等）基因引入驯化或栽培种，能大幅提高农业生产力水平。中国首届国家最高科学技术奖得主、杂交水稻之父袁隆平院士提出“要想利用水稻杂种优势，首推利用雄性不孕性”，并创造了野生稻与栽培稻远缘杂交技术和水稻三系杂交育种法。③野生传粉动物对作物的贡献：中国 700 多万群家养蜜蜂和近万种野生蜜蜂是虫媒植物繁衍后代的“红娘”，提高了多种农作物、果树、牧草、蔬菜和很多其他经济植物的产量与质量。④防治病虫害：生物多样性丰富的地区，一般不易发生灾难性病虫害。因为生态系统中食物网各营养级的生物都是相互制约的，任何物种都不能无限增大，故处于平衡状态。人类活动使食物网遭受破坏，病虫害不时发生，带来巨大的经济损失和生态灾难。

生物多样性在人类生活中还具有美学价值。城市大量的绿地、公园、动物园、种子库以及古树名木等是生态系统文化服务的载体，承载了人类传统文化情感，可激发灵感和提供旅游活动（杜乐山等，2017）。竹类植物具有较高的观赏价值。千百年来，竹子以其挺拔秀丽的外形，潇洒多姿的枝叶，丰富多样的形态，与松、梅并誉为“岁寒三友”，和梅、兰、菊有“四君子”之称。竹四季常青，碧玉成林，独具风韵，是具声、影、意、形“四趣”的园林景观。此外，竹类具有较高的文化造景价值，在文人精神层次、庭院绿化和美化中有不可或缺的作用，其在中国和世界园林中占有重要的位置。棕榈科植物生态习性各异，形态独特多样，叶秀丽多姿，掌状叶类型雄浑劲健，羽状叶类型典雅清奇，是重要的园林物种。随着经济发展和人民生活水平的提高，野生花卉也被引种栽培，用于美化环境，愉悦心灵，振奋精神。

1.2.3 生物多样性保护的经济意义

1. 对传统经济学提出了挑战

传统经济学的一个主要问题是它从未倾向于给予自然资源以价值。如此，环境破坏的经济损失被忽略，自然资源的消耗被轻视，资源的未来价值被贬低，因此自然支持系统受到损害，最终导致经济的衰退。随着社会的进步和经济的发展，人类不仅不能摆脱对生物多样性的依赖，而且在食物、医药等方面更加依赖生物资源的高层次开发。在人类活动对生态破坏日益严重的情况下，生物多样性的经济价值对社会经济的约束力日益明显。人类在重新审视自己的经济行为后，对传统的发展观、价值观、环境观和资源观深刻反省后做出了保护生物多样性的明智之举，催生了以生态学原理为基础的一个可持续发展的经济——生态经济。

保护生物多样性，并挖掘其经济价值，能够使各国政府和公众从经济学角度认识到生物多样性对于人类的生存价值，能够为公众、科学家、管理者以及决策者提供共同的生物多样性经济价值观和评价尺度，能够为建立一个全新的发展观提供经济学上的理论依据，它必将在全球经济的可持续发展中发挥越来越重要的作用。

2. 有利于发展新的国民经济核算体系

国内生产总值（GDP）代表着目前世界通行的国民经济核算体系，能较准确地说明一个国家的经济产出总量，较准确地表达一个国家国民收入的水平。然而，我们从 GDP 中只能看出经济产出总量或经济总收入的情况，却看不出背后的环境污染和生态破坏。环境和生态是一个国家综合经济的一部分，由于没有将环境和生态因素纳入其中，GDP 核算法就不能全面反映国家的真实经济情况。例如，生物多样性丧失会导致环境变化或污染，但环境污染使患者增多，促进医疗产业大发展，GDP 也会相应增长。

20 世纪中叶开始，随着可持续发展理念的兴起，一些经济学家和统计学家尝试将环境要素纳入国民经济核算体系，以发展新的国民经济核算体系——绿色 GDP，即指扣除经济活动中环境成本后的国内生产总值。显然，保护生物多样性从一定程度上使国民经济核算体系更加完善，使国民经济核算体系不断更新，不断适应全球可持续发展进程。

1.3 生物多样性与人类发展关系的演变

生物多样性与人类发展的关系几经更迭。最早的原始人对自然充满了恐惧和敬畏，但是生存的欲望使人类逐渐学会利用生物资源和改造自然，从树枝石刀到钻木取火，从采集狩猎到刀耕火种，从肆意利用到今天的可持续发展，人类在编织文明的同时利用了生物多样性，也破坏了自然，又逐渐开始保护自然（表 1-2）。在社会生产力水平提升的过程中总是交织着人与自然关系的失衡和再平衡的调整，这种调整并不是简单的循环反复，也不可能回到原点，因为人与自然的关系是不可逆的，每一次的失衡都会使自然环境变得更加脆弱，而每一次的修复也只是人与自然关系的暂时弥合。于是，人类便陷入了经济越发展，环境越恶化，治理代价越大的怪圈之中。但在后期探索人与自然和谐发展的进程中，人类对生物多样性保护和绿色发展的认识也得到不断深化（黄茂兴和叶琪，2017）。

表 1-2 不同社会阶段与自然资源的关系

	原始文明	农业文明	工业文明	生态文明
消费方式	满足个体延续的低水平食物消费	维持基本（生存）需求	满足高物质消费的发展需求	满足物质与精神的全面需求和可持续适度消费
发展方式	依赖天然食物资源	大规模开发农业资源	掠夺性利用不可再生资源和环境	以资源承载力为基础，追求可持续发展
生态意识	崇拜自然	敬畏自然、适应自然	征服自然、保护自然	回归自然、守护自然
生态理论	无	自然论、气候论、天人合一等	生态学、环境社会学等	生态经济、生态社会、生态现代化等
对自然的态度	崇拜、敬畏	模仿、学习	改造、征服	调节、适应
人与自然关系	奴隶	仆人	主人	朋友

1.3.1 古代原始文明单纯依赖自然资源

在人类发展的早期，原始人总是以较为直接的方式从自然界中获取资源，攀摘野果、围猎野兽乃至洞穴居住，无一不是在直接地、缺乏转化形式地利用自然资源。这一时期，人类活动对自然环境的影响很小，人类只为了满足个体延续的需求而产生低水平的食物消费，单纯地依赖天然的生物资源。

一方面，社会生产力水平低决定着自然生态系统受外界干扰因子的影响较小，从而使生态系统依旧保持着其良好的自组织特性、系统结构合理性和稳定性。另一方面，依附自然的强烈崇拜意识决定着人类不可能对自然进行大刀阔斧的改造，这对于维护生态系统的平衡演化，保持自然、社会以及人类基本稳定具有重要意义。

从自然的客观实际来分析，由于原始人类认知与改造客观自然界的水平落后，生产力因素与科技水平相差甚远，因此客观上人类不得不顺从、依附于自然，人类属于自然的“奴隶”，用于维持人类生存与发展的物质生产消费资料来源于自然原始资源。原始采集渔猎时代，人类社会以及自身发展的快慢与好坏直接取决于自然生存条件的优劣和生物资源的丰富程度。一般而言，自然地理气候条件好的地方，人类依靠“体能”勉强可以求得温饱而延续生命；而对于自然地理环境恶劣的地方，人类随时可能面临饥饿灾荒而失去生命（韦建桦，2008）。

1.3.2 农业文明低度利用自然资源

一般认为从原始社会到农业社会的过程中，采集活动孕育了种植业，狩猎活动孕育了畜牧业。从人类出现到农业革命，从完全依赖大自然的以采集和狩猎为生的游牧生活转变为自觉利用自然资源的以耕种和养殖为生的定居生活。在农业文明这一时期人类不再单纯通过生物资源维持基本生存需求，而是能在一定程度上大规模开发农业资源，提升生物资源的供给服务水平。

从客观事实来说，在农业革命以前，人类对环境的影响极为有限，环境基本上是按照自然规律变化的。随着人类进入农业文明时期，出现了历史上第一次人口爆炸性增长，人口的剧增加大了对生物资源的需求。从生产发展水平来看，无论是从石器到铜器再到铁器的劳动工具，还是供人类生产灌溉或日常生活饮用的沟渠、水井等人工设施，还是维持人类生存的谷物、果蔬以及家禽等劳动产品，均处于较低水平。从消费流通层次来看，普通民众服饰以粗麻、棉布为主，日常生活饮食以种植的谷物、驯养的家禽为主，绝大部分农户的住宅自然而简陋，正常的交通出行则以步行、牲畜车为主，由此可知，当时人们的衣食住行等各个方面都显示出了对生物资源的进一步利用和改造（韦建桦，2008）。

在农业文明这一时期，种植业经历了刀耕、火耕、锄耕到发达锄耕三个阶段，土地资源利用率有了显著提高，作物种类有了明显增加，瓜果已开始栽培，五谷的概念已经形成。畜牧业经长期圈养驯化，家畜种类有所增加，也已开始养蚕织丝。传统资源理论有了进一步发展，“谷田必须岁易”，连作“莠多而收薄”等记载说明当时人们已经认识到合理利用农业资源的必要性；在植物保护方面，农业防治增加了作物抗虫品种的选育及轮作防病等新内容，开创了“以虫治虫”的生物防治新篇章；在畜牧方面，因征战、驿传及农副业生产的需求旺盛，养马业蓬勃发展，养牛养猪有了更为丰富的经验；在渔业方面，仍以捕捞为主，但已试行人工养鱼。

这一时期，人类趋近于自然资源的仆人，人类依旧依附于自然，但可通过自身的思想和行为改造资源利用方式。人类对自然的敬畏和适应衍生出了丰富的自然保护思想。古代儒家哲学信仰天人合一，主张天与人之间相互统一；道家认为整个自然界包括“道”“天”“地”“人”，人与自然的关系是建立在“道法自然”、“万物平等”基础上的，主张把崇尚自然和效法天地作为人生行为的基本准则。古人还注重节俭，《周易》中专有一卦讲“节”，墨子告诫人们“节俭则昌，淫佚则亡”，管仲反对奢侈浪费，提出“宫室必有度，禁伐必有时”。人口增长对生产资料和生活资料的压力也引起了人们的重视。农业文明时期是人类认识人与自然关系的觉醒阶段，这种认识是简单的、朴素的，虽然有一部分有识之士呼吁对环境进行保护，但没有提出切实的政策措施，也没有得到政府的重视。由于农业生产离不开自然环境，在农业生产力水平落后的时代，温饱与生存显然是高于生物资源和环境保护的。

1.3.3　工业文明过度开发自然资源

18 世纪末到 19 世纪初，资本主义社会发生了一系列巨大的变化。18 世纪下半叶开始，随着近代工业革命展开，人类社会开始由手工工场时期进入了机器大工厂时期。18 世纪 60 年代，英国织布工哈格里夫斯发明了“珍妮纺纱机”，由此揭开了工业革命的序幕。到 19 世纪中叶，以英国为首的一些西方国家相继完成了第一次工业革命，建立了以蒸汽机为主要动力的大工业体系。人类社会开始进入工业社会，工业革命在为人类创造了巨大财富的同时，也给生物资源带来了巨大的影响。这一时期，人类不再只进行低水平的资源消费，而是为进一步满足高物质发展需求开始了对资源的掠夺性开采和应用。

这一时期城市迅速扩张，环境污染、生态退化、生物多样性丧失不断加剧。工业革命使煤炭得到大规模开发利用，释放出大量的煤尘、二氧化硫、二氧化碳、一氧化碳和其他污染物质，重大的污染事件接连发生，工人的生产和生活条件急剧恶化，对其身体健康产生极大的危害。人类为扩大耕种面积大范围开垦草原、砍伐森林，同时兴修水利工程，但不注意培育林木，造成严重的水土流失、土壤盐渍化和沼泽化，生态系统迅速退化，良田美地逐渐沦为贫瘠的土壤。随着生物栖息环境的破坏，物种灭绝和受威胁程度都大幅增加。

此外，随着经济的高速发展和全球人口的迅速膨胀，人类对自然资源的需求越来越大，全球资源短缺问题在大多数国家甚至全球范围内出现且日趋严重。生态问题也从局部、小范围危害的问题发展为波及全世界的区域性、全球性问题。其中，能源、淡水、生物、土地等资源危机尤为严峻，开始影响和制约全球经济发展。同时，城市工业、交通、生活、服务业等排放的污染物对水环境造成严重污染，其中包括人工合成的数百万种化学品，农业施用的化肥、杀虫剂等。对地下水的超量开采，引起污水倒灌，地下水位下降，泉水干涸，地下水质受到严重污染。随着人类活动范围的扩大及活动能力的增强，森林、草原等全球生物资源的现状也令人担忧。目前，地球物种消亡的速度最高已达到自然状态下的一万倍。

高速发展的经济促使人类主观利己主义和“金钱观”的欲望日益膨胀，人类科技的生产手段日渐精进，在欲望膨胀和科技精进的同时，“利用自然”“征服自然”“战胜自然”的思想日益凸显蔓延，人类妄图成为自然的主人（叶冬娜，2016）。生产消费欲望越是高涨，马斯洛需求金字塔的“塔底”越发壮大，人类需要从自然界中获取大量的物质与能量来满足自我无限度的日益膨胀的物质欲望。人类发展与自然资源的“对立性”表现在两方面：从思想上来看，无论是英国实验科学始祖培根“对万物建立自己的帝国”的口号（叶冬娜，2016），还是法国唯理论哲学家笛卡尔“人是自然的主人和统治者”的主张，抑或是德国古典哲学创始人康德“人为自然立法”的思想（黄志斌等，2015a），还是直观唯物主义哲学家费尔巴哈的“人本主义”等，都是站在主客分离的立场上，宣扬“人类中心主义”。从行为上来看，在绝对主体统治意识支配下人类日益暴露出肆虐自然的“不道德”行为，对森林、草场、矿产等资源疯狂掠夺造成了资源短缺；对穿山甲、大象、犀牛等野生动物大量捕杀造成了生态系统严重失衡。这些劣迹处处体现出人类发展与自然资源的“对立性”。

在工业化进程中，人类从未停止过对人与自然关系的探索，仅从经济学的角度来看，重商主义学者霍尼亚、塞拉等就已经意识到人口、资源等要素对于经济发展的重要作用，古典经济学家亚当•斯密提出人口的增加会带来资源的短缺，马尔萨斯进一步强调资源的稀缺是绝对的，要妥善处理人口、资源与环境之间的关系，李嘉图认识到人口和生活资料之间的矛盾，约翰•穆勒则第一次探讨了关于人类社会经济增长和自然环境承受界限的问题。

1.3.4 生态文明倡导协同推进生物多样性保护与利用

进入 21 世纪，全球经济迅猛增长，工业化在给世界带来财富的同时，也对环境产生了灾害性影响。在全球化快速发展的大背景下，整个世界成为一个“地球村”，生态问题已经与国际经济、政治、外交、人权、国家主权与安全等问题紧紧交织在一起，成为世界问题的复合体。面对日益严峻的生态危机，2008 年 12 月 11 日，联合国秘书长潘基文在波兰举行的联合国气候变化大会上正式提出了“绿色新政”的概念，旨在实现经济和环境的可持续发展。“绿色新政”提出后，世界各国纷纷结合自身优势，响应、制定并实施“绿色新政”计划，力图以此为契机在新一轮全球绿色竞争中抢占世界经济政治舞台的主导权。生态文明时代，人类开始讲求物质与精神的双重需要和可持续适度消费，追求以资源承载力为基础的可持续发展发展方式。

1972 年，联合国在瑞典首都斯德哥尔摩第一次召开了人类环境会议，标志着全球环境治理的开始。此后，以国际公约为依据的全球环境合作不断开展起来。1992 年，联合国在巴西的里热内卢召开环境与发展大会，第一次把经济发展与环境保护结合起来，提出了可持续发展战略。近 20 年来，围绕“共同但有区别的责任”，各国开始共同应对减贫、环境保护、生物多样性保护、全球气候变化的难题。2002 年的可持续发展世界首脑会议把可持续发展的共识变成可行性计划和方案，形成统一的全球目标（张剑智，2018）。

2015 年 9 月，193 个联合国成员在联合国可持续发展峰会上正式签署的《改变我们的世界——2030 年可持续发展议程》（以下简称《2030 年可持续发展议程》）提出了 17 项可持续发展目标，其中一半与环境有关，这代表着一种新的模式转变，即用新模式、新目标取代以往以增长为基础的经济模式，在全世界实现公平的经济与社会。2016 年 5 月在肯尼亚首都内罗毕召开的第二届联合国环境大会以“落实《2030 年可持续发展议程》中的环境目标”为主题，提出要把环境目标整合或主流化到其他可持续发展目标中，与经济社会目标尽可能充分衔接和融合，同时鼓励各利益相关方积极参与并推动可持续发展目标的履行。

这两次大会对于推动未来全球可持续发展的重大意义不言而喻。毋庸置疑，实现其中的环境目标是未来全球环境治理的重点。第一，应推动生物多样性、化学品、气候变化等国际环境公约目标和行动与《2030 年可持续发展议程》环境目标和行动的衔接，确保公约与议程之间的协同增效。第二，由于水、大气、生态保护这些环境目标与人类食物、能源等经济社会目标具有内在关联，未来环境治理的网络化发展目标也将成为趋势，从而为人类提供可持续利用的健康环境。第三，气候变化问题和其他环境问题将深度融合，应对气候变化和治理其他环境问题成为各国经济社会发展计划与战略的关键内容。第四，要保护、恢复和促进陆地生态系统可持续利用，遏制生物多样性的丧失。

近年来，各国就应对全球气候变化、生态危机等问题开展了积极的谈判磋商，提出了发展低碳经济、循环经济、绿色经济等新理念，推进环境保护理论的发展和创新，人与自然的关系问题超越了国家间的其他问题成为人类共同面对的首要问题，人与自然“高度和谐”的发展状态正在全球如火如荼地践行和推广（杨宜勇等，2017）。西方绿党政治、各国环保游行等运动日益兴起，生态保护事业日益成为一项伟大的全球公益事业，它不仅得到了越来越多的环保人士支持，而且在实践上证明了人与自然和谐发展的合理性和合法性。英国的《野生动植物与乡村法》和欧盟的“绿色振兴计划”，日本的“福田蓝图”和《建设低碳社会的行动计划》《绿色经济与社会变革》草案，美国的《濒危物种法》《美国清洁能源安全法案》等无一例外都提到对野生动植物资源的保护。

中国也不例外，绿色发展战略稳步推进。2010 年，胡锦涛在中国科学院与中国工程院院士大会的讲话中提到“绿色发展，就是要发展环境友好型产业，降低能耗和物耗，保护和修复生态环境，发展循环经济和低碳技术，使经济社会发展与自然相协调”。党的十八大报告提出了要着力推进“绿色发展、循环发展、低碳发展”三大发展方式。紧接着“十三五”规划提出了“创新、协调、绿色、开放、共享”五大发展理念。十九大报告指出，在“十三五”时期，全党全国贯彻绿色发展理念的自觉性和主动性显著增强，忽视生态环境保护的状况明显改变，十九届五中全会提出了“推动绿色发展，促进人与自然和谐共生”的重要举措。习近平生态文明思想六项基本原则“人与自然和谐共生”“绿水青山就是金山银山”“良好生态环境是最普惠的民生福祉”“山水林田湖草是生命共同体”“用最严格制度最严密法治保护生态环境”“共谋全球生态文明建设”都体现了生态文明时期全球共同倡导协同推进生物多样性保护与绿色发展。环境科学与绿色技术等日益成熟为其提供了科技支撑，绿色经济应用以及生态文化传播为其提供动力之源。因此，整个社会都吹响了保护生态系统、保护生物多样性、人与自然协调发展的号角。

生态文明时期的核心是基于“人与自然是生命共同体”的体会和认知，明确人与自然的朋友关系，其出发点与归宿点是对“人与自然和谐共生”的思考，进而体现了人与自然生态经济、生态社会、生态现代化等的生态伦理关系和和谐共生的辩证智慧（胡莎莎，2019）。

1.4　生物多样性保护与绿色发展

2002 年联合国开发计划署驻华代表处发表的《2002 中国人类发展报告：绿色发展，必选之路》首先提出了“绿色发展”的概念，这是人类对自身社会发展历史痛定思痛后形成的全新发展思想。2012 年 6 月，联合国可持续发展会议上各国达成了未来人类绿色发展主旋律的共识。2020 年“国际生物多样性日”宣传活动 5 月 20 日在北京举行，中共中央政治局常委、国务院总理李克强做出重要批示：生物多样性是人类生存和发展、人与自然和谐共生的重要基础。推进生物多样性保护、促进绿色发展，是探索环保新道路的有机组成部分，目的在于探索生物多样性友好型绿色发展。这种绿色发展就是遵循自然规律，充分发挥生物多样性提供生态产品、生态服务的多重功能，加快经济社会发展的绿色转型，在社区、国家和全球层面上实现经济效益、社会效益和生态效益的多赢。

1.4.1　绿色发展是人类社会可持续发展的必然选择

自然美景，既带给人们美的享受，也是人类走向未来的依托。生物多样性提供生态服务，维护生态安全，是绿色发展的环境保障。保护生物多样性，有利于维护生态平衡，提高资源环境承载力，扩大环境容量，为优化升级经济结构、加快转变发展方式提供更多的生态空间，保障绿色发展。生物多样性促进科技创新，保障永续发展，是推动绿色转型的战略资源。

纵观世界和中国发展实践，绿色发展是关于发展理念、发展方式的时代抉择，符合自然规律和经济社会发展规律。绿色发展以其先进意识去指导人们的经济发展活动，从而促进人们主动地保护生态环境，使生物资源发挥最大的效益，不断探索低碳经济、循环经济的道路，实现人与自然的和谐共生，实现生物多样性的价值最大化。

生态环境问题是人类共同面临的严峻问题。从 18 世纪下半叶至 20 世纪上半叶，欧美和日本、苏联等国家先后经历和完成了工业革命。在这场被社会学家普遍称为人类技术史和经济史上分水岭的革命中，西方国家建立了以纺织、煤炭、能源、化工、冶金为基础的高污染、高耗能、高排放、资源型即“三高一资”的产业结构和发展模式，这个生产力的分水岭，同时是生态环境变化的分水岭。20 世纪 20 年代后，严重的环境公害事件开始出现，到了 50 年代更是进入了“公害泛滥期”，曾发生过著名的“八大公害事件”。

环境保护的提出，不可避免地涉及对已有发展理念和发展模式的反思。1972 年首次人类环境会议后，可持续发展理念逐渐成为世界共识，可持续发展战略逐渐上升为各国国家战略。西方国家开始把传统的“三高一资”产业转移到广大发展中国家。同时，其开始注重发展绿色低碳产业，清洁能源、生物医药、混合动力汽车、数字创意、海洋开发、纳米技术、信息技术被确立为新兴产业开发的战略重点。2008 年世界金融危机后，联合国环境规划署就提出发展“绿色经济”，呼吁在全球实施“绿色新政”，实现“绿色复苏”。美国、日本在经济刺激计划中安排了专项资金扶持能源环保、新能源等领域。2009 年 4 月，二十国集团（Group of 20，G20）峰会会议公报承诺将推进全面的、绿色的、可持续性的经济复苏。同年 6 月召开的经济合作与发展组织（Organization for Economic Co-operation and Development，OECD）部长理事会会议提出绿色增长是摆脱当前危机的重要途径，并发表了《绿色增长：战胜和超越金融危机》的报告。2015 年巴黎世界气候大会上，如何共同应对气候问题，再一次摆在了全球所有国家的面前，对此各国普遍做出了大幅度减少碳排放的明确承诺。

近年来，经济迅猛发展带来的生物多样性下降时刻在警示我们，绿色发展是人类可持续发展的必然选择，绿色发展道路才是正确的选择。绿色发展的大背景带动生物技术不断创新突破，不仅代表国民经济的绿色发展，也意味着绿色制度、产业、观念方面的发展与创新。绿色发展将生态优化和环境保护放在经济发展的首要位置，更加注重生态环境容量与资源承载力，而全球日益受到威胁的生物多样性恰恰需要这种外部环境来加强保护。在资源和能源的使用上，绿色经济体制下将优先采用低碳和高效的清洁能源，以提高资源能源利用率，减少对生态环境的污染，有利于唤醒社会公众转变消费观念，以及带动公众选择绿色产品、节约资源能源等更多的生态保护行为（刘桂环等，2015）。

要实现经济与环境保护的同步发展，必须从实际出发，以绿色发展思维引领经济社会发展，守住发展和生态底线，实现经济又好又快发展。绿色发展重视环境的维护，要求用发展的眼光关注社会，用发展的思路和方法处理人与自然的矛盾，以长远的眼光看待世界，推动和谐社会的建立。绿色发展通过有效的分配手段，科学的开采方法，使得自然资源利用效率能够达到最优化，让生态环境不再遭到破坏，使得求发展和保护生态环境能有效平衡，以实现人和自然的和谐（孙金龙，2020）。

1.4.2 生物多样性是绿色发展的重要表征和基础

生物多样性保护是绿色发展的基础和前提。任何生产及对生物资源的开采行为都要充分考虑自然资源本身的承载力。要留给自然休养生息的空间，实现自然的自我修复，以便其为人类提供源源不断的生产生活资源。中共中央、国务院发布的《关于加快推进生态文明建设的意见》通篇贯穿了“尊重自然、顺应自然、保护自然”“绿水青山就是金山银山”等基本理念。在发展方式上，长期以来世界各国在经济高速发展的时期走的是大量消耗能源资源，甚至不惜以破坏环境为代价的外延式、粗放式的发展道路。在经济发展进入新常态的形势下，将生物多样性保护作为绿色发展观念的首要先决条件，把环境容量和资源承载力作为约束变量，是世界经济形态向更高级转化的必然要求。

随着世界经济的快速发展，资源供给与经济发展的矛盾将越来越明显，资源会逐渐成为经济可持续发展的主要约束，而促进资源的跨期优化配置，是实现经济可持续发展战略目标的必然选择。全方位的发展不只是经济的增长，还应包括社会的进步、人的解放以及生态环境的改善等。生物多样性保护贯穿于可持续发展理念中，主张资源保护和环境友好，遗传资源、物种资源、生态系统资源及其蕴含的可持续利用方式始终是当今社会弘扬的主题。此外，生物多样性对于人的价值是多方面的，自然环境不仅是我们衣食住行中一切物质产品的直接或间接来源，还具有重要的精神价值。因此，保护生物多样性，对于人们的生活还具有精神涵养的意义，也是以人为本的集中体现。绿色发展把尊重自然规律放到重要位置，保护生物多样性以保持自然资源本底为前提，为绿色发展提供源源不断的动力。

1.4.3　投资生物多样性成为越来越多国家的选择

自 1992 年《生物多样性公约》通过以来，由于生物多样性中生态系统属全球公共产品，且发展中国家拥有全世界大部分生物多样性，世界银行开始持续积极资助生物多样性保护。据统计，世界银行贷款项目支持建立并整合了总面积超 1.16 亿 hm^2 的海洋和沿海保护区、1000 万 hm^2 的陆地保护区以及 300 多个受保护栖息地、生物缓冲区和保护区。世界银行的召集力和全球影响力助推了多个全球伙伴机制的建立与管理，如亚马孙可持续景观计划署采用多国参与的方式在亚马孙流域内开展保护工作；全球野生动植物计划署通过提供技术援助和促进原产国、过境国与目的地国之间的全球合作打击野生动植物物种非法贸易。

世界各国对生物多样性的关注度不断增加。2008 年，德国科学基金会成立了专门委员会，并不断增加保护全球生物多样性方面的资金投入，旨在构建德国生物多样性的研究网络，提升德国在生物多样性保护中的国际地位。从 2009 年到 2012 年，德国每年为保护森林和其他生态系统新增 1.25 亿欧元的资金投入。从 2013 年起，德国每年为保护全球生物多样性投入 5 亿欧元。为遏制白犀牛即将灭绝的严峻形势，肯尼亚与捷克两国的动物专家联手从捷克一家动物园将 4 头北方白犀牛运至肯尼亚奥尔佩杰塔自然保护区。日本政府在《生物多样性公约》第十次缔约方大会上设立了一项生物多样性保护目标——“对发展中国家的生物保护行动给予资金支持”，向世界展示了日本保护生物多样性的积极姿态（马嘉和小堀贵子，2019）。

2019 年 8 月世界各地的政府官员、专家等齐聚肯尼亚内罗毕，就一项“旨在以各种形式保护地球生命”的全球协议展开会谈。在《生物多样性公约》第十五次缔约方大会（CBD COP15）上，各缔约国将商议通过《2020 年后全球生物多样性框架》，对今后如何遏制全球生物多样性丧失趋势做出详细规划。此前，这些趋势的威胁已经体现在多份报告中，包括如生物多样性和生态系统服务政府间科学-政策平台（IPBES）的《全球生物多样性和生态系统服务评估报告》、政府间气候变化专门委员会（IPCC）的《气候变化与土地利用特别报告》、世界经济论坛的《全球风险报告》、OECD 的《生物多样性报告：金融、经济与商业行动案例》，以及刚发布的第五版《全球生物多样性展望》等。《2020 年后全球生物多样性框架》预计将通过对地球及其所有居民面临的多重危机采取全面的方法，并利用投资生物多样性的机会来促进变革。通过“以自然为中心”的发展途径，该框架旨在制定到 2050 年实现《生物多样性公约》关于“与自然和谐相处”愿景的路线。

第 2 章　中国生态文明建设与绿色发展

生态文明是在对工业文明进行反思的基础上发展起来，但超越了原先理论的局限性又有所突破且有全新贡献的综合发展理念。在尝试解决经济、社会、环境面临的问题时，生态文明面对的领域更为广阔，展现出了可持续发展所不曾有的优势。中国生态文明建设已经提升至社会主义新时代的国家发展战略地位，秉承生命共同体和命运共同体的理念，把人与自然和谐共生作为核心原则，把生态优先、绿色发展作为重要路径，为中国及全球生物多样性保护提供了理论支撑，是对国际可持续发展理论的重大创新。

2.1　生态文明、绿色发展与生物多样性保护

生物多样性是生态文明建设的重要内容和推动绿色高质量发展的重要抓手。生态文明建设为推进生物多样性保护，正确处理好生态环境保护和经济发展的关系，真正实现人与自然和谐共生、绿色高质量发展提供了根本遵循。

2.1.1　生态文明是推进实现人与自然和谐共生的中国方案

1. 生态文明是实现人与自然和谐发展的文明形态

一般认为，1978 年由德国法兰克福大学政治学系教授伊林•费切尔（Iring Fetscher）在《人类生存的条件：论发展的辩证法》一文中最早提出“生态文明”（ecological civilization）的概念，用于表达对工业文明和技术进步主义的批判，但并未给出具体定义。1995 年，美国的莫里森（Roy Morrison）教授在《生态民主》（*Ecological Democracy*）一书中提出了“生态文明”的概念，认为生态文明是工业文明之后一个新的文明阶段，并明确指出，工业文明有可能向生态文明转变，但是如果没有人们自觉的努力，这一点是不可能实现的。他还认为，生态文明建设有三个相互依存的基石——民主（democracy）、平衡（balance）与和谐（harmony）。由于工业主义的触角遍布全球，因此需要考虑一种全球生态文明，除了在地方层面采取行动，也需要在全球层面采取行动（梅雪芹，2020）。

在国内，1987 年农业经济学家和生态经济学家叶谦吉最早在全国农业生态会议上提出了生态文明的概念。1988 年在《生态农业——农业的未来》一书中，叶谦吉首次明确地将生态文明定义为：人类既获利于自然，又还利于自然，在改造自然的同时又保护自然，人与自然之间保持和谐统一的关系（叶谦吉，1988）。李绍东（1990）认为，生态文明就是把对生态环境的理性认识及其积极的实践成果引入精神文明建设，并成为其一个重要的组成部分。申曙光（1994）认为，生态文明是一种新的文明，是人类社会发展过程中出现的较工业文明更先进、更高级、更伟大的文明。生态文明将脱胎于工业文明（正像工业文明脱胎于农业文明一样），在工业文明和现代科学技术的基础上发展完善自己。生态文明既是对工业文明的继承，又是对工业文明的发展；生态文明还应该能够避免工业文明的弊端与缺陷，保证资源的永续利用与社会的持续发展。刘思华（2002）认为，生态文明从“人—社会—自然”复合系统的整体性出发，以人类与所在的生态环境的协同进化和协调发展为价值取向来建设现代新文明。

钱俊生和余谋昌（2004）在其著作《生态哲学》中将生态文明定义为：生态文明既是一种观念，又是一种结果。作为观念，生态文明是用生态系统的整体统一性、非线性、有限性、共生性等原则和原理来处理人与自然、人与人之间关系的思想。作为成果，它是以生产绿色、无污染消费、最小消耗、最大

效率为特征的生产和生活活动的总和。俞可平（2005）在其文章《科学发展观与生态文明》中提出：生态文明就是人类在改造自然以造福自身的过程中为实现人与自然之间的和谐所做的全部努力和所取得的全部成果，它表征着人与自然相互关系的进步状态。可以说，生态文明作为一种后工业文明，是人类社会中一种新的文明形态，是人类迄今最高的文明形态。龙睿贇（2017）提出了生态文明的 4 个维度，从人类社会文明形态、社会文明形式、社会发展理念、社会主义制度属性的角度来分别阐释生态文明的概念内涵。

卢风（2019）指出存在两种生态文明理论，一种是文明修补论，另一种是文明超越论。前者认为，生态文明就是文明地对待生态环境，补上生态文明这一维度，现代工业文明的伟大成就即可得以继承；后者认为，现代工业文明的各个维度都是反自然的、反生态的，生态文明就是彻底超越现代工业文明的一种崭新的文明。

综上所述，生态文明可以有狭义和广义两种解释。狭义上来讲，从社会的文明结构来看，生态文明是与物质文明、精神文明、政治文明相并列的一种社会文明形式，即人类在处理其与自然的关系时所达到的文明程度，是社会文明结构的重要组成部分。广义上来讲，生态文明与原始文明、农业文明和工业文明一样，是人类历史发展到一定阶段的必然产物。具体而言，生态文明是以环境资源承载力为基础，以自然规律为准则，以可持续的社会经济政策为手段，以人与自然和谐发展为目的的一种文明形态（图 2-1）。

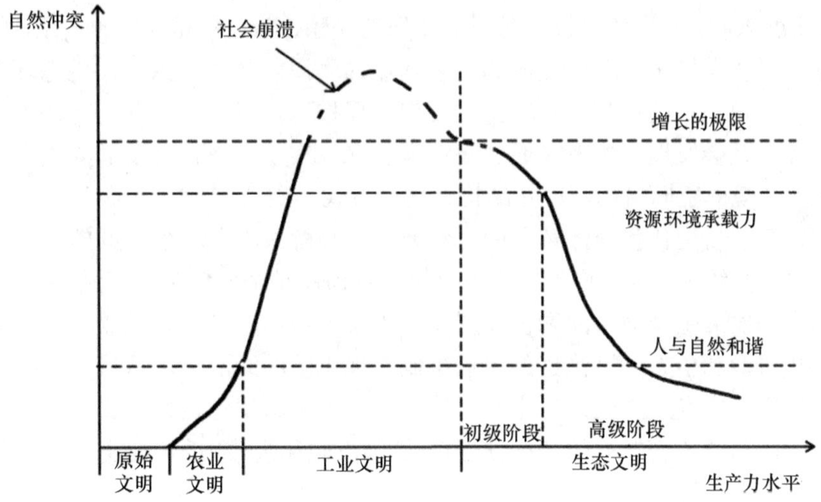

图 2-1　人类文明发展历史阶段

2. 生态文明体系建设是促进人与自然和谐共生的根本路径

习近平总书记在全国生态环境保护大会上提出了建设生态文明的“五大体系”，其丰富内涵体现在基本含义、目标要求及重点任务等方面。“五大体系”蕴含着“将生态文明建设融入经济、政治、文化、社会建设各方面和全过程”的基本思路和要求，把人与自然看作一个生命共同体，以改善生态环境质量、满足人民群众生态环境需要为根本目标，把推进绿色发展和全社会共建共享作为基本路径，通过政府、市场、社会多元主体协调联动，综合运用约束性、激励性和引导性的道德、经济、法制、行政、工程等手段，形成全面推进生态文明建设的整体方案，为提升生态文明水平、建设美丽中国指明了方向。

（1）以生态价值观念为准则的生态文化体系

先进的生态文化体系是生态文明建设的思想武器。世界和中华民族的文明史表明，“生态兴则文明兴、生态衰则文明衰”是一条亘古不变的规律，生态保护作为一种文化和价值观念，是社会文明的重要组成部分。习近平总书记指出，中华民族向来尊重自然、热爱自然，绵延 5000 多年的中华文明孕育着丰富的生态文化。十八大以来，以习近平同志为核心的党中央提出了一系列新理念新思想新战略，形成了习近平生态文明思想，成为习近平新时代中国特色社会主义思想的重要组成部分。习近平生态文明思想深深根植于中华文明丰富的生态智慧和文化土壤中，有时代性、历史性，更有哲学性，是指导当前及今后生态文明建设的重要思想武器。

生态价值观念是生态文化的基础和核心。人类在处理人与自然的关系上，充斥着各种不平等、不和谐、不平衡的问题，这些问题的主要症结是价值观念和发展理念的问题。习近平总书记在十九大报告中指出，人与自然是生命共同体，人类必须尊重自然、顺应自然、保护自然。这是习近平生态文明思想最为核心的生态价值观念，也是当前我国生态文化的真谛所在。在处理人与自然的关系时，要坚守这一生态价值观念，坚持节约优先、保护优先、自然恢复为主的方针，像保护眼睛一样保护生态环境，像对待生命一样对待生态环境，从根本上减少人对自然环境的破坏，让自然生态美景永驻人间，还自然以宁静、和谐、美丽。生态文化体系建设需要将传承优秀传统生态文化与创新新时期生态文化相结合，重点是确立人与自然和谐共生的生态伦理道德观。

（2）以产业生态化和生态产业化为主体的生态经济体系

发达的生态经济是生态文明建设的动力源泉。生态资源是人类生存的基础，生态资源最终转化为人类社会发展所需的生态产品和生态服务，通过产业化可以提升生态产品的生产能力，也将实现其应有的价值。从辩证法的角度来看，发展和保护不是对立矛盾的关系，而是相互促进的关系，“绿水青山”和“金山银山”可以双赢。经济发展不应是对资源和生态环境的竭泽而渔式的掠夺，生态环境保护也不应是舍弃经济发展的“缘木求鱼”式的退却，要坚持在发展中保护、在保护中发展，坚决摒弃“吃干榨尽”的发展模式，自觉把经济社会发展同生态文明建设统筹起来，实现经济社会发展与人口资源环境相协调，形成节约资源和保护环境的空间格局、产业结构、生产方式、生活方式。

绿色发展是构建高质量现代化经济体系的必然要求，是解决生态环境问题的根本之策，生态经济体系建设的关键就是要坚持绿色发展。应始终秉持“绿水青山就是金山银山”“保护生态环境就是保护生产力、改善生态环境就是发展生产力”的绿色发展观，以发展绿色、循环和低碳经济实现经济的生态化，同时以建立体现自然资源和生态环境价值的市场机制实现生态的经济化，从根本上解决经济发展与资源环境的矛盾，在保护生态中发展产业，走生产发展、生活富裕、生态良好的文明发展之路。而实现产业生态化和生态产业化，需要改变发展的传统惯性模式，增强转型升级的决心勇气，守住发展和生态两条底线，推动更有质量、更有效益的发展。

（3）以改善生态环境质量为核心的目标责任体系

明确的目标责任体系是生态文明建设的基本管理举措。良好的生态环境是最普惠的民生福祉，是生态文明建设的内在要求和立足点，只有创造良好的生态环境，才能真正实现经济社会的全面协调可持续发展。生态文明建设的目标是“提供更多优质生态产品，不断满足人民群众日益增长的优美生态环境需要”。在全国生态环境保护大会上，习近平总书记描绘的蓝天白云、繁星闪烁、清水绿岸、鱼翔浅底，吃得放心、住得安心、鸟语花香、田园风光等，生动直观地揭示了“优质生态产品”的本质内涵。建立健全以改善生态环境质量为核心的目标责任体系，是解决生态环境领域主要社会矛盾、满足人民群众优美生态环境需要的最为直接和有效的途径。

生态文明建设是各地区、各部门应当担负的政治责任，需做到守土有责、守土尽责，分工协作、共同发力。地方各级党委和政府主要领导是生态环境保护第一责任人，要发挥领导干部“关键少数”的作用，有效带领社会各界力量推进生态环境保护和生态文明建设。要落实领导干部生态文明建设责任制，严格实行生态环境保护“党政同责”“一岗双责”。转变唯“GDP”的发展理念，以可持续发展为最高诉求，树立生态文明的政绩观、发展观。建立科学合理的考核评价体系，不断提高生态文明建设在整个国民经济考核中的重要地位，把资源消耗、环境损害、生态效益等体现生态文明建设状况的指标纳入经济社会发展评价体系，使之成为推进生态文明建设的重要导向和约束，确保完成“改善生态环境质量”的生态文明建设核心目标任务。以改善生态环境质量为核心就是要按照高质量发展要求，以解决人民群众反映强烈的突出生态环境问题为重点，做到“不欠新账、多还旧账”，加快补齐生态环境短板，不断增强人民群众的生态环境获得感、幸福感和安全感。

（4）以治理体系和治理能力现代化为保障的生态文明制度体系

完善的生态文明制度体系是生态文明建设的根本保障。只有实行最严格的制度、最严密的法治，才能为生态文明建设提供可靠保障。十八大以来，以习近平同志为核心的党中央，坚定遵循发展规律、守护绿水青山，不断健全生态文明制度体系，生态文明制度的“四梁八柱”日益完善，为遏制环境违法行为提供了重要手段和有力武器。生态文明建设是一项庞大的系统工程，从改变生态环境到实现生态文明，必须构建系统完备、科学规范、运行高效的制度体系，用制度推进建设、规范行为、落实目标、惩罚问责，使制度成为保障生态文明持续健康发展的重要条件。

治理体系和治理能力的现代化，就是使国家治理体系制度化、科学化、规范化、程序化，使国家治理者善于运用法治思维和法律制度治理国家，从而把中国特色社会主义各方面的制度优势转化为治理国家的效能。加快以治理体系和治理能力现代化为保障的生态文明制度体系建设，必须按照源头严防、过程严管、后果严惩的思路，构建产权清晰、多元参与、激励约束并重、系统完整的生态文明制度体系，把生态文明建设纳入法治化、制度化轨道。生态文明制度体系建设要把环境公平与正义贯穿到经济社会决策和管理的各个方面。

（5）以生态系统良性循环和环境风险有效防控为重点的生态安全体系

优良的生态安全体系是生态文明建设的物质基础。生态安全是国家安全的重要组成部分，是经济社会持续健康发展的重要保障。社会系统、经济系统和自然生态系统通过人类的活动耦合成为一个复合系统，各要素相互依存、相互制约、相互作用。人类的经济活动受到自然生态系统承载力的限制，而人类经济活动又反作用于自然生态系统。社会系统、经济系统和自然生态系统既有自身的运行规律，又受其他系统的影响与制约，只有当各个系统彼此适应，整个复合生态系统才能达到平衡，才能稳定、持续地良性循环下去。因此，构建生态安全体系，要统筹经济社会发展与环境保护关系，重构人与自然生命共同体。

一方面，按照“山水林田湖草是生命共同体”的理念，统筹考虑自然生态各要素、山上山下、地上地下、陆地海洋、流域上下游，加大生态系统保护力度，统筹实施生态修复重大工程，增强生态系统维持自我平衡和良性循环的能力，奠定生态安全体系的基础。按照生态系统本身的自然属性，把区域、流域作为保护和修复的有机整体，准确判别各种生态问题及其关联和因果关系，打破行政界限，实现整体设计、分项治理。按照“一块区域、一个问题、一种技术、一项工程”的思路，形成生态保护修复关键技术整体解决方案。另一方面，以解决损害群众健康的突出生态环境问题和潜在生态环境风险为目标与出发点，把生态环境风险纳入常态化管理，系统构建全过程、多层级生态环境风险防控和应急响应体系。

生态文明建设是一场涉及生产方式、生活方式、思维方式和价值观念的革命性变革，需要树立以“和谐”为宗旨的生态伦理观念，推进以“绿色”为特征的生态经济发展，确立以“改善”为准则的目标评价考核机制，建立以“协同”为基础的生态制度框架，构筑以“优先”为前提的生态环境安全体系。习近平总书记在党的十九大和全国生态环境保护大会上的讲话确立了生态文明建设新思想、新要求、新目标、新部署，进一步丰富了我国生态文明建设的理论体系，将有力指导全国各地生态文明建设实践。生态文明体系建设要以习近平生态文明思想为指导，从经济、政治、社会、文化和生态环境多方面同时发力，在生态文化、生态经济、目标责任、生态制度、生态安全等方面全面开展实践探索，加快五大体系建设，逐步实现美丽中国宏伟目标。

3. 生态文明是对可持续发展观念的创新发展

按照联合国 1987 年通过的报告《我们共同的未来》，可持续发展被正式定义为：既满足当代人的需要，又不对后代人满足其需要的能力构成危害的发展。有学者认为生态文明与可持续发展互相融通（郇庆治，2020；孙伟平，2008；张永亮等，2015），也有学者认为生态文明不同于可持续发展，是一种新的社会秩序，生态文明是可持续性的中国道路（Gare 和王俊，2019；Liu et al.，2018）。融通论与新秩序论其实都承认生态文明对可持续发展的贡献，生态文明建设是中国可持续发展的一种新的更高层面的探索，既是承接也是创新。

（1）**文明形态的创新**

工业化最近一百年来所创造的生产力，比过去一切时代所创造的全部生产力还要多（中共中央编译局，2012），但这一时期给生态环境带来巨大的破坏。资源耗竭、环境污染、生态失衡、人口膨胀等一系列问题不仅严重威胁着人类的生存和发展，而且制约着人类文明发展的进程。尽管环境保护与可持续发展已经上升到国家和国际政治层面，《2030 年可持续发展议程》确立的 5P 理念，即人本、地球、繁荣、和平与伙伴关系（people，planet，prosperity，peace，partnership），也是可持续发展理念的创新转型，但是并没有从社会文明形式的高度来思考发展范式问题（潘家华，2015）。生态文明是和物质文明、精神文明和政治文明共存的一种人类文明形态，也是超越了传统农业文明、工业文明的一种更高级的人类文明形态。面对工业文明下征服自然的发展理念，生态文明从理论与实践的双重维度实现了对这一发展理念的超越。中国生态文明准确把握人类文明必然从人与自然的对立发展走向人与自然的和谐共生这一客观规律，在生态文明建设上既继承了前人的成果，又进行了创新发展（王璐，2017）。

（2）**发展维度的创新**

自约翰内斯堡会议明确了可持续发展的三大支柱以来，经济、生态、社会已经成为可持续发展的长期框架，各国政府和学界达成共识。“五位一体”总体布局把生态文明建设提高到发展战略高度，拓展了可持续发展的三个维度。一方面，生态文明建设融入经济建设、政治建设、文化建设、社会建设各方面和全过程，有助于实现以人为本、全面协调可持续的科学发展。另一方面，可持续发展的三个维度进一步深入拓展为经济、政治、文化、社会、生态文明五个维度，将在更广泛的范围内发挥作用。在实践引领方面，生态文明起到了更加深远的影响。以生态价值观念为准则的生态文化体系，以产业生态化和生态产业化为主体的生态经济体系，以改善生态环境质量为核心的目标责任体系，以治理体系和治理能力现代化为保障的生态文明制度体系，以生态系统良性循环和环境风险有效防控为重点的生态安全体系，界定了生态文明体系的基本框架。五大体系是建设美丽中国的行动指南，为生态文明建设和永续发展提供了根本支撑，也为构建人类命运共同体贡献了思想和实践的“中国方案”。

（3）**生态向度的创新**

长期以来，西方二元论主张“非此即彼”，把事物的两个方面完全对立起来，看待经济发展和环境保护也是相互孤立的。生态文明打造了生态经济新向度和共同体生态新向度。“绿水青山就是金山银山”理念的提出代表了生态经济化和经济生态化的有机统一，揭示了绿水青山是实现源源不断金山银山的基础和前提。在马克思主义哲学视野中，生产力和生产关系的跃升必然指向生态环境保护与经济社会发展的辩证统一及统筹兼顾，保护生态就是发展生产力。绿色“两山”理念摆脱了将发展与保护相对立的旧观念，不再奉行“非此即彼”的二元论思想，指明了实现经济发展和环境保护内在统一、相互促进和协调共生的辩证唯物主义方法论（吴舜泽等，2018），是对可持续绿色发展理念的超越。共同体生态新向度表现在山水林田湖草是一个生命共同体的系统保护思想，强调了“统筹山水林田湖草系统治理”。一方面，要坚持底线思维，牢固树立红线观念，守住自然生态安全边界，即自然生态系统分布的生态空间边界、自然生态系统质量的底线和自然生态系统承载力；另一方面，要求我们树立生态治理的大局观、全局观，不仅要树立山水林田湖草一体化的思想，还应该实施全域治理，从管理上统筹协同，深入践行生命共同体的思想。而“生命共同体”强调的正是大自然是一个完整的系统，人类只是大自然的一部分，我们要尊重自然、保护自然，人与自然和谐共生。

（4）实践深度的创新

可持续发展虽然确立了 2030 年目标，但实际面临着诸多难题。仅欧洲及韩国等少数国家积极推行“绿色新政”，全球实现碳达峰、碳中和仍待时日。联合国生物多样性和生态系统服务政府间科学-政策平台（IPBES）发布的 2019 年全球评估报告指出，在 20 个爱知目标中，仅有少数有望实现或取得积极进展，大多数目标进展有限，甚至偏离目标。2020 年，193 个国家中仅有 20%实现了消除贫困这一目标，仅有不到 3%的国家实现了良好健康与福祉这一目标。生态文明是以环境资源承载力为基础，以自然规律为准则，以可持续的社会经济政策为手段，以人与自然和谐发展为目的的一种文明形态。生态文明实践深度的创新表现在运用系统思维和整体思维，全方位、全地域、全过程地开展生态文明建设，强调不同地区因地制宜的探索。中国构建了理论—战略—制度—工程的实践体系，同时整个实践是循序渐进的，以示范探索、细胞工程为基础，强调解决源头性、根源性、基础性问题，强调系统施策。如果说良好的生态环境是生态文明的硬实力，那么生态文明制度体系就是生态文明的软实力（夏光，2013）。以先进制度为代表的生态文明治理体系引领了世界永续发展之路。

无论是在全球生态环境保护思想理念层面，还是在应对气候变化的碳减排、生物多样性保护、生态减贫等具体实践领域，抑或是在生态环境保护的“本地化”（locality）和全民参与方面，生态文明都从不同维度促进了全球可持续发展（图 2-2）。

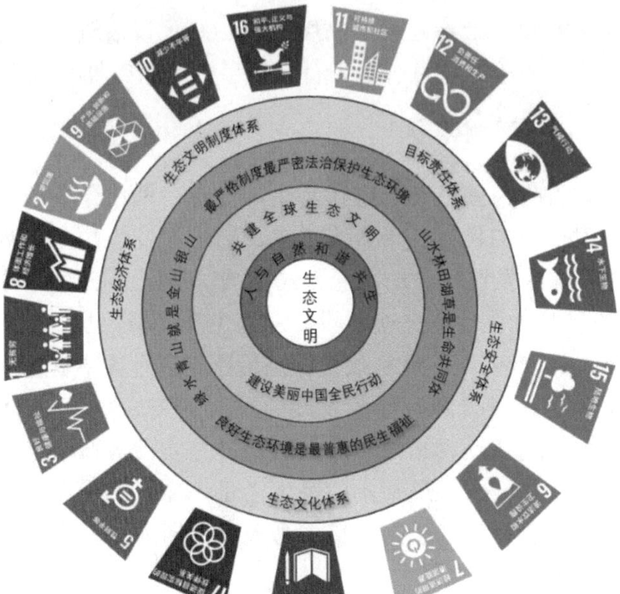

图 2-2　生态文明与可持续发展（Wei et al.，2020）

图中 17 个联合国 2030 年可持续发展目标是：1. 消除贫困；2. 消除饥饿；3. 良好健康与福祉；4. 优质教育；5. 性别平等；6. 清洁饮水与卫生设施；7. 廉价和清洁能源；8. 体面工作和经济增长；9. 工业、创新和基础设施；10. 缩小差距；11. 可持续城市和社区；12. 负责任的消费和生产；13. 气候行动；14. 水下生物；15. 陆地生物；16. 和平、正义与强大机构；17. 促进目标实现的伙伴关系宏观而言，生态文明理念为未来发展范式的转变提供了借鉴，也为2030年可持续发展目标的实现提供了崭新的路径，指引着全球可持续发展的方向。对自然，秉承生命共同体的理念，做到人与自然和谐共生；对人类，秉承命运共同体的理念，世界各国唇齿相依、同舟共济。全球环境治理需要加快构筑尊崇自然、绿色发展的生态体系，加快实现可持续发展目标描绘的平等清洁美丽世界需要在气候变化、生物多样性、海洋生态、减贫、突发环境污染和公共卫生事件风险应对等领域加强世界各国之间的政策合作，积极营造世界各国、各地区、各民族共同参与全球生态环境治理的良好氛围。

中观而言，首先，生态文明秉承"人与自然和谐共生"的理念，通过目标责任体系为气候行动提供了有效路径，倡导正确面对和解决全球气候变化带来的生态安全问题。中国积极实施低碳发展战略，承担碳减排义务，采取多形式的减排措施，是主动承担全球气候安全责任的表现。其次，未来要在生态文明理念下共建地球生命共同体。积极维护生物多样性不仅包括生物种类的多样性，还包括种质遗传的多样性和生态系统的多样性，要杜绝非法狩猎野生动物和侵占重点保护物种的栖息地。保护生物多样性不仅要考虑人与自然生态系统和谐共生的关系，还要重视人与人之间和谐共生的关系。同时，秉承"良好生态环境是最普惠的民生福祉"这一中国生态文明建设的根本宗旨，为老百姓提供更多优质生态产品以满足人民群众日益增长的优美生态环境需要是发展的现实要求。

微观而言，我国开展的生态文明建设示范区和"绿水青山就是金山银山"实践创新基地建设起到了良好的示范与引领作用。尤其是"两山"实践创新基地积极探索了绿水青山向金山银山转化的有效创新途径，无论是破茧成蝶的安吉、成功转型的栾川，还是几十年如一日不懈努力治沙造林的塞罕坝和右玉，抑或是以山耕山居著称的丽水，都有着独具特色的路径模式。根据不同区域特征和实践模式，要深入到市、深入到县、深入到企业，对当地的特色发展方式进行综合了解和分析，为各个区域量身定做适合本地发展的最优路径和模式。

2.1.2 绿色是生态文明建设的底色

党的十八大以来，鲜明地提出了创新、协调、绿色、开放、共享的发展理念，实现了生态文明建设与经济建设、政治建设、文化建设、社会建设的高度融合。绿色发展理念作为科学把握发展规律的创新理念，明确了新形势下完成第一要务的重点领域和有力抓手，为新时期执政兴国指明了前进的方向。

1. 绿色发展理念是发展观的一场深刻革命

十八大报告把生态文明建设作为独立部分进行阐述，并在"两山论"的基础上提出"努力建设美丽中国，实现中华民族的永续发展"的目标。十八大以来，习近平同志用一系列比喻阐述了生态环境保护的重要性，进一步丰富发展了绿色发展理念的内涵。2013年4月，习近平总书记在中共中央政治局常务委员会会议上指出："我们不能把加强生态文明建设、加强生态环境保护、提倡绿色低碳生活方式等仅仅作为经济问题。这里面有很大的政治。"这是从政治的高度阐述绿色发展理念，绿色发展不仅仅是经济的可持续发展问题，更应从政治的高度来理解绿色发展的重大意义，树立正确的政绩观。2015年4月，习近平总书记在参加首都义务植树活动时指出："植树造林是实现天蓝、地绿、水净的重要途径，是最普惠的民生工程。"老百姓的生态需求是最基本的民生需求，良好的生态环境是最好的民生福祉，要坚持绿色发展，保护好生态环境，让良好的生态环境成为人民生活质量与幸福感的增长点，让老百姓能够切实地感受到绿色发展带来的环境效益。

在2015年10月召开的党的十八届五中全会上，习近平总书记首次提出创新、协调、绿色、开放、共享的发展理念，指出："坚持绿色发展，必须坚持节约资源和保护环境的基本国策，坚持可持续发展，坚定走生产发展、生活富裕、生态良好的文明发展道路，加快建设资源节约型、环境友好型社会，形成人与自然和谐发展现代化建设新格局，推进美丽中国建设，为全球生态安全作出新贡献。"这标志着绿色发展理念的正式提出和确立。在《中共中央关于制定国民经济和社会发展第十三个五年规划的建议》的说明中，他指出，发展理念是发展行动的先导，是管全局、管根本、管方向、管长远的，是发展思路、发展方向、发展着力点的集中体现。在 2016 年 1 月召开的省部级主要领导干部学习贯彻党的十八届五中全会精神专题研讨班上，习近平总书记又结合历史、现实与一些重大问题，从理论上、宏观上深入阐释了五大新发展理念的具体内涵。在中国，新发展理念已经成为指挥棒、红绿灯。

2017 年 5 月，在十八届中央政治局第四十一次集体学习时，习近平总书记指出，“推动形成绿色发展方式和生活方式，是发展观的一场深刻革命。这就要坚持和贯彻新发展理念，正确处理经济发展和生态环境保护的关系”。具体强调，我们要充分认识形成绿色发展方式和生活方式的重要性、紧迫性、艰巨性，加快构建科学适度有序的国土空间布局体系、绿色循环低碳发展的产业体系、约束和激励并举的生态文明制度体系、政府企业公众共治的绿色行动体系，加快构建生态功能保障基线、环境质量安全底线、自然资源利用上线三大红线，全方位、全地域、全过程开展生态环境保护建设。

2. 绿色高质量发展是生态文明建设根本指向

全面推动绿色发展是生态文明建设的治本之策。绿色发展是生态文明建设的必然要求，代表了当今科技和产业变革的方向，是最有前途的发展领域。人类发展活动必须尊重自然、顺应自然、保护自然。不仅要研究生态恢复治理防护的措施，而且要加深对生物多样性等科学规律的认识；不仅要从政策上加强管理和保护，而且要从全球变化、碳循环机制等方面加深认识，依靠科技创新破解绿色发展难题，形成人与自然和谐共生新格局。

绿色发展是构建高质量现代化经济体系的必然要求，是解决污染问题的根本之策。所谓绿色发展，一是要实现经济增长与资源环境负荷的脱钩，即经济增长不会引起资源环境负荷的增加，解决好突出生态环境问题，改善可持续性；二是要使可持续性成为生产力，让绿色、生态有利可图，生态优势能够转化为经济优势，实现绿水青山成为金山银山（石敏俊，2018）。中国特色社会主义进入新时代，就是要实现和解放绿色生产力，建设人与自然和谐的现代化。建设生态文明本身也是发展，就是绿色发展、就是高质量发展。

党的十八届五中全会强调绿色发展理念，党的十九大报告为未来中国的生态文明建设和绿色发展指明了方向、规划了路线。十九大报告指出，“建设生态文明是中华民族永续发展的千年大计。必须树立和践行绿水青山就是金山银山的理念，坚持节约资源和保护环境的基本国策，像对待生命一样对待生态环境，统筹山水林田湖草系统治理，实行最严格的生态环境保护制度，形成绿色发展方式和生活方式，坚定走生产发展、生活富裕、生态良好的文明发展道路，建设美丽中国，为人民创造良好生产生活环境，为全球生态安全作出贡献。”报告还给出了绿色发展的实施方略，包括法律制度、政策导向、技术创新体系、能源消费革命、资源节约行动、低碳生活方式等内容。十九届五中全会提出了 2035 年基本实现社会主义现代化的远景目标，包括广泛形成绿色生产生活方式，碳排放达峰后稳中有降，生态环境根本好转，美丽中国建设目标基本实现。

2.1.3　生态文明为生物多样性保护保驾护航

生物多样性是人类赖以生存和发展的基础，是人类生命共同体的血脉和根基。中国政府一直以来高度重视生物多样性保护，将其作为生态文明建设的重要内容和推动绿色高质量发展的重要抓手，也是建设“美丽中国”的基础保障。中国也积极参与到国际生物多样性保护履约机制中来，为实现可持续发展既定目标奠定坚实基础。

1. 生物多样性保护是生态文明的核心内容

人类与生物多样性通过物质循环、能量流动、信息交换等复杂的自然和人文过程，相互作用、相互影响，形成了地球生命共同体（张惠远等，2020）。从人与自然的关系来看，地球生命共同体经过几十亿年的演化，已经形成了生态平衡，而生物多样性是维持地球生态平衡的重要基础。一旦这种平衡被打破，将引发一系列连锁反应，并最终危及人类自身。例如，研究表明物种多样性丧失、生态系统破坏加剧了全球气候变暖及其带来的破坏。当前，生物多样性的损害与丧失是人类社会面临的最重要的威胁之一。联合国生态系统和生物多样性的经济学研究报告显示，每年生物多样性丧失所造成的经济影响在2万亿～4.5万亿美元，相当于全世界生产总值的7.5%。联合国粮食及农业组织2019年发布的报告也指出，粮食和农业生物多样性正在加速消失，加上人类依赖越来越少的物种获取粮食，使原本就已十分脆弱的粮食安全防线接近崩溃边缘。从人与人的关系来看，生物多样性是全人类的财富，生物多样性损害与丧失所产生的系列影响，也将是全球性的，任何人、任何国家都无法置身事外。目前正在全球肆虐的新冠肺炎疫情就是一个明显例子。这些由病毒引发的疫情，不仅为保护生物多样性、加强生物安全提供了现实论据，也提供了人与自然是生命共同体、全球是一个生命共同体的有力证据。因此，必须从地球生命共同体的角度认识和保护生物多样性，维护地球生命共同体的健康安全，实现人与自然、人与人和谐共生，这也是生态文明建设的核心要义。

尊重自然、顺应自然、保护自然是生态文明的核心理念和要求，生物多样性作为自然最核心的组成部分，必然是生态文明关注的核心内容。建立健全以生态系统良性循环和环境风险有效防控为重点的生态安全体系是生态文明体系的重要内容，而生物多样性保护是其必然要求和题中之义。习近平同志强调，生物多样性既是可持续发展的基础，也是目标和手段；我们要以自然之道，养万物之生，从保护自然中寻找发展机遇，实现生态环境保护和经济高质量发展双赢。我国政府历来重视生物多样性保护，推动生态文明建设，必然要求加强生物多样性保护，促进人与自然和谐共生。

2. 生物多样性国际进程与生态文明高度契合

“人与自然和谐共生”既是生态文明的核心理念，也是《生物多样性公约》的2050年愿景。习近平总书记指出，“人与自然是生命共同体，人类必须尊重自然、顺应自然、保护自然。”不仅从客观规律的角度揭示了人与自然之间的“实然”关系，还从人类情感、意愿的角度体现了人与自然的“应然”关系（金瑶梅，2020）。山水林田湖草是一个生命共同体的系统保护思想强调“统筹山水林田湖草系统治理”“全方位、全地域、全过程开展生态文明建设”，要求我们树立生态治理的大局观、全局观。习近平总书记深刻指出：“人的命脉在田，田的命脉在水，水的命脉在山，山的命脉在土，土的命脉在树”。如果种树的只管种树，治水的只管治水，护田的只管护田，那就会顾此失彼，导致生态破坏的发生。要实现“沙进人退”转变为“绿进沙退”，不仅要树立山水林田湖草沙一体化的思想，还应该实施全域治理，从管理上统筹协同，深入践行生命共同体的思想。生命共同体理念将需要保护的动植物等物种纳入自然生态系统内部，有助于积极推动生物多样性保护工作的进展。

《生物多样性公约》履约谈判的国际进程紧紧围绕制定“框架”而展开，“框架”全面融入了中国的生态文明思想精髓与内涵。2020年1月发布的“框架”零号草案的2050年愿景是“到2050年，生物多样性受到重视，得到保护、恢复及合理利用，维持生态系统服务，实现一个可持续的健康的地球，所有人都能共享重要惠益”。该愿景充分理解生态文明的核心信息，并在可持续发展中考虑社会、经济和环境层面的问题（Pisupati，2020）。“框架”设定了20项行动目标，前6项目标聚焦“减少对生物多样性的威胁”，第7～11项目标围绕“通过可持续利用和惠益分享满足人类需求”，第12～20项目标关注“执行和主流化的工具与解决办法”。生态文明理念所蕴含的尊重自然、顺应自然、保护自然、遵循自然规律、避免扰乱自然秩序、可持续利用自然资源、提供更多优质生态产品以满足人民群众日益增长的优美生态环境需要等深刻内涵，与“框架”的目标高度一致（万夏林等，2020）。

2.2　中国推进生态文明与绿色发展的历史过程

中国的生态文明和绿色发展理念是在推进生态环境保护实践中，结合世界可持续发展理论和中国传统文化形成的。其形成发展过程与新中国建设同步，可以划分为萌芽、孕育、发展、成型、深化提升 5 个历史阶段（图 2-3）。

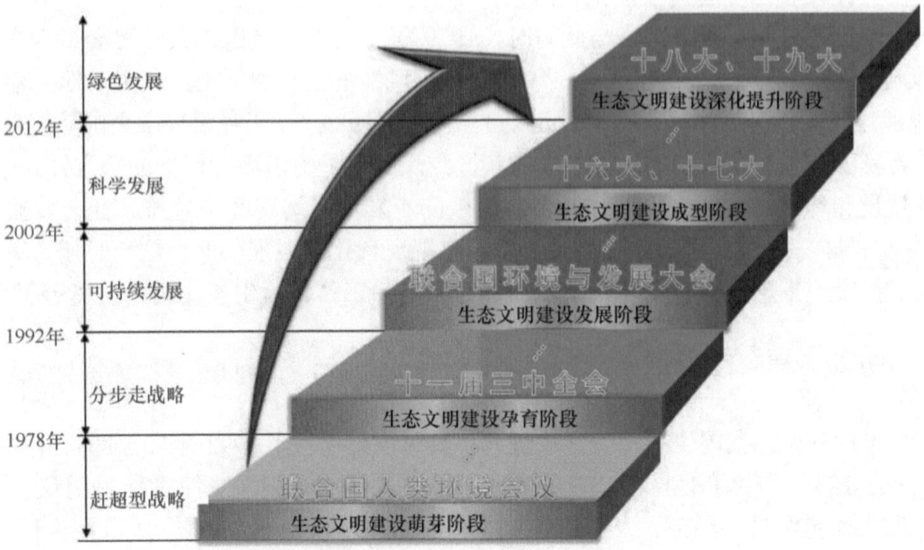

图 2-3　中国生态文明和绿色发展形成的历史阶段

2.2.1　生态文明建设萌芽阶段

从新中国成立到改革开放前的 30 年间，我们党在领导全国人民进行革命和武装斗争、社会主义改造及国民经济恢复的同时，还注重发展林业、兴修水利等生态建设，对环境保护工作已经有了自发的朴素认识。20 世纪 50 年代中期，毛泽东同志号召“绿化祖国”，实行“大地园林化”，1956 年，中国开始了第一个“12 年绿化运动”，通过植树造林改变荒山和村庄的面貌。毛泽东同志强调，“天上的空气，地上的森林，地下的宝藏，都是建设社会主义所需要的重要因素，而一切物质因素只有通过人的因素，才能加以开发利用”（中共中央文献研究室，1994）。周恩来同志也对经济建设中环境污染问题的整治多次做出重要指示，强调“在经济建设中的废水、废气、废渣不解决，就会成为公害。发达的资本主义国家美国、日本、英国公害很严重，我们要认识到经济发展中会遇到这个问题，要采取措施解决”（中共中央文献研究室，1997）。1972 年 6 月 5～16 日，国家环境保护局首任局长曲格平代领中国代表团参加了在瑞典首都斯德哥尔摩召开的联合国人类环境会议。1973 年 8 月 5～20 日，第一次全国环境保护大会在北京召开，成为新中国开创环境保护事业的第一个里程碑。会议确定了“全面规划，合理布局，综合利用，化害为利，依靠群众，大家动手，保护环境，造福人民”的 32 字环境保护工作方针，讨论通过了《关于保护和改善环境的若干规定（试行草案）》，制定了《关于加强全国环境监测工作意见》和《自然保护区暂行条例》。这一阶段生态环境保护工作或者说生态文明建设，主要以应对自然灾害为主。

2.2.2　生态文明建设孕育阶段

1978 年 12 月召开了党的十一届三中全会，中心议题是讨论把全党工作的重点转移到社会主义现代化建设上来，并开始规划制定森林法、草原法、环境保护法等法律。党的十一届三中全会后，党和国家对环境保护工作给予高度重视，明确提出保护环境是社会主义现代化建设的重要组成部分。邓小平同志指出：应该集中力量制定刑法、民法、诉讼法和其他各种必要的法律，例如工厂法、人民公社法、森林法、草原法、环境保护法……做到有法可依，有法必依，执法必严，违法必究。由于宪法已有明确规定，一系列环境法律法规相继出台。1979 年五届全国人大常委会通过了新中国第一部环境保护基本法——《中华人民共和国环境保护法（试行）》。1982 年国务院发布了《关于在国民经济调整时期加强环境保护工作的决定》。1989 年《中华人民共和国环境保护法》正式公布施行。1992 年中国政府向联合国环境与发展大会提交《中华人民共和国环境与发展报告》，并率先提出《环境与发展十大对策》，第一次明确提出转变传统发展模式，走可持续发展道路。与此同时，1979 年 2 月五届全国人大常委会第六次会议决定每年的 3 月 12 日为全国植树节，并决定在西北、华北、东北风沙危害大和水土流失重点地区建设三北防护林体系。1981 年通过《关于开展全民义务植树运动的决议》。1983 年 12 月第二次全国环境保护会议召开，确立环境保护为我国必须长期坚持的一项基本国策。会议制定了中国环境保护的总方针、总政策，即“经济建设、城乡建设和环境建设同步规划、同步实施、同步发展，实现经济效益、社会效益、环境效益相统一”。1987 年党的十三大提出了分“三步走”基本实现现代化的发展战略。这一时期，我国的环境保护事业进展飞速，在保护生态的同时，开始逐步加强污染防治工作，为生态文明建设奠定了良好的基础。

2.2.3 生态文明建设发展阶段

20 世纪 90 年代开始，我国生态文明建设进入可持续发展阶段。1992 年在巴西召开的联合国环境与发展大会上，来自 183 个国家和地区的代表签署了可持续发展的纲领性文件《21 世纪议程》。与此同时，1992 年党的十四大着重分析了经济、人口和资源的关系。1994 年 3 月《中国 21 世纪议程——中国 21 世纪人口、环境与发展白皮书》发布，作为制定国民经济和社会发展中长期计划的指导性文件。1996 年 7 月第四次全国环境保护会议召开，提出保护环境的实质就是保护生产力。江泽民同志指出，“经济的发展必须与人口、环境、资源统筹兼顾，不仅要安排好当前的发展，还要为子孙后代着想，为未来发展创造更好的条件。绝不能走浪费资源，先污染、后治理的路子，更不能吃祖宗饭，断子孙路。”还强调了可持续发展战略的重要地位，指出“环境保护很重要，是关系我国长远发展和全局性的战略问题……在社会主义现代化建设中，必须把贯彻实施可持续发展战略始终作为一件大事来抓”（江泽民，1996）。1997 年 9 月，党的十五大将可持续发展写入党的报告，并强调在现代化建设中必须实施可持续发展战略。2000 年 11 月国务院印发了《全国生态环境保护纲要》《可持续发展科技纲要》，强调“通过生态环境保护，遏制生态环境破坏，减轻自然灾害的危害；促进自然资源的合理、科学利用，实现自然生态系统良性循环；维护国家生态环境安全，确保国民经济和社会的可持续发展”。2002 年，在约翰内斯堡通过的《可持续发展世界首脑会议实施计划》明确了可持续发展的三大支柱——经济、社会与环境。这一阶段标志着中国可持续发展思想和战略的正式确立，污染防治、生态保护、资源能源节约等各项工作不断加强。

2.2.4 生态文明建设成型阶段

2002 年开始，我国生态文明建设进入科学发展阶段。党的十六届三中全会提出，要坚持以人为本，树立全面、协调、可持续的发展观，促进经济社会和人的全面发展。2005 年召开的中央人口资源环境工作座谈会上，胡锦涛同志首次使用了“生态文明”一词，指出当前环境工作的重点之一是“完善促进生态建设的法律和政策体系，制定全国生态保护规划，在全社会大力进行生态文明教育”（乔清举和马啸东，2019）。2007 年这一概念首次被写入党的十七大报告。也正是党的十七大第一次把建设生态文明作为一项战略任务列入实现全面建设小康社会的目标之一，要求建设以资源环境承载力为基础、以自然规律为准则、以可持续发展为目标的资源节约型、环境友好型社会。胡锦涛同志在学习贯彻党的十七大精神研讨班开班仪式上提出了全面推进经济建设、政治建设、文化建设、社会建设，积极推进生态文明建设，这可以说是“五位一体”理念的雏形。党的十七届五中全会指出，把建设资源节约型、环境友好型社会作为加快转变经济发展方式的重要着力点，提高生态文明水平。在纪念中国共产党成立 90 周年大会上的讲话中，胡锦涛同志进一步强调，“不断在生产发展、生活富裕、生态良好的文明发展道路上取得新的更大的成绩”。这标志着中国共产党对人与自然的和谐、生态文明的建设的认识更加科学和深化，要求把大自然的优美和人的自身发展相结合，实现人与自然的和谐统一（赵曼，2017）。这些认识深化的结果就是生态文明建设上升为中国特色社会主义事业总体布局的重要组成部分。

2.2.5　生态文明建设深化提升阶段

党的十八大以来，我国生态文明建设逐步走向成熟，进入建设美丽中国、实现中华民族永续发展的社会主义生态文明新时代。以习近平同志为核心的党中央高度重视生态文明顶层设计和制度体系建设。污染治理力度之大、制度出台频度之密、监管执法尺度之严、环境质量改善速度之快前所未有。中共中央、国务院就推进生态文明建设做出一系列决策部署，不仅印发了《关于加快推进生态文明建设的意见》和《生态文明体制改革总体方案》，在《国民经济和社会发展第十三个五年规划纲要（2016-2020 年）》中也含有实施生态文明建设的综合性方案。到 2016 年底，根据中共中央办公厅、国务院办公厅关于印发《生态文明建设目标评价考核办法》的通知要求，国家发展和改革委员会、国家统计局、环境保护部和中央组织部等部门共同制定、印发了《绿色发展指标体系》和《生态文明建设考核目标体系》，作为生态文明建设评价考核的依据。

党的十八大报告把生态文明建设作为经济、政治、文化、社会和生态文明“五位一体”总体布局的组成部分。党的十八届三中全会强调，紧紧围绕建设美丽中国全面深化生态文明体制改革，加快建立生态文明制度。党的十八届五中全会提出了“创新、协调、绿色、开放、共享”五大发展理念，将绿色发展作为理念之一，凸显了绿色的重要性。开展生态文明建设必须坚持实施绿色发展、建设美丽中国的目标。十九大进一步强调“尊重自然、顺应自然、保护自然”，把“人与自然和谐共生”作为生态文明的核心理念。十九大新修订的党章中，加入了“增强绿水青山就是金山银山的意识”的内容。全国生态环境保护大会确立了习近平生态文明思想，系统地阐释了“8 个观”，即深邃历史观、科学自然观、绿色发展观、基本民生观、整体系统观、严密法治观、全民行动观、全球共赢观的历史辩证和科学的发展理念，成为中国生态文明建设的思想指引和行动指南。十九届四中全会强调，进一步加快推进生态文明制度体系建设。十九届五中全会坚持新发展理念，着眼推动高质量发展，对深入实施可持续发展战略、完善生态文明领域统筹协调机制、加快推动绿色低碳发展等做出重要部署。

在习近平总书记的引领推动下，中国相继参与了一系列国际环境治理行动，以负责任的态度和坚定的行动，为全球绿色发展做出世所瞩目的中国贡献。习近平主席在 2019 年中国北京世界园艺博览会开幕式上提出的绿色发展“五个追求”，即“追求人与自然和谐”“追求绿色发展繁荣”“追求热爱自然情怀”“追求科学治理精神”“追求携手合作应对”，传递出了绿色发展的理念。可以说，绿色发展理念与生态文明建设内在逻辑高度统一，绿色发展是实现生态文明建设的必由之路。

2.3　中国生态文明建设取得的成就

党的十八大以来，以习近平同志为核心的党中央，着眼于世界文明形态的演进、中华民族的永续发展、党的宗旨责任、人民群众的民生福祉以及构建人类命运共同体的宏大视野，从新的历史起点出发，提出建设生态文明是关系人民福祉、关乎民族未来的长远大计。生态文明建设被纳入“五位一体”总体布局并提升至战略高度，使其在中国特色社会主义事业总体布局中的战略地位更加明确。一方面，生态文明建设融入经济建设、政治建设、文化建设、社会建设各方面和全过程，有助于实现以人为本、全面协调可持续的科学发展；另一方面，可持续发展的经济、生态、社会 3 个维度进一步深入拓展为经济、政治、文化、社会、生态文明 5 个维度，将在更广泛的范围内发挥作用。中国生态文明建设已经进入了新发展阶段，未来需要构建新发展格局，坚定不移地贯彻新发展理念。

2.3.1 生态文明体制建设逐步完善

生态文明建设是中华民族永续发展的千年大计。自党的十八大把生态文明建设纳入“五位一体”总体布局以来，我国生态文明制度体系加快形成，生态环境治理体系和治理能力现代化水平不断提升。生态文明体制机制的建立健全是开展生态文明建设的基石，随着生态文明体制改革的不断深化，“大气十条”“水十条”“土十条”相继出台，八项制度不断建立完善，中央生态环保督察制度不断规范，生态环境损害赔偿制度稳步推进，生态文明体制建设取得了突出成效，是习近平生态文明思想实践的政治标识。

2012 年十八大报告专门设置大力推进生态文明建设的专题，对加强生态文明制度建设提出 5 个方面的要求，使其在中国特色社会主义事业总体布局中的战略地位更加明确。十八届三中全会提出加快建立系统完整的生态文明制度体系，用制度保护生态环境。十八届四中全会要求加快建立生态文明法律制度，用严格的法律制度保护生态环境。十八届五中全会提出了“创新、协调、绿色、开放、共享”五大发展理念，将绿色发展作为其中重要内容。2015 年中共中央、国务院先后印发了《关于加快推进生态文明建设的意见》《生态文明体制改革总体方案》，明确了生态文明建设的总体要求、主要目标、重点任务等，总体方案明确了 40 多项体制改革的路线图和时间表，提出：到 2020 年，构建起由自然资源资产产权制度等八项制度构成的生态文明制度体系，推进生态文明领域国家治理体系和治理能力现代化，努力走向社会主义文明新时代。

2017 年党的十九大胜利召开，十九大报告不仅提出了解决生态文明问题的总体指导思想，而且提出了切实可行的具体措施。报告指出，建设生态文明是中华民族永续发展的千年大计，并具体部署了推进绿色发展、着力解决突出环境问题、加大生态系统保护力度和改革生态环境监管体制 4 项改革举措。2018 年全国生态环境保护大会确立了习近平生态文明思想，系统地阐释了“生态兴则文明兴”“人与自然和谐共生”“绿水青山就是金山银山”“山水林田湖草是一个生命共同体”“良好生态环境是最普惠的民生福祉”“用最严格制度最严密法治保护生态环境”“共谋全球生态文明建设”等历史辩证和科学的发展理念，逐步明确了八观、五大体系的思想内涵，是新时代生态文明建设的根本遵循，为推动生态文明建设提供了思想指引和实践指南。

十九届四中全会明确提出，坚持和完善生态文明制度体系，促进人与自然和谐共生，并进一步具体强调要实行最严格的生态环境保护制度，全面建立资源高效利用制度，健全生态保护和修复制度，严明生态环境保护责任制度。完善生态文明制度体系是推进生态文明建设的本质要求，也为实现美丽中国的奋斗目标和中华民族的永续发展提供了重要支撑。十九届五中全会提出了“十四五”规划和 2035 年远景目标，并通过了《中共中央关于制定国民经济和社会发展第十四个五年规划和二〇三五年远景目标的建议》，强调推动绿色发展，促进人与自然和谐共生，并具体提出了加快推动绿色低碳发展、持续改善环境质量、提升生态系统质量和稳定性、全面提高资源利用效率的各项要求。十九届五中全会为中国未来 5 年乃至 15 年的绿色高质量发展描绘了战略性的规划蓝图。

党的十八大以来，我国在生态文明体制建设，尤其是制度建设、法治建设和法律实施方面取得了显著成就，基本确立起以“四梁八柱”为支撑的中国生态文明制度体系。制度建设方面，总体方案等相继出台，制定实施了自然资源资产产权制度、国土开发保护制度、空间规划体系、资源总量管理和全面节约制度、资源有偿使用和生态补偿制度、环境治理体系、环境治理和生态保护市场体系、生态文明绩效评价考核和责任追究制度 8 方面的制度，共涉及生态文明建设和生态环境保护的改革任务与成果 80 多项，构成了源头严防、过程严管、后果严惩和多元参与、激励与约束并举、系统完备的生态文明治理体系（任勇，2019）。法治建设方面，十三届全国人大常委会做出关于全面加强生态环境保护、依法推动打好污染防治攻坚战的决议，以法律武器、法治力量保护生态环境。制定和修改环境保护法、环境保护税法以及大气、水、土壤和核安全等方面的 11 部法律，发布 5 件部门规章，制定修订 157 项国家环境质量、排放及监测方法标准，现行有效国家环境保护标准达 1970 项。法律实施方面，全国人大常委会开展《中华人民共和国水污染防治法》《中华人民共和国大气污染防治法》《中华人民共和国固体废物污染环境防治法》和《中华人民共和国海洋环境保护法》执法检查。截至 2019 年 12 月，全国办理行政处罚案 48.3 万余件（赵英民，2019）。为全面加强生态环境保护、坚决打好污染防治攻坚战，中央生态环保督察实现了对全国 31 个省（自治区、直辖市）的督察全覆盖，同时完成了对全国 20 个省（自治区、直辖市）“回头看”和专项督察。

生态文明建设已经提升至社会主义新时代的国家发展战略地位。党的十八大将生态文明建设写入《党章》，这说明中国共产党对生态文明的高度重视，在党的根本大法中得到充分体现。十三届全国人大一次会议第三次全体会议通过了《中华人民共和国宪法修正案》，“生态文明”被写入宪法，正是体现了让党的主张成为国家意志。党的十九大新修订的《党章》中，加入了“树立尊重自然、顺应自然、保护自然的生态文明理念，增强绿水青山就是金山银山的意识”的内容，彰显了社会主义生态文明新时代的新发展理念和发展战略。

中国采取了有力政策措施促进生物多样性保护。2011 年中国成立由国务院副总理任主任、23 个国务院部门组成的“中国生物多样性保护国家委员会”，统筹全国生物多样性保护工作。2010 年制定并实施了《中国生物多样性保护战略与行动计划》（2011-2030 年），提出中国未来 20 年生物多样性保护的总体目标、战略任务和优先行动。2015 年开始通过实施生物多样性保护重大工程，对全国野生动植物资源进行调查观测，调查记录超过 210 万条。同时将生物多样性纳入了《国民经济和社会发展第十三个五年规划纲要（2016-2020 年）》，相关规划和计划中进一步明确了生物多样性保护和管理的措施。2020 年 6 月中国发布了《全国重要生态系统保护和修复重大工程总体规划（2021-2035 年）》，全面提出未来 15 年生态系统综合治理的目标。积极履行实现 2010 年《生物多样性公约》第十次缔约方大会通过的“爱知目标”，其中，恢复和保障重要生态系统服务的目标 14、增强生态系统的复原力和碳储量的目标 15、实施国内战略与行动计划的目标 17 均进展显著（外交部和生态环境部，2020）。

2.3.2 生态环境质量状况持续改善

维护生态平衡、保护环境是关系到人类生存、社会发展的根本性问题。自党的十八大把生态文明建设纳入“五位一体”总体布局以来，我国生态环境质量状况获得明显好转。生态安全就是维护一个地区或国家乃至全球的生态环境不受威胁，并能为整个经济社会可持续发展提供保障（吴晓青，2006）。狭义上，生态安全是指一个生态系统的结构未受到破坏，其生态功能未受到损害。广义上，生态安全是指安全的生态环境，能够保证人类生存的条件，也是人与自然和谐共生，经济、社会与生态三者和谐统一。

十八大以来，国家相继实施了大气、水、土壤污染防治三大行动计划，解决了一批重大环境问题，污染治理力度空前。十九大报告提出了防范化解重大风险、精准脱贫、污染防治三大攻坚战，污染防治攻坚战是其中之一。按照《中共中央国务院关于全面加强生态环境保护坚决打好污染防治攻坚战的意见》（以下简称《意见》）的规定，坚决打好蓝天、碧水、净土三大保卫战，打好污染防治攻坚战的“7+4”行动，即打赢蓝天保卫战，打好柴油货车污染治理、水源地保护、城市黑臭水体治理、长江保护修复、渤海综合治理、农业农村污染治理七大标志性重大战役，以及禁止洋垃圾入境、打击固体废物及危险废物非法转移和倾倒、垃圾焚烧发电行业达标排放、“绿盾”自然保护区监督检查 4 个专项行动。特别是蓝天保卫战突出 4 个重点，即重点防控污染因子是 $PM_{2.5}$，重点区域是京津冀及周边、长三角和汾渭平原，重点时段是秋冬季，重点行业和领域是钢铁、火电、建材等行业以及“散乱污”企业、散煤、柴油货车、扬尘治理等领域；碧水保卫战保障群众饮用水安全，守住水环境质量底线，基本消灭城市黑臭水体；净土保卫战围绕改善土壤环境质量，以防控环境风险为目标，重点是受污染耕地安全利用、严格建设用地用途管制、加快推进垃圾分类处置等，有效管控农用地和城市建设用地土壤环境风险。

大力开展生态保护修复工作。中国率先在国际上提出和实施生态保护红线，构建了以重要生态功能区、生态脆弱区和生物多样性保护区为主体的生态保护红线体系。生态保护红线是指在生态空间范围内具有特殊重要生态功能、必须强制性严格保护的区域，是保障和维护国家生态安全的底线与生命线，通常包括具有涵养水源、维护生物多样性、保持水土、防风固沙、稳定海岸生态等功能的重要生态功能区，以及水土流失、土地沙化、石漠化、盐渍化等生态环境敏感脆弱区。党的十九大报告要求，完成生态保护红线、永久基本农田、城镇开发边界三条控制线划定工作。《意见》提出，到 2020 年，全面完成全国生态保护红线划定、勘界定标，形成生态保护红线全国“一张图”，实现一条红线管控重要生态空间，并提出“生态保护红线面积占比达到 25%左右”的明确目标。不断推动自然保护地体系建设，形成了由自然保护区、风景名胜区、森林公园、地质公园、自然文化遗产、湿地公园、水产种质资源保护区、海洋特别保护区、特别保护海岛等组成的保护地体系。编制生态功能区划、主体功能区划，明确生物多样性保护优先区，启动了国家公园体制并开展试点示范。

党的十八大以来，生态环境质量状况不断改善。总体上，生态环境质量持续好转，稳中向好，“蓝天白云、繁星闪烁”“清水绿岸、鱼翔浅底”“鸟语花香、田园风光”在多地已成为新常态。①天更蓝：“大气十条”各项任务顺利完成，与 2013 年相比，2017 年全国 338 个地级及以上城市 PM_{10} 平均浓度下降 22.7%，京津冀、长三角、珠三角重点区域 $PM_{2.5}$ 平均浓度分别下降 39.6%、34.3%、27.7%。②山更绿：截至 2017 年，我国累计治理沙化土地 1.5 亿亩[①]，全国完成造林 5.08 亿亩，森林覆盖率达到 21.66%，成为同期全球森林资源增长量最多的国家。③水更清：相比 2012 年，2017 年全国地表水好于三类水质水体所占比例提高了 6.3 个百分点，劣于五类水质水体比例下降了 4.1 个百分点（高敬等，2018）。2020 年，“十三五”规划确定的生态环境 9 项约束性指标超额完成。美国国家航空航天局（NASA）卫星调查数据显示，中国对 2000～2017 年全球绿化面积增加量的贡献达到 25%。中国已经建成以自然保护区为骨干，包括不同类型保护地的保护网络体系，各类自然保护地面积超过 172.8 万 km^2，约占国土面积的 18%，提前完成《生物多样性公约》2020 年达 17%的目标。保护了重要自然生态系统和自然资源，在维护重要物种栖息地方面发挥着积极作用。

2.3.3 生态经济建设取得积极进展

绿色发展是推进生态文明建设的必然举措，是全面建成小康社会的内在要求，也是建设美丽中国的基本抓手。自党的十八大把生态文明建设纳入“五位一体”总体布局以来，发展与保护并重的生态经济建设逐步推进。2005 年，习近平总书记在浙江安吉余村考察时首次提出“两山”论，讲到“如果能够把这些生态环境优势转化为生态农业、生态工业、生态旅游等生态经济的优势，那么绿水青山也就变成了金山银山。绿水青山可带来金山银山，但金山银山却买不到绿水青山。绿水青山与金山银山既会产生矛盾，又可辩证统一”。习近平总书记在哈萨克斯坦纳扎尔巴耶夫大学发表演讲时又强调，“我们既要绿水青山，也要金山银山。宁要绿水青山，不要金山银山，而且绿水青山就是金山银山。”“两山”理念的提出代表了生态经济化和经济生态化的有机统一，揭示了绿水青山是实现源源不断的金山银山的基础和前提。

党的十八大以来，生态经济建设蓬勃开展，绿色成为生态文明建设的底色。生态文明写入了宪法，“两山”理念写入了《党章》。“十三五”规划提出，区域协调发展新格局要重视“主体功能约束有效”“资源环境可承载”，长江经济带开发中，要坚持“生态优先、绿色发展”的战略定位。国家发展和改革委员会印发的《关于创新和完善促进绿色发展价格机制的意见》，是促进绿色发展的一项重大创新政策。党的十

① 1 亩≈666.7m^2

九大报告将推进绿色发展作为“美丽中国”建设的首要任务。同时提出要“加快建立绿色生产和消费的法律制度和政策导向”。《关于加快建立绿色生产和消费法规政策体系的意见》的出台，将党中央、国务院的顶层设计进行了细化实化，明确了绿色生产和消费法规政策体系的改革方向，将为我国经济社会发展的绿色转型提供重要的制度保障（温宗国，2020）。党的十九届五中全会提出到 2035 年基本实现社会主义现代化远景目标，广泛形成绿色生产生活方式，碳排放达峰后稳中有降，生态环境根本好转，美丽中国建设目标基本实现。

中国生态经济建设已经取得了显著成效。“十三五”以来，全国能耗强度累计下降 11.35%，2018 年全国能源消费总量控制在 46.4 亿 t 标准煤，能耗“双控”目标完成情况符合“十三五”时间进度要求。环保产业营业收入与 GDP 的比值，已由 2004 年的 0.37%增长到 2017 年的 1.63%，对国民经济增长量的直接贡献率从 0.3%上升到 2.4%。污水处理厂特许权融资 BOT 模式（build-operate-transfer）、垃圾焚烧等领域成为环保产业新热门。黑臭水体治理、海绵城市、城市水环境升级、土壤修复、流域治理等众多产业发展前景看好。《中国环保产业发展状况报告（2018）》指出，2015～2018 年，环保产业营业收入年均增速约达 16%，远高于同期国民经济的增长幅度，环保产业对国民经济的贡献逐步提升（班娟娟和陈淑兰，2019）。2019 年，中国单位国内生产总值二氧化碳排放比 2005 年累计下降 48.1%，非化石能源占一次能源消费比例达 15.3%。可再生能源投资连续 5 年超过 1000 亿美元，新能源汽车保有量占世界一半以上（俞懿春等，2020）。

2.3.4　生态社会文化氛围进一步提升

社会文化建设为生态文明建设提供思想保证、精神动力和舆论支撑。党的十八大以来，特别是十九大以后，绿色发展贯穿生态文明社会与文化建设的始终，大力提倡绿色低碳生活理念，增强全民节能环保意识，成为促进生态社会文化水平进一步提升的根本途径。“美丽中国我是行动者”的全民参与生态文明建设和生态环境保护已蔚然成风。与此同时，生态文明示范建设经过长期蜕变，成为全面贯彻落实习近平生态文明思想、统筹推进“五位一体”总体布局、践行“绿水青山就是金山银山”理念的重要载体和平台。生态文明建设的理论和实践，在探索中不断丰富和完善。

1. 生态文明建设示范区

自 20 世纪 90 年代以来，生态环境部门一直将示范建设作为统筹区域可持续发展、加快推进生态文明建设的重要载体，积极组织开展生态文明示范建设，形成了相互联系、循序渐进、标准逐步提高的三个推进阶段（图 2-4）。

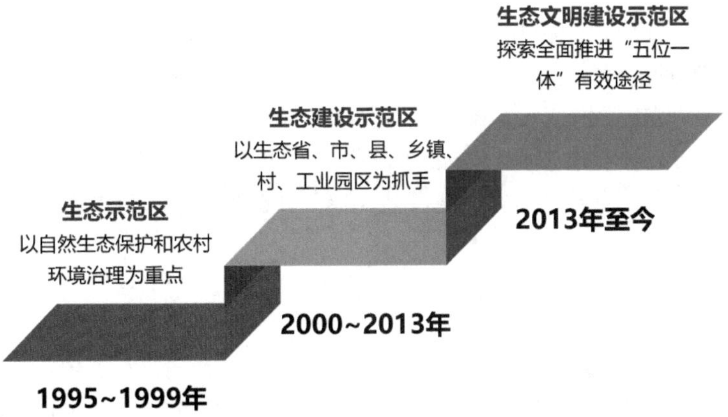

图 2-4　生态文明建设示范区阶段示意图

（1）**生态示范区**（1995～1999 **年**）。

早在 1995 年，国家环境保护总局基于实施可持续发展战略的需要和适应全国环境保护形势，特别是农村环境保护形势的需要，在学习和借鉴国外经验的基础上，启动了“生态示范区”工作，推动落实国家的可持续发展战略，探索区域经济发展与环境保护的协调，有力提升了区域农村生态环境保护和自然生态保护的水平。

（2）**生态建设示范区**（2000～2013 **年**）

2000 年，国家环境保护总局在生态示范区工作的基础上，将“生态示范区”更名为“生态建设示范区”，推动开展以生态省、市、县、乡镇、村、工业园区为抓手的生态建设示范区工作。生态建设示范区强调根据环境、资源条件，统筹规划城乡的经济、社会与环境，保障资源的可持续利用，建立良性循环的生态环境、经济、人居和文化体系，成为各地建设两型社会、提高生态文明水平的重要载体。习近平同志主政福建时率先提出生态省构想并主持推动相关工作，在主政浙江时又继续推动浙江生态省建设。到 2013 年，全国已有海南、吉林等 16 个省开展生态省建设，1000 多个市、县开展生态市、县建设，已建成 181 个国家生态市、县。

（3）**生态文明建设示范区**（2013 **年** 6 **月至今**）

2013 年 6 月，经中央批准，“生态建设示范区”正式更名为“生态文明建设示范区”。2016 年，环境保护部印发了《国家生态文明建设示范区管理规程（试行）》和《国家生态文明建设示范县、市指标（试行）》，为各地区生态文明示范创建工作指明了方向。为贯彻落实党中央、国务院关于加快推进生态文明建设的决策部署，鼓励和指导各地以试点示范建设为载体，全面践行“绿水青山就是金山银山”理念，将浙江省安吉县列为“绿水青山就是金山银山”理论实践试点县。2018 年，《中共中央国务院关于全面加强生态环境保护坚决打好污染防治攻坚战的意见》明确提出推动生态文明示范创建、“绿水青山就是金山银山”实践创新基地建设活动。2019 年，为深入贯彻落实习近平生态文明思想和全国生态环境保护大会精神，对接十九大以来党中央、国务院关于生态文明建设的新部署、新要求、新目标，生态环境部修制定了《国家生态文明建设示范市县管理规程》《国家生态文明建设示范市县建设指标》。2017 年以来，生态环境部先后组织开展了 4 批国家生态文明建设示范市县评选工作，共命名表彰了 262 个国家生态文明建设示范市县，提供了一批生态文明建设的先进典型，发挥了良好的示范引导作用。

国家生态文明示范市县建设指标从生态制度、生态安全、生态空间、生态经济、生态生活、生态文化 6 个方面展开。从具体指标来看，示范创建特别关注了国家重点保护野生动植物保护率、外来物种入侵情况和特有性或指示性水生物种保持率三个生物多样性保护指标；从宏观来看，指标体系充分体现了生物多样性保护与绿色发展理念的相互融合。此外，住房和城乡建设部自 1992 年在全国开展创建国家园林城市活动，2004 年在创建园林城市的基础上，开展创建国家生态园林城市活动，截至 2019 年共命名 19 批国家园林城市，3 批国家生态园林城市。为积极倡导中国城市森林建设，激励和肯定在中国城市森林建设中成就显著的城市，树立生态森林城市建设典范，从 2004 年起，全国绿化委员会、国家林业局启动了“国家森林城市”评定，截至 2019 年共命名 10 批 185 个城市。这些活动都将生物多样性保护作为重要的内容。

2.“绿水青山就是金山银山”实践创新基地建设

“绿水青山就是金山银山”实践创新基地是实践“两山”理念的平台，旨在创新探索“两山”转化的制度实践和行动实践，总结推广典型经验模式。2017 年以来，生态环境部先后组织开展了 4 批“绿水青山就是金山银山”实践创新基地评选工作，共命名表彰了 87 个“两山”实践创新基地，提供了一批绿色创建的先进典型，发挥了良好的示范引导作用。“两山指数”评估指标从构筑绿水青山、推动“两山”转化、建立长效机制三个方面展开。与生态示范市县相比，“两山”基地更重视生物资源的可持续利用，多从生态农业、生态工业、生态旅游业的角度总结典型案例，供其他地方学习参考。例如，腾冲市借助独特的光温水热立体气候和丰富的火山灰土壤，打造了一批优质特色农产品，并且按照“绿色、生态、有机、野生”的理念，大力发展健康食品和保健食品产业，努力发展生物提取物，重点推进万寿菊、美洲大蠊等健康产品原料的提取加工，研发了一批以植物为主的保健品、生物添加剂等植物产业产品。

3. 国家生态文明试验区

党的十八届五中全会提出，设立统一规范的国家生态文明试验区，开展生态文明体制改革综合试验，为完善生态文明制度体系探索路径、积累经验。2016 年，中共中央办公厅、国务院办公厅印发了《关于设立统一规范的国家生态文明试验区的意见》，提出开展国家生态文明试验区建设，凝聚改革合力、增添绿色发展动能、探索生态文明建设有效模式。福建、江西和贵州三省作为生态基础较好、资源环境承载力较强的地区，被纳入首批统一规范的国家生态文明试验区，《国家生态文明试验区（福建）实施方案》《国家生态文明试验区（江西）实施方案》和《国家生态文明试验区（贵州）实施方案》相继印发。2019 年，《国家生态文明试验区（海南）实施方案》也对外发布，标志着我国生态文明试验区建设进入新阶段。

建立国家生态文明试验区有利于落实生态文明体制改革要求，由于前期缺乏具体案例和经验借鉴，难度较大，需要试点试验的制度，有利于解决关系人民群众切身利益的大气、水、土壤污染等突出资源环境问题的制度，有利于推动供给侧结构性改革而为企业、群众提供更多更好生态产品、绿色产品的制度，有利于实现生态文明领域国家治理体系和治理能力现代化的制度，有利于体现地方首创精神的制度。福建、江西、贵州、海南 4 个试验区围绕生态文明制度建设大胆探索，形成了一批具有复制推广价值的制度成果，产生了良好的效果。2020 年，国家发展和改革委员会印发了《国家生态文明试验区改革举措和经验做法推广清单》，这是试验区建设取得阶段性成果的重要标志，是生态文明体制改革进程进入“由点及面”推广阶段的重要起点，是激发各地加快构建生态文明体系的重要举措，对于“十四五”时期加快推进生态文明建设具有重要意义（王毅和苏利阳，2020）。

第3章　国际生物多样性保护与绿色发展行动

当前，生物多样性丧失和生态系统退化已影响到人类的生存与发展。近年来，随着国际社会对生物多样性保护、绿色发展及人类福祉关注度的不断提升，世界各国在保护生物多样性、推动绿色发展方面积极采取措施，出台了一系列政策，生物多样性保护与绿色发展协同推进成为国际社会的主流行动。保护生物多样性、推动绿色发展，需要全球不断深化人类命运共同体的意识，同心协力开展国际行动，在发展中保护，在保护中发展，共建万物和谐的美丽家园。

3.1　生物多样性保护及绿色发展的国际公约

《生物多样性公约》是地球生物资源领域最具影响力的国际公约之一。这一公约旨在促进国际社会在生物多样性保护领域的协作，推动各国建立基于生物多样性保护的相关政策、保护措施与行动计划，实现绿色、包容、可持续发展，探索人与自然和谐共生之路，促进经济发展与生态保护协调统一，共建繁荣、清洁、美丽的世界。除此之外，国际组织会同许多国家共同推动签署了防治荒漠化、应对气候变化、湿地保护等一系列生物多样性保护相关的国际公约，也为生物多样性保护提供了重要支撑。

3.1.1　生物多样性保护公约及其履约机制

1. 生物多样性保护公约及议定书

《生物多样性公约》设立了三大目标。《生物多样性公约》于1993年12月29日正式生效，目前共有196个缔约方。该公约有三大目标：保护生物多样性、可持续利用生物多样性、公平公正地分享由利用遗传资源所产生的惠益。根据以上三个目标，《生物多样性公约》要求各缔约方履行保护和可持续利用生物多样性资源的义务。其他需要履行的义务还包括：识别和监测需要保护的重要生物多样性组成部分，建立环境友好型生物多样性保护区，与当地居民合作恢复和保护生态系统，防止引进威胁生态系统、栖息地和物种的外来物种，对已经引进并造成侵害的外来物种进行有效的控制和消除，控制转基因风险，引导公众参与，开展公众教育，普及生物多样性重要性和保护必要性。

《生物多样性公约》通过了三个议定书。国际社会在《生物多样性公约》下通过了三个议定书，即《生物多样性公约卡塔赫纳生物安全议定书》（以下简称《生物安全议定书》）、《关于获取遗传资源和公平和公正分享其利用所产生惠益的名古屋议定书》（以下简称《名古屋议定书》）和《卡塔赫纳生物安全议定书关于赔偿责任和补救的名古屋-吉隆坡补充议定书》（以下简称《生物安全补充议定书》）。目前《生物安全议定书》《名古屋议定书》均已生效。

《名古屋议定书》的目标是公平和公正地分享利用遗传资源所产生的惠益，于2014年生效。《生物安全议定书》的目标是针对改性活生物体（living modified organisms，LMO，即转基因生物）在转移、处理和使用过程中可能对生物多样性的保护和可持续使用以及人类健康产生不利的影响而采取充分的保护措施，于2003年生效。《生物安全补充议定书》的目标是通过制定改性活生物体的赔偿责任与补救领域的国际规则和程序，协助生物多样性的保护与可持续利用，同时考虑对人类健康所构成的风险。

2. 生物多样性保护公约的履约机制及进程

（1）《生物多样性公约》设立缔约方履约机制

《生物多样性公约》设立缔约方大会制度，《生物多样性公约》及其后续的缔约方大会决定中，首次明确提出建立全球伙伴关系，从就地保护、迁地保护、生物多样性可持续利用等方面构建完备的生物多样性政策体系，并要求各国出台相应战略、规划或行动方案。《生物多样性公约》缔约方履约机制主要由将《生物多样性公约》目标纳入国家生物多样性保护战略与行动计划、定期提交国家报告以及提交关于通过全球环境基金（GEF）做出生物多样性保护活动的报告这三种方式构成。《生物多样性公约》设立的附属机构有：科学、技术和工艺咨询附属机构（SBSTTA，以下简称科咨机构）；第 8（j）条和相关条款问题不限成员名额闭会期间特设工作组（传统知识工作组或 WG/8j）；履约附属机构（SBI）。科咨机构是讨论公约缔约方大会主题的重要平台，为公约前进方向和履约决策提供科学技术支持。

（2）《生物多样性公约》缔约方大会的主要成果

缔约方大会是检验各缔约方履约进程的主要形式，缔约方大会产生了一系列标志性成果，为推动全球生物多样性保护指引了方向（表 3-1 和表 3-2）。

表 3-1　历届缔约方大会标志性产出成果

时间	成果	内容
1994 年 COP1	设立信息交换所机制（CHM） 确定国际生物多样性日	通过有效的生物多样性信息、技术和成功经验的交流与传播，促进合作和履约，至 2015 年已确定了 158 个缔约方的 CHM 国家联络点、155 个邮箱和 95 个网站；2001 年将生物多样性日每年开展日期 12 月 29 日改为 5 月 22 日
2000 年 EXCOP1	《生物安全议定书》	规定了依靠生物技术获得改性活生物体且转移时需要上报、审议和协议，并注明“可能含有转基因”
2002 年 COP6	生物多样性 2010 年目标	7 个领域、11 个目标和 21 个指标，但是目前已达成共识，2010 年目标没有实现
2006 年 COP8	将 2010 年设立为“国际生物多样性年”	主题：生物多样性就是生命，生物多样性也是我们的生命
2010 年 COP10	《名古屋议定书》 生物多样性 2020 年爱知目标 联合国生物多样性十年战略	规定遗传资源获取和利益分配的规则；明确缔约方 2010～2020 年生物多样性保护目标，含 5 个战略目标和 20 个具体目标
2012 年 COP11	德拉敦建议	开始关注生物多样性与减贫
2016 年 COP13	生物多样性和生态系统服务政府间科学-政策平台（IPBES）	一个独立的政府间机构，其目的是通过建立科学与政策之间的联系，促进知识创新，开展定期评估，加强生物多样性保护与可持续利用，要求将 IPBES 写入下次国家报告
2018 年 COP14	发起“为了自然与人——从沙姆沙伊赫到北京行动议程” 《2020 年后生物多样性框架》	各国政府同意加快行动，到 2020 年争取实现爱知生物多样性目标；并就关于制定《2020 年后生物多样性框架》的全面和参与性进程达成一致意见

注：EXCOP1. 生物多样性公约缔约方大会第 1 次特别会议

表 3-2　近 6 次缔约方大会基本情况

会议	地点	时间	主要成果及涉及领域
COP9	德国波恩	2008 年 5 月 19～30 日	生物质燃料与生物多样性、千年生态系统评估的后续工作、特别行动计划、南南合作、城市与地方当局的参与
COP10	日本爱知县 名古屋	2010 年 10 月 18～29 日	《名古屋议定书》、生物多样性 2010～2020 年战略计划与爱知目标、融资战略、生物多样性与减贫、联合国生物多样性十年目标、IPBES、企业参与、地方行动计划、山地生物多样性、土著与地方社区参与
COP11	印度 海德拉巴	2012 年 10 月 8～19 日	其他利益相关者参与、生态系统恢复
COP12	韩国 江原道平昌	2014 年 10 月 6～17 日	发布第四版《全球生物多样性展望》报告、《江原宣言》、平昌路线图（爱知目标实现情况中期评估、生物多样性与可持续发展、评估为执行公约目标提供支持的进展情况、与其他公约合作、一项资源调动战略）

续表

会议	地点	时间	主要成果及涉及领域
COP13	墨西哥坎昆	2016 年 12 月 2～17 日	提交国家报告、执行《2011-2020 年生物多样性战略计划》和实现爱知生物多样性指标的进展情况分析、主流化进程、里约三公约执行、可持续发展、跨领域合作、资金预算调动
COP14	埃及沙姆 沙伊赫	2018 年 11 月 17～29 日	提出遗传资源数字序列信息、将昆虫生物多样性和生物多样性融资机制纳入议程、审议爱知目标进展

（3）**国际生物多样性日正式确立**

1994 年 12 月，联合国大会通过决议，将每年的 12 月 29 日定为“国际生物多样性日”，以提高人民对保护生物多样性重要性的认识。鉴于公共教育和增强民众生态意识对于在各层面执行《生物多样性公约》的重要性，2001 年将国际生物多样性日改为每年的 5 月 22 日（图 3-1 为历届国际生物多样性日主题）。2002～2020 年国际生物多样性日主题，从关注森林、气候、旱地、外来物种、海洋、岛屿、旅游、粮食、健康，到人与自然，国际生物多样性日主题从关注单一生态系统要素，到自然万物，不断走向人与自然和谐共生的生态文明之路。

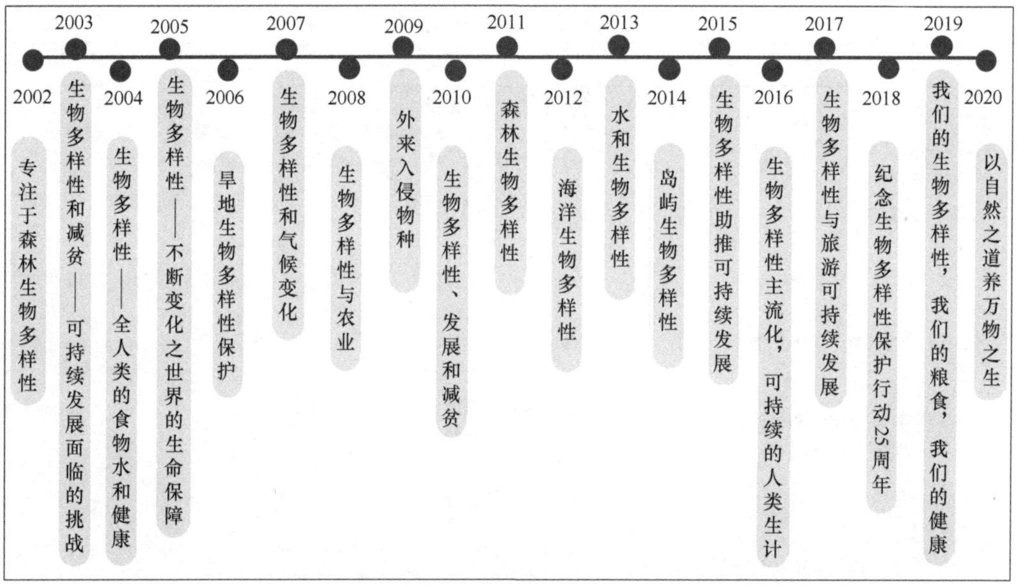

图 3-1　历届国际物多样性日主题

（4）**生物多样性保护的第一个政府间科学政策平台建立**

2012 年 4 月，生物多样性和生态系统服务政府间科学-政策平台（IPBES）在巴拿马正式成立，这是生物多样性领域第一个独立的政府间机制。IPBES 旨在通过加强科学政策对生物多样性和生态系统服务的影响，从而实现生物多样性保护与可持续利用，以及人类的长期福祉与可持续发展。平台主要开展的工作包括：促进生物多样性保护，实现 2030 年可持续发展议程；了解生物多样性丧失的根本原因和重大变革的决定因素，实现 2050 年生物多样性美好愿景；评估商业对生物多样性的影响，以及自然对人类的贡献。2014 年，IPBES 启动四大地理区域（亚太区域、美洲区域、非洲区域、欧洲和中亚区域）评估工作，2018 年 3 月，IPBES 区域评估报告在第六次全体会议上正式发布。2019 年 5 月，联合国在巴黎发布《生物多样性和生态系统服务全球评估报告》，引起全世界的关注。这份报告是 2005 年联合国《千年生态系统评估报告》发布以来，对全球自然环境最全面的一次评估，为全球生物多样性保护再次敲响了警钟。报告阐述了全球实施爱知目标、可持续发展目标及其他环境协定目标的进展情况，探索了 2050 年自然和人类的状况，预测了不同政策情景下实现可持续发展的途径和方法，从而为实现保护生物多样性和生态系统服务相关目标的政策提供依据。报告显示，人类诸多活动对生态系统造成了破坏，全球生物多样性正在以人类历史上前所未有的速度下降——全球 1/8 的物种正遭受灭绝威胁。全球评估报告还对自然变化的 5 个直接驱动因素进行排名：土地和海洋使用的变化、生物直接利用、气候变化、污染、外来入侵物种。

3. 生物多样性保护相关战略目标

（1）联合国生物多样性十年目标

2002 年，《生物多样性公约》第六次缔约方大会通过的《生物多样性公约》战略计划（2002-2010 年）提出了生物多样性的大胆目标：到 2010 年大幅降低生物多样性损失。2010 年，《生物多样性公约》第十次缔约方大会在名古屋成功举办，再次提出《2011-2020 年生物多样性保护战略与行动计划》及“爱知目标”，要求采取“有效和紧急”行动，保护全球森林、珊瑚礁和其他濒危的生态系统，以避免失去人类赖以生存的世界生物多样性状态。“爱知目标”为推动实现 CBD 三大目标，首次为未来 10 年设定了 5 个战略目标及相关的 20 个纲要目标，细分的目标较好地指导了各国制定和更新生物多样性保护战略与行动计划（NBSAP）。其中达成了保护 17%的陆地及 10%的海洋的明确数量指标。此外，《名古屋议定书》就生物遗传资源利用及其利益分配规则达成一致，成为促进可持续发展、推动千年发展目标，尤其是减贫目标实现的独特工具。“爱知目标”一定程度上也促进了国际社会在生物多样性保护领域的协作。联合国第 65 届大会第 161 号决议宣布从 2011 年到 2020 年为“联合国生物多样性十年”，希望各成员采取行动，推动实现 2020 年全球生物多样性保护目标。

（2）联合国可持续发展目标

2015 年 9 月 25 日联合国可持续发展峰会通过的《2030 年可持续发展议程》，制定了 17 个全球可持续发展目标，在千年发展目标到期之后继续指导 2015～2030 年的全球发展工作。其中生物多样性保护目标涉及目标 14（水下目标）和目标 15（陆地目标），其中目标 15 明确：保护、恢复和促进可持续利用陆地生态系统，可持续管理森林，防治荒漠化，制止和扭转土地退化，遏制生物多样性的丧失。

3.1.2　其他生物多样性保护相关的国际公约

1992 年 6 月 5 日，联合国在巴西里约热内卢召开联合国环境与发展大会，各方共同签署三项具有世界意义的国际公约，即《生物多样性公约》（CBD）、《联合国气候变化框架公约》（UNFCCC）和《联合国防治荒漠化公约》（UNCCD）。其他与生物多样性保护相关的条约和重要协议还包括《湿地公约》《濒危野生动植物种国际贸易公约》《粮食和农业植物遗传资源国际条约》《保护世界文化和自然遗产公约》《国际植物新品种保护公约》《国际植物保护公约》《保护野生动物迁移物种公约》《与贸易有关的知识产权协定》《南极海洋生物资源养护公约》（图 3-2 和图 3-3）。

1.《联合国气候变化框架公约》

为应对气候变化问题，1992 年的联合国环境与发展大会上通过《联合国气候变化框架公约》，并于 1994 年正式生效，目前有 197 个缔约方。目标是：通过阻止人为干扰，将大气中温室气体的浓度稳定在一个安全水平，此安全水平足以使生态系统能够自然地适应气候变化，确保粮食生产免受威胁并使经济发展能够在较长时间范围内可持续地进行。该公约的实质目标是通过人为措施，确保生态系统能够自然地适应气候变化，是一种被动保护生物系统和生物多样性的途径，这与《生物多样性公约》的减少毁林和森林退化的碳排放机制（REDD）的目标相一致（王敏等，2014），这充分体现了两者之间相互协作的战略关系。

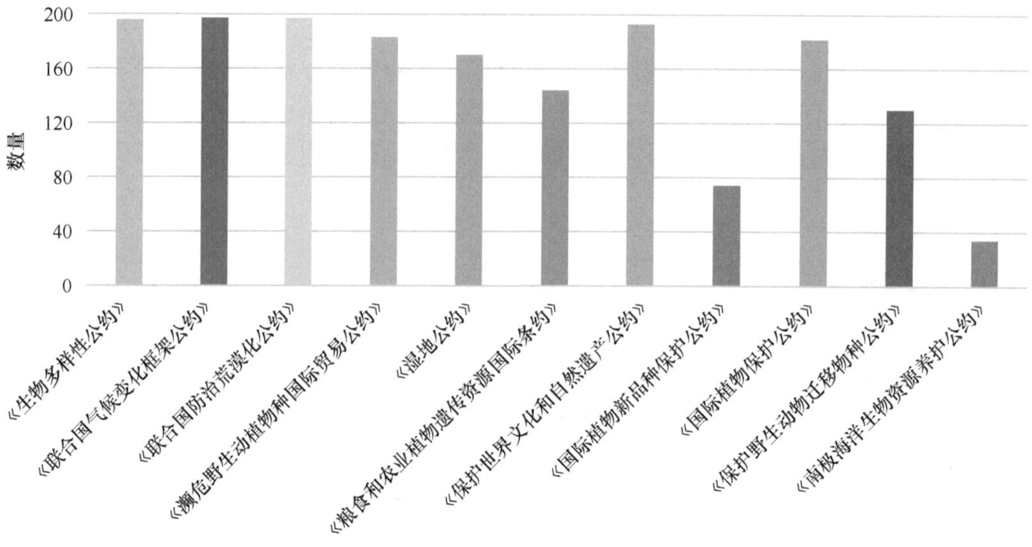

图 3-2　目前国际履约公约缔约方数量

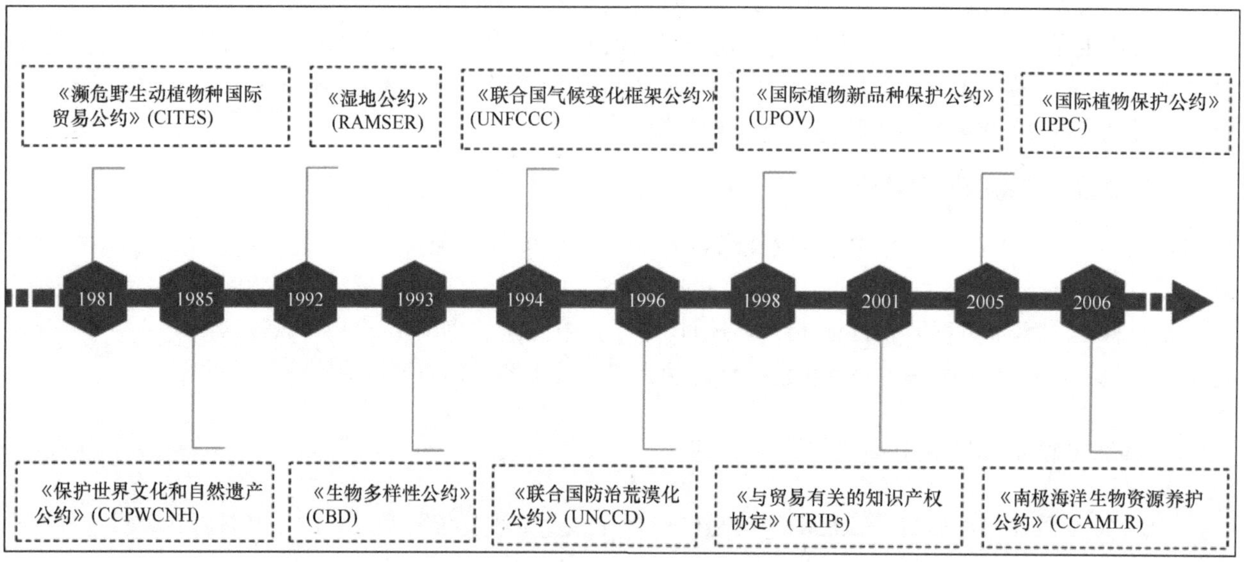

图 3-3　中国加入国际公约履约时间

该公约属于“框架性公约”，为发展中国家和发达国家规定了有关温室气体排放的不同任务，以抑制温室气体排放为核心目标，以可持续发展互相合作为原则。该公约为第一个由国际社会的全体成员共同参与谈判的国际环境条约，影响非常广泛，为国际社会的不同成员确定了可持续发展的权利和义务，共同减缓全球气候变化（刘琳璐，2015）。

《巴黎协定》是全球应对气候变化的新起点。2015 年，全球 196 个缔约方一致同意通过了气候领域的里程碑式的重要文件——《巴黎协定》。该协定是继《京都议定书》后第二份有法律约束力的气候协议，为 2020 年后全球应对气候变化行动做出安排。2019 年召开的《联合国气候变化框架公约》第二十五次缔约方大会，强调运用“基于自然的解决方案”应对气候危机，提出恢复生态系统的结构和功能及保护生物多样性已成为全球气候治理的核心议题。2020 年是各国根据《巴黎协定》加强其“国家自主贡献”承诺的期限年，大会见证了全球对于提高“国家自主贡献目标”的广泛呼声。

推动气候多边进程的“中国作用”。中国政府积极建设性地推进气候多边进程，始终坚定支持多边主义，坚持公平、“共同但有区别的责任”和各自能力原则，与各方携手推动全球气候治理进程。2007 年发布的《中国应对气候变化国家方案》证明中国在实践着这一策略。方案主旨是坚持可持续发展战略，不断提高资源和能源利用率，发展低碳经济，坚定节能减排、降低煤炭消耗以及积极发展可再生能源技术（张渊媛和薛达元，2014）。2019 年发布《中国应对气候变化的政策与行动 2019 年度报告》，指出当前气候多边进程面临的最大问题是发达国家提供支持的政治意愿不足。虽然 2019 年联合国气候变化大会在核心议题《巴黎协定》第六条的相关谈判中未能取得一致意见，但中国政府仍将继续推动相关各方争取早日达成共识，积极建设性地参与全球气候治理。

2.《联合国防治荒漠化公约》

《联合国防治荒漠化公约》全称为《联合国关于在发生严重干旱和/或荒漠化的国家特别是在非洲防治荒漠化的公约》，该公约在 1992 年联合国环境与发展大会上得到关注，之后成立了“关于在发生严重干旱和/或荒漠化的国家特别是在非洲防治荒漠化的公约谈判委员会”，这部全球性质的应对荒漠化的公约于 1994 年通过，是国际社会关于防治荒漠化合作的重要多边条约，目前有 197 个缔约方。该公约提出了缔约方的基本任务，确认了国家对自然资源的主权权利和国家政府在防治干旱与荒漠化中的关键作用，强调当地人民和社区的作用（刘琳璐，2015）。《联合国防治荒漠化公约》各缔约方于公约通过初就积极进行国家行动方案的制定与实施，并且积极开展分区域、区域间的联络与合作，制定相关的行动方案，实际有效地开展相关活动。中国是执行《联合国防治荒漠化公约》最积极有力的缔约方之一（王晓英，2011）。自加入公约以来，积极制定国家行动方案，并开展多种活动投入防治实践，如全国防治荒漠化工程、防护林体系工程，包括三北防护林建设、京津周围地区风沙源的治理、黄土高原水土保持项目和长江中上游水土保持项目等重点生态环境治理工程。这些行动不仅仅是中国践行《联合国防治荒漠化公约》的实际表现，更在全社会形成了加强荒漠化防治、重视生态建设的良好氛围。

近年来，公约进程中先后形成昌原倡议、安卡拉倡议、干旱倡议等政策倡议，制定了《联合国防治荒漠化公约 2018-2030 年战略框架》。2017 年 9 月，《联合国防治荒漠化公约》第十三次缔约方大会上达成具有历史意义的成果——《鄂尔多斯宣言》，该宣言鼓励各国采取行动、设定自愿目标，在 2030 年前实现土地退化零增长，并进一步认可了中国政府共建“一带一路”的鄂尔多斯库布齐“沙漠绿色经济”模式。2019 年 3 月，联合国大会宣布“2021-2030 联合国生态系统恢复十年”决议，旨在扩大退化和破坏生态系统的恢复，以此作为应对气候危机和加强粮食安全、保护水资源和生物多样性的有效措施。2019 年 9 月，《联合国防治荒漠化公约》第十四次缔约方大会召开，主题为“投资土地，开启机遇”。大会达成了具有历史意义的成果——《新德里宣言》，肯定了《联合国防治荒漠化公约 2018-2030 年战略框架》的重要意义，中国政府表示要履行好《联合国防治荒漠化公约》缔约方的相关责任，深度参与公约谈判，发挥负责任大国作用，积极推动“一带一路”防治荒漠化务实合作，为解决全球性荒漠化问题、推动构建人类命运共同体提供中国经验和中国方案，进一步推动实现 2030 年全球土地退化零增长等可持续发展目标。

3.《湿地公约》

《湿地公约》全称为《关于特别是作为水禽栖息地的国际重要湿地公约》，是全球第一个政府间多边环境公约，同时是全球最早针对单一生态系统保护的国际公约，于 1975 年生效。该公约的宗旨是通过地方、地区和国家行动与国际合作保护及合理利用湿地，为全球的可持续发展做出贡献。湿地合理利用、国际重要湿地名录和国际合作是《湿地公约》的三大支柱，体现了公约的核心理念，围绕三大支柱的各种议题是《湿地公约》的重点。公约的目标是通过各成员之间的合作，加强对世界湿地资源的保护及合理利用，以实现生态系统的可持续发展，通过制定国家政策及采取协调一致的国际行动，确保湿地及其动植物区系得到保护。

历经 40 多年，《湿地公约》理念已由最初的保护水鸟及其栖息地，发展为保护湿地生态系统和合理利用湿地。目前，《湿地公约》关注的议题包括水资源管理、生物多样性保护和可持续利用、适应和减缓气候变化、提高城镇发展水平，满足区域和地方在水供给和食品安全、能源、人类健康、经济发展等方面的需求等（马梓文和张明祥，2015）。中国积极参与《湿地公约》事务，于1992年7月31日加入。2007年成立了中国履行《湿地公约》国家委员会，独立主办国际湿地大会。2017年启动了国际湿地城市认证，中国常德、常熟、东营、哈尔滨、海口、银川6个城市获得全球首批“国际湿地城市”称号。同时，实施了中澳、中德、中美、GEF等一批湿地保护国际合作项目（王福田，2019）。2019年6月《湿地公约》常委会第57次大会确定，第十四届国际《湿地公约》缔约方大会将于2021年在中国武汉市举行，这将是中国首次承办该国际会议，也恰逢《湿地公约》缔结50周年。中国承办大会有更加深远的国际意义，也是强化“一带一路”国际生态交流与合作、增加国家凝聚力的重要契机，将更有利于推动武汉成为国际湿地城市。

4.《濒危野生动植物种国际贸易公约》

《濒危野生动植物种国际贸易公约》又称《华盛顿公约》，于1973年3月3日签订，1975年7月1日正式生效，现有183个缔约成员。该公约旨在通过物种分级与使用许可证的方式，管制野生物种的贸易，确保野生动植物资源利用市场的可持续性，从而有效保护野生动植物种的生产繁衍。目前，列入该公约附录的野生动植物超过3.6万种，其中约6000种为动物。按照物种标本受贸易威胁的程度，将濒危野生动植物种分别列入三个附录：《受到或可能受到物种标本贸易的影响而有灭绝危险的物种》（附录Ⅰ）、《目前虽未濒临灭绝，但如不严加管理其标本贸易以防不利其生存的利用，就可能变成有灭绝危险的物种》（附录Ⅱ）及《缔约方认为须防止或限制利用的属缔约方的原生物种》（附录Ⅲ）（薛达元，2015）。

2019年8月17日《濒危野生动植物种国际贸易公约》第十八届缔约方大会在瑞士日内瓦召开，大会各缔约方共同探讨并聚焦野生动植物物种贸易管制。中国积极参与议题谈判，深度参与国际规则制定，提出将白冠长尾雉、镇海棘螈和高山棘螈、疣螈属、瘰螈属以及睑虎属列入附录II的5项提案全部顺利通过，组织召开的以“共同的责任、共同的担当：全链条打击野生动植物非法贸易”为主题的中国边会，全面展示了中国打击野生动植物非法贸易的成就。中国于1981年4月8日正式成为缔约方。

5.《粮食和农业植物遗传资源国际条约》

《粮食和农业植物遗传资源国际条约》又称《国际种子条约》，该条约的前身是缔结于1983年的《关于植物遗传资源的国际约定》，而该条约并不包括惠益分享的内容。1992年通过的《生物多样性公约》导致了对《关于植物遗传资源的国际约定》的重新谈判。在联合国粮食及农业组织（FAO）主导下，新国际条约于2001年通过，2004年6月29日生效，目前缔约方共达144个（熊哲等，2018）。新国际条约新增了惠益分享的内容，其宗旨与《生物多样性公约》相一致，即保护和可持续利用农业与粮食植物遗传资源以及公平合理地分享利用这些资源而产生的利益。其目标是建立粮食和农业遗传资源方便获取的多边体系，各缔约方应将其隶属公共领域的遗传资源（不受知识产权保护的资源）纳入多边体系，供其他缔约方获取使用，以加强其植物育种和农业可持续发展，保障粮食安全（王述民和张宗文，2011）。

《粮食和农业植物遗传资源国际条约》是基于多边获取与惠益分享的国际协议，与《生物多样性公约》《名古屋议定书》具有密切的联系。中国作为一个农业大国，加入《粮食和农业植物遗传资源国际条约》将确保在该公约的话语权，有利于策应本国对《生物多样性公约》及《名古屋议定书》的履行，从而从多边和双边全方位地保护生物遗传资源的流失和惠益分享，为全球粮食和农业生产做出重大贡献。

6.《保护世界文化和自然遗产公约》

《保护世界文化和自然遗产公约》于1972年11月16日在联合国教育、科学及文化组织第十七届大会上批准通过，目前有193个缔约方。该公约的宗旨是为集体保护具有突出的普遍价值的文化遗产和自然遗产建立一个依据现代科学方法组织的永久性的有效制度。公约主要规定了文化遗产和自然遗产的定义，文化和自然遗产的国家保护与国际保护措施等条款。公约的管理机构是联合国教育、科学及文化组织的世界遗产委员会，该委员会成立于 1976 年，同时建立《世界遗产名录》。世界遗产的登录是一项具有司法性、技术性及实用性的国际任务，其目的是动员人们团结一致，积极保护文化和自然遗产。该公约的新意就是把人们迄今为止几乎一直认为互不相干的自然保护和文化保护联系起来，是以文化为抓手开展文化目的论和普遍价值探寻的一次全球化标志事件（熊哲等，2018）。在此之前，国际社会对文化遗产和自然遗产的保护是分开进行的（户晓辉，2016）。

中国于 1985 年 12 月 12 日加入《保护世界文化和自然遗产公约》，1999 年当选为世界自然与文化遗产委员会成员，管理与保护世界遗产的水平不断提高。截至 2019 年 7 月，世界上共有世界遗产 1121 项，其中文化遗产 869 项，自然遗产 213 项，文化与自然双重遗产 39 项。中国共有 55 项世界遗产，其中 14 项世界自然遗产、37 项世界文化遗产、4 项文化与自然双重遗产。中国目前世界遗产总量与意大利排名并列第一，世界自然遗产和双重遗产数量全球排名第一。

7.《国际植物新品种保护公约》

《国际植物新品种保护公约》旨在承认和保证符合界定条件的植物新品种育种者及其合法继承者的权利。原则是无论发展本国农业，还是保护育种者的权利，保护植物新品种都至关重要；承认和保护育种者权利所导致的若干特殊问题，特别是当出于保护公共利益时可能对这种育种者权利加以限制（薛达元，2015）。该公约于 1968 年生效，后分别于 1978 年和 1991 年修订。

1997 年中国颁布《中华人民共和国植物新品种保护条例》，标志着中国植物新品种保护制度的建立。中国于 1999 年 4 月加入国际植物新品种保护联盟，成为第 39 个成员，开始受理国内外的植物新品种权申请。1999 年至 2018 年底，中国已经发布了 17 批 397 个属种的保护名录，中国植物新品种申请量连续两年在国际植物新品种保护联盟成员中排名第一，农业植物新品种年申请量世界第一。中国加入《国际植物新品种保护公约》20 年来，已经开展了 147 项林业植物测试指南的编制，发布了 52 项测试指南，中国林业专家参与编制了三项国际植物新品种测试指南，分别是山茶、牡丹和丁香国际测试指南，牵头全面修订核桃国际测试指南。开展农业植物新品种保护 20 周年效果评估，编写《2018 年农业植物新品种保护发展报告》。加快构建有中国特色的农业植物新品种保护体系，营造种业知识产权保护良好环境，持续推进品种保护国际合作交流。

8.《国际植物保护公约》

《国际植物保护公约》于 1951 年 12 月在联合国粮食及农业组织第六次大会上正式通过，1952 年 4 月生效实施，目前已有 182 个缔约方签署加入公约。该公约是联合国粮食及农业组织制定的国际合作协定，旨在通过防止有害生物的传入和扩散来保护栽培植物与野生植物，并使其对国际商品流通和人员流动的影响最小化。该公约是世界贸易组织《实施卫生和植物卫生措施协定》（简称《SPS 协定》）制定国际植物检疫措施标准的基础，为植物保护提供了一个国际框架，包括设立国际植物检疫措施标准以保护植物资源（熊哲等，2018）。为有效遏制各种虫害威胁，自公约出台以来已经颁布大约 100 项标准，涵盖一系列植物检疫问题，帮助发展中国家提高在国内和贸易环境中防控植物病虫害的能力。2018 年 4 月 18 日《国际植物保护公约》缔约方大会在罗马召开，为防止具有破坏性的农业和环境虫害在全球范围蔓延，IPPC 的主管机构植物检疫措施委员会（CPM）通过了三个新标准，分别为农业虫害的不同温度处理措施标准、经修订的木质包装材料卫生标准、关于使用热蒸汽灭杀东方果实蝇的扩展标准。

2005 年 10 月 20 日中国加入《国际植物保护公约》，成为该公约的第 141 个缔约方。中国积极参与公约框架下的国际合作与交流，共享其他缔约方提供的有害生物信息，参与国际植物检疫措施标准及相关规则的制定，参与检疫争端的合理解决，维护中国等发展中国家利益。

9.《与贸易有关的知识产权协定》

《与贸易有关的知识产权协定》是世界贸易组织体系下的多边贸易协定，于 1995 年 1 月 1 日生效。该协定不仅是国际上知识产权保护领域的公约，也是参与方最多、内容最全面、保护水平最高、保护程度最严密的一项国际协定，分为 8 个部分，共有 73 个条约。该协定的六大特点为：涉及面广，几乎涉及知识产权的各个领域；保护水平高，超过已有国际公约对知识产权的保护；将《关税及贸易总协定》(GATT）与世界贸易组织的关于有形商品贸易的原则和规定延伸到知识产权保护领域；加强了知识产权执法程序和保护措施；强化了协定的执行措施和争端解决机制；设置 TRIPs 理事会。2001 年开展了以知识产权与遗产资源、传统知识和民间文学艺术保护为主题的谈判，目标是建立保护遗产资源、传统知识和民间文学艺术的知识产权保护体系，这一目标与《生物多样性公约》及《名古屋议定书》的战略目标密切相关（薛达元，2015）。

中国于 2001 年加入世界贸易组织（WTO），积极推动 WTO/TRIPs 框架下的公众健康、生物多样性、传统知识、民间文艺及技术转让等议题。中国、南非等国共同推动《TRIPs 协定与公共健康多哈宣言》通过，确认了药品专利实施强制许可、平行进口等措施的合法性，从政治上和法律上增强了发展中国家获得药物的能力。新冠肺炎疫情深化了人们对知识产权的理性认知，有利于发达国家和发展中国家在知识产权多边框架内达成新的平衡。中国应发挥其最大发展中国家的独特身份，推动 WTO 改革，加强与各成员的沟通与合作，并在条件具备时加入该协定，共同推动构建共商共建共享的知识产权全球治理格局。

10.《南极海洋生物资源养护公约》

《南极海洋生物资源养护公约》于 1980 年 5 月 20 日在堪培拉通过，并于 1982 年 4 月 7 日生效，目前有 34 个缔约方。该公约旨在通过设立南极海洋生物资源养护委员会，保护南极四周海洋的环境及其生态系统的完整性，养护南极海洋生物资源。2006 年 9 月 19 日中国加入该公约，2006 年 10 月 19 日对中国生效，2007 年 10 月 2 日中国正式成为南极海洋生物资源养护委员会成员。该委员会是《南极海洋生物资源养护公约》框架下管理海洋生物资源的唯一多边机构。

中国积极参与南极海洋生物资源养护管理。在委员会管理规则框架下积极参与南极海洋生物资源的养护与开发利用，出台了一系列有效的政策、制度和措施，不断健全远洋渔业管理制度，强化多双边渔业合作，以“零容忍”态度坚决打击违法违规行为，促进中国远洋渔业规范有序发展（唐建业，2012；段文，2018）。

11.《保护野生动物迁移物种公约》

《保护野生动物迁徙物种公约》又名《波恩公约》，于 1979 年 6 月 23 日签订于德国伯恩，1985 年开始生效，目前有 130 个缔约方。该公约的目标在于保护陆地、海洋和空中迁徙物种的活动空间范围，是为保护通过国家管辖边界以外野生动物中的迁徙物种而订立的国际公约。该公约将“迁徙物种”定义为“野生动物任何物种或其次级分类的全部种群或该种群在地理上彼此独立的任何部分，它们中相当大的部分周期性地可预见地穿越一个或多个国家管辖的边界”，并将物种分为附录一和附录二两个级别进行保护，得到 2/3 以上缔约方投票支持的物种会被列入附录。

2020 年 2 月 22 日《野生动物迁徙物种保护公约》第十三次缔约方大会在印度甘地纳加尔落幕。大会签署了《甘地纳加尔宣言》，通过了有助于保护全球野生动物迁徙物种的决议，并将亚洲象、美洲虎（又称美洲豹）和印度大鸨等 10 种野生动物列为受《野生动物迁徙物种保护公约》保护的新成员。该宣言指出维护和恢复生态连通性是野生动物迁徙物种保护的重中之重，特别要加强迁徙物种及其栖息地的保护和管理。呼吁将迁徙物种和“生态连通性”概念纳入将于联合国《生物多样性公约》第十五次缔约方大会上审议的《2020 年后全球生物多样性框架》，并将其列为优先事项（丁洪美，2020）。

3.2　世界主要国家生物多样性保护行动

《生物多样性公约》及其后续的缔约方大会决定中，明确提出世界各国不仅要构建完备的生物多样性保护政策法规体系，还要求各国出台相应的生物多样性保护战略、规划或行动方案。随着全球生物多样性保护政策从科学界到国家政策的不断变迁，生物多样性保护国际行动不断涌现。鉴于生物多样性巨大的生态价值、经济价值和社会价值，许多国家和地区针对生物多样性保护出台了一系列战略、法案以及政策法规，并建立了相关管理机构，完善了管理机制。例如，欧盟、巴西、澳大利亚、日本等国家和地区纷纷制定出台了生物多样性国家战略、行动计划及有关保护和可持续利用生物多样性的方案等。

3.2.1　生物多样性保护的国际政策变迁

生物多样性保护国际政策自 20 个世纪初以来经历了显著变迁，其实质是一个动态、交互、反馈的过程。迄今为止，全球范围内的生物多样性政策变迁先后经历了国际科学界的热切关注、产生新议题、国际谈判及政府间全面开展的不同阶段，即由科学回应到社会政治回应的过程（赵婧懿，2017）。

1. 生物多样性保护得到国际科学界热切关注

从 19 世纪开始，生物多样性保护得到科学界热切关注。生物多样性问题主要表现为工业制造带来的野生动植物栖息地破坏、野生动植物贸易、生物资源单一等。20 世纪 30 年代，英国著名生态学家坦斯莱将“生态系统”正式引入生态学中。1937 年，生物学家艾林顿首次提出“保护生物学”（conservation biology），生物多样性研究由此开始兴起。20 世纪 50 年代后，生态学发展成为探讨生物及其生境相关学科，即“自然界的构造与功能的科学”。1962 年出版的《寂静的春天》，引起了世界范围内各国政府对环境问题的关注。1969 年，英国不列颠生态学会创办《保护生物学》期刊，多次召开“保护的科学管理”专题研讨会。这是科学界倡议生物多样性保护的阶段，是生物多样性保护的萌发时期，不断催促着国家立法和条约的形成（赵婧懿，2017）。

2. 生物多样性保护的议题不断提出

到 20 世纪 70 年代，随着科学领域不断倡导，保护生物多样性的国家组织和科研机构开始涌现。各国政府也开始重视生物多样性的保护和可持续利用，涌现了大量重要的国际公约、条约，促进公众开始重视生物多样性丧失问题。1902 年在法国巴黎签订《保护农业益鸟公约》。1940 年通过《美洲国家动植物和自然美景保护公约》。1946 年《国际捕鲸管制公约》在华盛顿通过。1948 年世界自然保护联盟成立。1957 年签订《保护北太平洋海豹公约》。1982 年通过《世界自然资源保护大纲》，其在世界资源多样性和完整性保护方面发挥了重要作用。1961 年世界自然基金会成立，在野生物种保护、海洋生态、淡水资源、森林维护等多个领域建立生态保护区。此时，生物多样性保护政策还是比较单一，缺乏完整系统的全球性的保护政策（赵婧懿，2017）。但这一阶段也涌现了很多国际公约及条约。1971 年在拉姆萨尔签订《湿地公约》，指出维护湿地的生态功能是遵循自然规律的必经之路。1972 年通过《保护世界文化和自然遗产公约》。1973 年签订《濒危野生动植物物种国际贸易公约》，其宗旨是“种类繁多的野生动物和植物是地球自然系统中无可替代的一部分，为了我们这一代和今后世世代代，必须加以保护”。1979 年签订《野生动物迁徙物种保护公约》，旨在通过国际合作、禁止捕获濒危物种、保护其生境、控制其他不良影响等措施来保护迁徙物种。

3. 生物多样性保护的政策支持

（1）生物多样性保护公约正式提出

到 20 世纪 80 年代末，全球生物多样性保护议题在科学界、国际组织及科研机构的共同努力下，开始由学术界转向政府政策层面。1972 年联合国人类环境会议召开，会议提出“国与国之间广泛合作和国际组织采取行动、筹措资金来维护及改善环境；同时，各地方政府和全国政府要在管辖范围内开展大规模环境政策和行动，承担最大的责任”，这是在国际高度第一次呼吁各国政府要进一步加强生物多样性保护。1987 年，世界环境与发展委员会（WCED）发布《我们共同的未来》研究报告，提出物种保护协同合作，迫切需要世界各国的共同努力。1987 年，联合国环境规划署提出在世界范围内建立一项生物多样性保护公约，并明确生物多样性概念。

（2）《生物多样性公约》及相关公约逐渐涌现

20 世纪 90 年代后，在联合国环境和发展大会上，100 多个国家和 20 多个组织机构代表共同签署了具有里程碑意义的《生物多样性公约》。人类逐渐意识到“生物多样性对进化和保持生物圈的生命维持系统的重要性”是“全人类共同关切的事项”。生物多样性保护及其可持续利用成为当下社会发展的主要议题，也是最基本的议题。随后以《生物多样性公约》为基本指导框架，一系列国际法令文件不断涌现，如《防止野生植物非法贸易的共同措施协定》（1994 年）、《地中海生物多样性特别保护区议定书》（1995 年）、《莱茵河保护公约》（1999 年）、《生物多样性卡塔赫纳生物安全议定书》（2000 年）、《波恩准则》（2002 年）、《名古屋议定书》（2010 年）。2016 年 4 月 22 日在纽约签署气候变化协定——《巴黎协定》，该协定为 2020 年后全球应对气候变化行动做出安排。《巴黎协定》是继 1992 年《联合国气候变化框架公约》、1997 年《京都议定书》之后，形成的 2020 年后全球气候治理新格局。根据《联合国气候变化框架公约》谈判达成的《巴黎协定》，其主要构架就是：先达成全球一致的目标，然后各国为实现这一目标可以做出各自的承诺。《巴黎协定》在新时代多元环境条约中占有重要地位，是一次范式革命，汲取了既往“自上而下”和“自下而上”模式的优势不足，赋予了国际气候治理格局一次重生。

4. 生物多样性保护的国际支撑

（1）生物多样性保护的研究计划

2011 年，国际在已有的几个全球环境变化研究计划——国际生物多样性科学研究规划（DIVERSITAS）、国际地圈生物圈计划（IGBP）、国际全球环境变化人文因素计划（IHDP）、世界气候研究计划（WCRP）和地球系统科学联盟（ESSP）的基础上加以集成，形成“未来地球”（Future Earth）计划，旨在进一步推进既有成果，提高科学预警能力，形成由知识节点构成的全球分布网络，为全球可持续发展进行知识传播。《联合国十年生态系统恢复计划（2021-2030 年）》于 2019 年经联合国大会批准，将于 2021 年开始实施，主要关注公众在气候变化、生物多样性以及经济和民生等方面的需求，力图解决全球湿地和水生生态系统景观的严重退化问题。

（2）生物多样性保护的行动计划

近年来，许多大型国际组织在生物多样性保护与可持续利用的实践工作上逐渐走向成熟，提出诸多生物多样性保护行动计划，如国际海洋生物普查计划、国际生物多样性计划、国际生命条形码计划等，对生物多样性政策执行及 2030 年可持续发展目标实现起到重要推助作用。世界自然基金会（WWF）发起“地球一小时”全球行动，以生命为名，为地球发声，呼吁保护大自然，倡导人类与自然和谐共生。

3.2.2　典型国家生物多样性战略行动

世界各国面对眼前的生物多样性丧失大流行的危机，更加密切关注其所有生态系统及生物多样性的变化，并采取快速果断的行动，制定相应的国家战略或行动，以减少生态环境风险，以期在未来的几十年内维护本国和全球的生态系统与生物多样性完整性，以实际行动预防可能发生的生态灾难，共同实现人与自然和谐共生。其中，欧盟积极推出生物多样性保护行动及战略，出台《欧洲绿色协议》（简称“绿色新政”）以保护生物多样性；美国坚持立法先行，提出“30×30”生物多样性保护目标；法国推行生物多样性变革；澳大利亚提出生物多样性保护三大战略目标；日本制定多个生物多样性国家战略，首次提出城市生物多样性保全议题（表 3-3 和表 3-4）。

表 3-3　欧盟生物多样性战略 2020

名称	内容	行动
目标 1：保护物种和栖息地	到 2020 年，受欧盟法律保护的物种和栖息地呈现更好的保护与安全状态，增加 100%的栖息地和 50%的物种	行动 1：完善 Natura 2000 网络并确保其得到良好的管理 行动 2：确保 Natura 2000 网络获得足够的资金 行动 3：提高人们对 Natura 2000 的认识，让公民参与进来，并改善自然法令的执行情况 行动 4：使对欧盟自然法的监测和报告更加一致，为生物多样性保护提供合适的信息和通信技术（information and communication technology，ICT）工具
目标 2：保护和修复生态系统	到 2020 年，通过建立绿色基础设施并恢复至少 15%的退化生态系统来维护和增强生态系统及其服务	行动 5：在整个欧盟领土内绘制和评估生态系统及其服务的状态与经济价值；在整个欧洲的会计和报告系统中促进其经济价值的认可 行动 6：恢复生态系统，维护其服务并促进绿色基础设施的使用 行动 7：评估欧盟资金对生物多样性的影响，并研究补偿或抵消计划的机会，以确保生物多样性和生态系统服务没有净损失
目标 3：实现农业和林业的可持续发展	到 2020 年，取决于农业和林业或受其影响的物种和生境的保护及其生态系统服务的提供显示出可观的改善	行动 8：加强欧盟共同农业政策（common agriculture policy，CAP）直接付款，以奖励环境公益物，如轮作和永久性牧场；改善良好农业与环境条件（ good agricultural and environmental condition，GAEC）的交叉遵从标准，并考虑将水框架纳入这些标准 行动 9：使农村发展更好地针对生物多样性需求，并开发工具，以帮助农民和林农共同努力保护生物多样性 行动 10：保护和支持欧洲农业中的遗传多样性恢复 行动 11：鼓励森林所有者保护和增加森林生物多样性 行动 12：将生物多样性保护措施（如防火和保护荒野）纳入森林管理计划
目标 4：可持续渔业和健康海洋发展	到 2015 年，渔业是可持续发展的；到 2020 年，鱼类种群健康，欧洲海洋环境更加健康；渔业对物种和生态系统没有重大不利影响	行动 13：确保《共同渔业政策》的管理计划以科学建议和可持续性原则为基础，以将鱼类种群恢复和维持在可持续水平 行动 14：逐步摆脱丢弃物并避免副渔获物，减少渔业的影响；确保与其他海洋保护区一致执行《欧盟海洋战略框架指令》；调整捕捞活动，并使捕捞部门参与其他活动，如生态旅游、监测海洋生物多样性以及海洋垃圾处理
目标 5：应对外来物种	到 2020 年，外来入侵物种得到确认，优先物种得到控制或消除，并设法防止新的入侵物种破坏欧洲生物多样性	行动 15：确保欧盟动植物卫生法规对生物多样性的关注更多 行动 16：提供应对外来入侵物种的法律框架
目标 6：协助阻止全球生物多样性的丧失	到 2020 年，欧盟对避免全球生物多样性丧失的贡献增大	行动 17：减少欧盟消费方式对生物多样性的影响，并确保欧盟关于资源效率的倡议，其贸易谈判和市场信号都反映了这一目标 行动 18：将更多的欧盟资金用于全球生物多样性，并使该资金更有效 行动 19：系统地筛选欧盟为发展合作采取的行动，以减少对生物多样性的任何不利影响 行动 20：确保公平公正地分享自然遗传资源的利益

表 3-4　世界各国针对生物多样性保护出台的系列政策法规

国家	系列法规政策
美国	制定保护濒危物种的法律，如《濒危物种法》《迁徙鸟类条约法》《国家野生生物庇护所管理法》《北美湿地保护法》等；通过《国家环境政策法》开创了一系列倾斜政策，宣称“环保目标已不再是保护野生动物和森林，也包括我们的生活标准、人民的健康和生活质量”
巴西	针对转基因产品管理、外来物种入侵、生物遗传资源保护等方面制定了一系列生物多样性保护法律法规；政府逐渐重视生物多样性保护，制定《环境法》和《亚马孙地区生态保护法》；颁布新宪法，新增“环境”一章；制定第一部《生物安全法》，旨在规范转基因农产品的种植和销售；多次对《生物安全法》进行修订，出台《生物安全法实施条例》；颁布《新森林储备》，将 150 万 hm^2 热带雨林全部列入禁止开发区（张式军，2007）

续表

国家	系列法规政策
印度	颁布实施《国家公园法》《野生植物保护法》；重新制定《森林保护法》以替代《森林法》；制定《野生动物保护法》，为全国野生动物及其生境提供全面保护；出台《环境保护法》《危险微生物、遗传工程微生物或细胞的生产、应用、进出口和贮藏条例》，重新修订《环境保护条例》；加入《生物多样性公约》后，通过《生物多样性条例》，为了更好实施该项生物多样性立法，推动生物资源的获取管制以及公平分享相关惠益，进一步确定了在遗传资源获取与惠益分享方面的管制体制、管制范围、管制制度及知识产权管制制度（张式军，2007；周琛，2007；秦天宝，2007）
法国	1976 年通过的《自然保护法令》，是其环境法体系中最重要的基本法律；2016 年通过的《生物多样性恢复、自然与人文景观法令》（简称《生物多样性法令》），是其 40 多年来对《自然保护法令》的一次重要修订；《生物多样性法令》纳入生态损害概念，旨在整合各方力量，加强生物多样性保护的公众政策实施，整治与土壤、水域及海洋相关的动植物多样性问题（彭峰，2016）
日本	2008 年 5 月 29 日颁布《日本生物多样性基本法案》，该法案旨在规范人类的基本定位，以促进保护和实现生物多样性的可持续利用，着眼实现人与自然和谐共处，不断丰富生物多样性；为推动地区共同保护生物多样性，2010 年 12 月公布《通过区域多种主体协作促进生物多样性保护活动的法律》（简称《生物多样性保护促进法》）（白秀萍，2013）。

1. 欧盟生物多样性战略

欧盟一直以来对生物多样性极其关注，先后实行环境保护行动 Natura 2000、2006 年欧盟生物多样性计划、欧盟生物多样性战略 2020 及欧盟生物多样性 2030 战略。

（1）欧洲自然保护区网络“Natura 2000”

该自然保护区网络是欧盟自然与生物多样性政策最核心的组成部分之一，是欧盟最大的环境保护行动，也是欧盟履行《生物多样性公约》规定的社会义务的一部分。其目的是建立一个跨国保护区网络，保护欧洲具有重要意义的栖息地和物种。具体做法是在欧洲大陆建立生态廊道，并开展区域合作，以保护野生动植物物种、受到威胁的自然栖息地和迁徙物种的重要地区（张凤春等，2011）。

（2）2006 年欧盟生物多样性计划

该计划确立了 4 个主要政策领域、10 个优先目标、超过 150 个目标。

（3）欧盟生物多样性战略 2020

2011 年，欧盟通过了一项以遏制欧盟生物多样性和生态系统服务功能降低为目标的战略，对到 2020 年的生物多样性保护提出了具体目标，旨在 2020 年之前遏制欧盟生物多样性和生态系统服务的丧失，并帮助阻止全球生物多样性的丧失。该战略包括了 6 个目标和 20 项行动（表 3-3），反映了欧盟根据国际生物多样性公约做出的行动。2016 年 2 月 2 日，欧洲议会通过了一项关于对 2020 年欧盟生物多样性战略进行中期审查的决议，以评估该战略的实施情况，便于为后续的生物多样性保护提供指导。

（4）欧盟生物多样性 2030 战略

2020 年 5 月 20 日，欧盟发布《欧盟生物多样性 2030 战略》（EU Biodiversity Strategy 2030），旨在保护自然，逆转生态系统退化，阻止生物多样性损失。这是欧盟“绿色新政”（European Green Deal）的一个关键核心部分，是欧盟从新型冠状病毒肺炎（COVID-19）大流行中复苏努力的“核心要素”。欧盟将采取具体行动在可持续发展目标的国际行动中发挥引领作用。战略目标是到 2030 年恢复欧洲的生物多样性，提出了更有效执行现有立法的新方法、新承诺、措施、目标和治理机制。欧盟委员会制定了一项全面改革农业的战略，并严格保护碳含量高的森林和湿地，以造福野生动植物。根据该战略，到 2030 年，至少 30%的欧盟陆地和海洋将受到保护，以阻止动植物物种的减少，并恢复碳汇以应对气候变化。新一届欧盟委员会又新增一项《欧洲气候法》提案，致力于让欧洲在 2050 年达到“碳中和”（又称“气候中性”climate-neutral）的目标。

2. 美国生物多样性保护计划

美国生物多样性丰富，大型生态系统类型比其他任何国家都多，多样化的生态系统容纳了大约 20 万种本地物种，占全球所有物种的 10%。但只有大约 15%的已知物种得到较为细致的研究，处于被保护状态（David and Lawrence，2020）。美国联邦政府在属其管辖的迁徙性狩猎动物、非猎鸟和海洋哺乳动物的管理，以及受威胁和濒危动植物的管理与恢复中发挥着积极作用。

坚持立法先行。通过多种立法保护生物多样性，如《濒危物种法》《迁移鸟类条约法》《鱼与野生动物合作法》《国家野生生物庇护所管理法》《北美湿地保护法》等。其中，《濒危物种法》对保护濒危物种起到巨大的作用，大大降低了物种灭绝的速度；《鱼和野生生物合作法》要求每个州制定包括非猎物在内的鱼和野生生物的保护管理计划。目前，美国划定为州和联邦公园以及野生生物保护区的公共土地总面积超过 1.09 亿 hm^2。美国通过立法决定每年拨款 1000 万美元直接用于保护生物多样性，其中大部分通过美国国际开发署（USAID）使用。美国国际开发署受命帮助发展中国家调查和保护处于临界状态的生态系统，建立和维护保护区。美国政府关于热带森林的倡议，是与生物多样性密切相关且与之平行的另一项努力。美国国会最近通过立法，确保政府能够投入更多的资金用于世界范围的森林保护项目及非政府的保护机构。

建立国家公园和森林公园。美国是世界上最早建立自然保护区的国家，建立了以国家野生生物避难所体系、国家公园体系、国家森林体系、原野地保存体系和国家海洋保护区计划为核心，以土地利用等管理为辅助的自然保护区体系。1872 年，国会批准设立美国最早也是世界最早的国家公园——黄石国家公园。以生态环境、自然资源保护和适度旅游开发为基本策略，通过较小范围的适度开发实现大范围的有效保护，既排除与保护目标相抵触的开发利用方式，达到保护生态系统完整性的目标，又为公众提供休闲、教育、娱乐场所，是一种能恰当处理生态环境保护与资源开发利用关系的管理模式（马晓妍，2020）。

确立“30×30”生物多样性保护目标。该目标旨在保护生物多样性和缓解气候变化的影响。目标内容包括：2019 年 10 月设立未来国家目标，计划到 2030 年在美国境内保护至少 30%的陆地和海洋；将重点放在具有生物和生态意义的大面积景观上；通过恢复动植物物种来防止灭绝；稳定和修复生态系统及其服务功能，维持原有生态功能（马晓妍，2020）。

3. 法国生物多样性保护战略

法国的生物多样性在全球位居第六，生物多样性被视为国家经济增长的一项重要驱动力。法国有近 9%的哺乳动物、24%的爬行动物、23%的两栖动物、22%的淡水鱼及 32%的筑巢鸟类处于濒危状态（《世界自然保护联盟濒危物种红色名录》）。《法国与生物多样性——调查，2013》结果显示，法国 2/3 公众宣称了解生物多样性问题，越来越多的人认识到生物多样性问题是环境退化中问题之一。超过 1/3 的法国公众认为生物多样性的灭失已经威胁到日常生活（彭峰，2016）。法国正逐步加强生物多样性保护力度。随后，通过推动法令革新、建立生物多样性国家机构、加强国际合作等多措并举推进生物多样性保护。

法国环境与可持续发展部曾在 2011 年发布《十年生物多样性国家战略》，设定了保护生物多样性的六大方向和 20 个目标，号召全民共同行动。保护生物多样性的六大方向包括：鼓励为保护生物多样性而行动，保护已有生物及其进化能力，保证生态领域投资，保证可持续与平衡的生物多样性，保证政策协调与行动有效，发展、分享与提高生物多样性认知（刘卓，2011）。该战略还提出设立生物多样性国家战略跟踪全国委员会，主要任务是审视国家战略执行情况，并每年向议会提交一份年度报告。法国环境与可持续发展部部长在巴黎举行的 2011-2020 年生物多样性国家战略发布会上曾表示，这项国家战略不仅保护已有生物，还是一个防卫性战略，旨在重新修复法国的领土。

2016 年 8 月法国宪法委员会正式审查通过了《生物多样性法令》，该法令纳入了生态损害的概念，对生物多样性概念外延进行了扩张，并设立了生物多样性署，在多方面取得了重要突破（彭峰，2016；何璎，2017；陈叙图等，2017；孙正楷，2020）。2019 年 11 月 6 日，《中法生物多样性保护和气候变化北京倡议》发布，该倡议强调森林在全球碳汇和生物多样性保护方面的作用，呼吁各国共同保护山、水、林、草等重要生态系统；各国要高度重视生物多样性保护与修复，不断增加地球保护面积，特别是生物多样性和生态系统服务重点区域，到 2030 年扭转生物多样性丧失的曲线。

4. 澳大利亚生物多样性保护行动计划

澳大利亚有着丰富的生物多样性，约有 566 398 个物种，占全球物种数的 7%～10%（李海东和高吉喜，2020）。澳大利亚的原生植被复杂多样，具有独特的物理特征，是生物多样性的重要组成部分，约占澳大利亚植物品种的 85%。澳大利亚森林面积为 1.25 亿 hm^2，占国土面积的 16%，其中天然林占森林总面积的 98%，基于保护生物多样性，有 390 万 hm^2 的天然林被专门保护起来（尚玮姣等，2016）。澳大利亚也曾面临严重的物种灭绝情况，是濒危或受威胁物种种类最多的 10 个国家之一。在过去 200 多年间，澳大利亚失去的哺乳动物和植物数量超过其他任何国家，在 273 种本土特有陆地哺乳动物中，已有 29 种灭绝，占到 11%（陈洁，2019）。

澳大利亚通过加入国际公约并履约，逐步加强生物多样性保护。1952 年 4 月 30 日，签署《国际植物保护公约》。1976 年 7 月 29 日，加入《濒危野生动植物种国际贸易公约》。1989 年 2 月 1 日，加入《保护植物新品种国际公约》（1978 年文本），后又加入 1991 年修订文本。1993 年，加入《生物多样性公约》，承诺完成其在 CBD 中的责任，并且构建法律框架，规范遗传资源和生物资源的准入与利用，愿为可持续和合理开发利用生物资源提供机会，同时公平、公正地分享利用资源所产生的惠益。2002 年 6 月 10 日，签署《粮食和农业植物遗传资源国际条约》。2012 年 1 月 20 日，签署《名古屋议定书》。

在国家层面，澳大利亚能源和环境部负责协调和管理生物多样性保护活动，下设生物多样性保护部。各州及领地政府也设立相应的生物多样性管理机构，制定一系列生物多样性保护政策和法案。1999 年，澳大利亚颁布《环境保护与生物多样性保护法》（EPBC），对遗传资源的定义、保护原则、管理机构、获取、惠益分享等方面做了明确规定（尚玮姣等，2016）。此外，还制定了《获取和利用澳大利亚本土遗传资源和生物化学资源的全国一致方法》（NFC）、《生物多样性和气候变化国家行动计划（2004-2007 年）》《国家森林政策声明》（NFPS）等（尚玮姣等，2016）。

2010 年，澳大利亚发布《生物多样性保护战略（2010-2030 年）》，是 2030 年政府保护国家生物多样性的指导框架。该战略提出集体保护优先，旨在协调所有部门共同努力，可持续地管理生物资源，确保生物资源长期健康以及其对环境的适应能力，也是对《生物多样性公约》的贯彻执行。自 2010 年该战略发布以来，政府、企业、环境非政府组织和各社区积极采取行动，生物多样性保护取得良好效果。

澳大利亚生物多样性保护战略实施阶段是 5 年为一届，政府定于 2015 年正式审查和评估战略实施进展情况，根据评估报告调整战略目标或其他内容。2017 年，澳大利亚能源和环境部发布《澳大利亚生物多样性保护战略五年回顾报告》，该报告发现战略并未给予相关行动持续的强劲动力，确定了影响战略实施与目标达成的几个影响因素，包括具体治理、相关报告和制度框架、全民共识和保护意识等。

2018 年，澳大利亚能源与环境部发布新的生物多样性战略——《澳大利亚 2018-2030 年自然战略（试行稿）》。新战略制定了三大战略目标和 12 项具体目标，其中三大战略目标：加强澳大利亚人民与自然的联系，保护森林的生物多样性，积累及分享知识。新战略提出无论是现在还是未来都要保持森林的健康状况，以应对各类威胁；同时因为森林本身及其对人类健康、福祉、繁荣和良好生活质量的贡献，人们应该珍视森林；呼吁全民参与生物多样性保护。

5. 日本生物多样性国家战略

日本列岛南北跨度大，自然环境复杂多样，南北气候差异很大，这种环境为生物多样性提供了得天独厚的条件，但是气候变化等也给日本的生物多样性带来了威胁。为应对生物多样性危机，日本政府在

1993 年就正式签署联合国《生物多样性公约》，成为第 18 个缔约方。日本的森林生物多样性保护不仅仅停留在建立保护林等划定保护区上，日本政府更是着眼于加强全国森林培育和林业的经营管理，推动本土林业发展，推动森林的生物多样性保护和可持续利用（白秀萍，2013）。

1995 年日本制定了本国首个“生物多样性国家战略”，以实现生物多样性保护和可持续利用。2002 年对“生物多样性国家战略”进行了修订，出台了“新生物多样性国家战略”。2007 年制定了第三个“生物多样性国家战略”。同年，林业相关部门根据第三个“生物多样性国家战略”制定了“农林水产生生物多样性保护战略”，明确了 2007～2012 年农林水产省的生物多样性保护行动计划（白秀萍，2013）。

2010 年 3 月，日本制定了《生物多样性国家战略 2010》，提出了将日本过去百年间破坏的国土生态系统经过百年的时间进行恢复的“100 年计划”，制定了“截至 2050 年生物多样性要在现状之上，且达到较为丰富的状态”的中长期目标（康宁，2010）。同年 10 月，《生物多样性公约》第十次缔约方大会在日本名古屋爱知县举行，大会通过了《2011-2020 年生物多样性保护战略与行动计划》及“爱知目标”，同时提出城市生物多样性（urban biodiversity）保全的议题（康宁，2010）。

3.3　国际生物多样性保护与绿色发展典型做法和案例

自生物多样性的概念提出以来，世界各国根据自身情况出台了各项政策法规进行生物多样性保护，积极履行与生物多样性保护相关的各类公约，并在资源保护的基础上进行合理的生物多样性保护，实现生物多样性保护和绿色发展的可持续性。英国、美国、日本、韩国、印度、法国、瑞典、澳大利亚等国家在生物多样性保护和绿色发展方面做出了积极探索，并形成了国际上可供借鉴的经验做法。

3.3.1　主要国家典型做法与案例

1. 英国保护生物多样性行动规划

（1）立法规划保护

英国政府分遗传多样性、物种多样性、生态系统多样性三个层次分别立法对生物多样性进行保护，既注重保护本地现有物种，又为物种的生存繁衍提供了必要条件，包括出台《野生生物与乡村法》，建立比较完善的动物福利制度，实施《生物多样性行动计划》，承担《生物多样性公约》的义务，将生物多样性纳入了可持续发展进程中（孙中艳，2005）。英国政府还通过构建保护生物多样性新框架文件《保护生物多样性——英国方法》，来呼吁英国公众、志愿团体和企业共同为保护生物多样性而努力。其中还列举了个人协助保护生物多样性的方法，如在家里、社区和工作中创造或鼓励他人创造适合野生动植物生存的空间，支持野生动植物保护组织的活动，不购买用野生动植物制成的纪念品等，这些都使得野生动植物的生存机会增加。

（2）发展经济林

英国政府针对农用地不断减少、野生生物栖息环境受到影响这一问题开展了大规模的生物多样性行动规划，包括 391 个物种行动规划、45 个栖息地行动规划以及 162 个地方生物多样性规划，对生物多样性保护的同时，生态服务价值也受到重视，农场也得到有效利用，如林地、娱乐用地等，生物能也得到重视并加以利用。国家通过形式多样的补助、减免林业税及提供技术援助等政策来鼓励私有林主造林的积极性，这些资助计划包括新林地资助计划、现有林地资助计划及农场主林地资助计划等。一方面强调人工林的国土保安功能，另一方面强调引进树种营造速生丰产林和大面积发展经济林，这一举措既推动森林面积不断扩大，又为生产生活提供原材料，带动经济林种植增收。

2. 美国开展生物多样性规划设计

美国把大部分资源纳入自然保护和野生生物管理之列，并且利用野生生物法规来管理和保护狩猎动物；通过国际合作、外援法案、提供资金等设立世界范围的生物多样性保护项目，建立保护区的同时，维护了保护区；结合风景园林生物多样性规划设计保护生物多样性，还平衡了自然环境与土地利用的关系。

（1）开展生物多样性规划设计带动景区发展

例如，Woodland 动物园为通过生物多样性规划设计成功规划设计建造的以生物为中心的动物园。Crosswind 沼泽湿地是一个基于生物多样性恢复的多目标防护的规划设计工程，该项目生物多样性规划设计主要体现在：①实现多目标系统的优化设计，②生境的调查与分级，③水环境与水生动物群落的保护，④运用广泛的管理技术恢复生物多样性和湿地生境。佛罗里达大学采用整体景观研究方法，将自然资源与多元文化景观纳入佛罗里达州绿道和生态网络规划设计中，从生态网络规划、文化景观与游憩网络规划出发，强调生物多样性的规划保护（王云才和王敏，2011）。

（2）依托自然资源设立国家公园发展经济

美国各界在保护生物多样性方面的最主要做法是保护自然环境，尽量不去干扰野生动植物的繁衍生息。美国通过设立国家公园，以生态环境、自然资源保护和适度旅游开发为基本策略，通过较小范围的适度开发实现大范围的有效保护，既排除与保护目标相抵触的开发利用方式，达到保护生态系统完整性的目的，又为公众提供旅游、科研、教育、娱乐的机会和场所，是一种能恰当处理生态环境保护与资源开发利用关系的管理模式。例如，1872 年美国国会批准设立的黄石国家公园。

3. 日本构建“里山模式”

“里山模式”最早由日本提出，是指对村落周边的山林进行人工干预，定期适当间伐树木，使光线容易到达地面，再通过引水建造水田等培育多样性的动植物，实现水田农业与林业的共生。由于水田发挥了湿地的作用，因此比未经人工干预的原生林生态系统更加丰富，培育出独特的景观和传统文化。它处于原始自然和城市之间，成为两者之间的缓冲带，在生物多样性保护中起着非常重要的作用。日本作为《生物多样性公约》缔约方，通过制定并修订生物多样性国家战略、颁布《生物多样性基本法》等政策加强生物多样性保护，通过构建“里山模式”了解生物多样性状况与发展趋势的同时，为实现自然资源的可持续利用和人与自然的和谐共处提供借鉴。针对生物多样性保护，日本制定了“国家生物多样性战略”和其他相关的自然保护法律法规，并对国家自然生态环境进行了总体调查。在日本政府和联合大学高等研究所的推动下，柬埔寨和秘鲁等国家的环境部、加纳生物多样性委员会、联合国开发计划署和日本一些地方组织等共计 51 个机构宣布加入“里山倡议”（吴霞和向丽，2012）。

国家公园管理与生态旅游开发。日本在 2002 年《自然公园法》的第 5 次修订中增加了公园管理团体制度，鼓励民间团体和当地居民成立公园管理团体协助公园管理工作，在一定程度上促使日本形成如今多方主体协同合作的环境教育体制。此法还规定根据自然风景地的保护和合理利用、业务能力及科学技术基础、活动业绩积累、非营利目的等标准，获得政府认证的团体可以代替环境省实施公园的管理维护、调查研究、提案指导等部分工作。该公园法还规定地方团体、企业和公园使用者需要共同努力进行公园内动植物栖息地、自然风景、生物和生态系统多样性等保护工作，明确了相关各方的生态保护义务。为了真正实现生态保护和旅游观光的可持续发展，日本社会开始推动生态旅游的规范化和法制化发展。2008 年颁布《生态旅游推进法》，提出生态旅游需要以加深国民对环境保护的理解为前提，结合环境教育进行开展，实现生态保护、环境教育、旅游业和地区发展并举的要求。提出可以由地方政府、企业、居民、民间非营利组织等具有专业知识的团体或土地所有权者，多方协同组成“生态旅游推进协议会”，共同进行资源保护和生态知识科普等工作。现行的生态旅游通过生态保护的主旨进行规范，促成多方主体参与的协议会制度，增强了资源保护与经济发展、所有权者与资源利用者之间的利益平衡，强化了生态旅游的环境教育和生物保护作用，游客也能够真正寓学于乐而获得更丰富的满足感（马嘉和小堀贵子，2019）。

4. 韩国推进管理协议制度

韩国通过生物多样性管理协议制度保护候鸟栖息地的同时，也提高了农民收入、实现了环境净化等。该项管理协议制度的政策效果明显，持续改善并发展生物多样性管理契约成为可持续发展的原动力。2010年，韩国政府依据生物多样性管理协议中 3 个以“公正的利益”为目标而制定的国际规范法律文件，为了保障人民的生活福利，制定了生态多样性保护的相关政策措施。目前，韩国实行的生物多样性管理协议制度是生态服务支付制度形式，为了保护好优先地区生态系统，地区管理者和当地居民签订协议。协议成立后，当地居民如约履行契约内容则可从地方管理者获取相应的报酬。生物多样性管理协议制度实现了增进农业生态服务和国民福利、扩大地区农产品消费并活跃农村观光、提高地区经济与农家收入等多种政策性效果。绿色农业管理对候鸟和其他多种生物数量增加都有帮助，而且为环境提供有益的公益机能，并提升地区品牌等（刘昶焕和姚顺波，2019；宋亨根，2019）。

5. 印度推动资源惠益分享

到 20 世纪 70 年代，生物遗产的耗竭已成为印度急需认真考虑的问题。在《世界保护战略》的启发下，印度于 1983 年 10 月制定并正式通过了国家保护战略，即《国家野生物种保护行动计划》。其主要内容包括 10 个部分：建立一个有代表性的保护网、保护区的管理与生境恢复、多用途地区的野生生物保护、濒危物种的恢复、受控繁衍规划、有关野生生物的教育与宣传、研究与监测、国内法规与国际公约、国家自然保护战略、群众团体和非政府组织的作用（周琛，2007）。

（1）资源惠益分享

1998 年，印度为管理标本、文献以及保护和可持续利用生物多样性起草了《生物多样性法案》草稿。《2002 年生物多样性法案》禁止外国人自由进入印度生物资源丰富和多样性较高的地区，同时禁止生物盗窃行为。该法案还建立了三级保护机构，主要包括国家层面的国家生物多样性官方机构（NBA）、地方层面的地方生物多样性委员会（SSB）、当地层面的生物多样性管理委员会（BMC）。2014 年印度针对资源惠益分享制定发布了《生物资源及相关传统知识获取规则指南》，从预付款、采集费、成果转化分配额、知识产权获益分配、第三方转让支付等方面规定了与生物遗传资源相关的商业行为应缴纳的获益配额。这两项文件在确保公正公平使用生物资源和传统知识所带来利益的同时，也保护了当地居民和农民的利益，还为认识和保护与多样生物资源利用有关的传统知识提供了保护（秦天宝，2007）。

（2）科研奖励

为强调生物多样性保护和可持续利用的重要性，印度制定了“国家生物多样性行动计划”，以生物安全、气候变化和生物燃料等新课题为主，大力提倡开展环境教育和提高环境保护意识的活动，进行政策立案，开展组织间的合作，对民间参与研究开发给予奖励。该计划实施了关于沙漠化影响的重点研究，有助于保护生物多样性以及防治荒漠化。

6. 法国“生态共同体”社区管理

（1）国家公园“生态共同体”社区管理

2006 年 4 月 14 日，法国政府颁布了名为《关于国家公园，自然海岸公园和区域自然公园的第 2006-436 号法例》的法案，提出建立法国国家公园管理局，并以“生态共同体”作为社区管理的核心理念。在国家公园单元层面，法国主要采用“董事会+管委会+咨询委员会”的管理体制。国家公园董事会主要由法国环境部代表、大区政府代表、科学家、社会人士等利益相关方构成，国家公园咨询委员会主要包括生命科学、地球科学等领域的专家及公益组织、利益相关者、地方居民代表等。社区参与管理成为生物多样性保护的主流模式（苏红巧等，2018；张引等，2018）。

（2）**精细化特许经营**

法国国家公园以“生态共同体”为社区管理的核心理念，在意识形态和实际措施上都体现了加盟区市镇协调发展的理念，主要涵盖 5 个方面，一是充分尊重社区自主性，市镇可自愿选择加盟国家公园。二是出台政策，在资金、技术和税收等多方面保障加盟区市镇的权益。三是形成独特的治理理念，培养社区居民对国家公园的地域认同感、精神归属感和社区自豪感。四是在法国国家公园宪章中充分调动市镇参与，具体商议和明确市镇的权责利，并且签订合约以确保保护管理措施的落实。五是形成精细化的特许经营机制，包括手工业、农林产品、户外活动、旅游景点等，对加盟主体、加盟产品、生产过程进行详细的规定，在保障生态环境的同时宣传国家公园的品牌和形象、促进社区经济的协调发展（张引等，2018；苏红巧等，2018）。

7. 瑞典绿色发展的“斯德哥尔摩模式”

瑞典政府长期致力于建设一个更可持续、更绿色的社会。1972 年，第一次联合国人类环境大会在瑞典召开，各国达成“只有一个地球”的共识。此后，瑞典更是长期致力于国家生态环境建设、生物多样性保护，既要创建绿色国家，又要推动人类的可持续发展。目前，瑞典已是世界上第一个绿色福利国家，也是国际绿色发展事业的榜样。瑞典政府集中、连贯、高效的绿色发展政策起到了至关重要的决定性作用。政府制定了《瑞典可持续发展国家战略》《环境和气候问题政策——瑞典发展合作》《瑞典气候和国家政策目标与措施的新建议》等一系列绿色发展框架。瑞典的绿色发展之路一直走在世界前列，尤其在环境指数、现代化指数、生态文明指数及生物多样性保护等方面。2015 年，瑞典政府发表《政府政策声明》，指出促进生物多样性、无毒的日常环境和健康的海洋环境以及增加投资来保护与管理自然栖息地为优先考虑（冯娜，2016）。在气候、环境和能源三个重要领域，政府提出将加快适应气候变化，应对全球挑战，降低排放和减少对化石燃料的依赖。

瑞典首都斯德哥尔摩是一个绿色发展的典型城市（冯娜和李风华，2016；雷海和陈智，2014）。斯德哥尔摩是瑞典的第一大城市和政治、经济、文化中心，商业产值和海港吞吐量占瑞典全国的 1/5。斯德哥尔摩市占地 188km^2，其中 33%的面积为公园和绿地，现有人口 88.1 万，占全国总人口的 9.2%。19 世纪 50 年代，斯德哥尔摩虽然人口刚刚超过 9 万，但是城市处在一个“脏、乱、差”状态，散发臭气、尘土飞扬、缺乏卫生设施。经过一个多世纪的探索和治理，斯德哥尔摩逐步在城市发展方面迈向一条越来越清晰、全面的绿色发展道路。2010 年它获得了欧洲第一个“绿色首都”（Green Capital）的称号。斯德哥尔摩的绿色发展进程，在很大程度上代表着瑞典的经济社会发展和转型升级，其绿色发展体现了鲜明的特色，形成了绿色发展中的“斯德哥尔摩模式”（冯娜和李风华，2016；雷海和陈智，2014）。

斯德哥尔摩市执行严格的环境保护政策带来了优美的自然和人文环境，这反过来提高了城市的吸引力和促进了经济发展，从而达到了绿色发展的目的。根据 2012 年经济学人智库（EIU）发布的全球宜居度排名，斯德哥尔摩名列世界最佳城市排行榜第六位（雷海和陈智，2014）。排名的标准包括人口密度、空气质量、交通便利性、绿化空间和污染浓度。斯德哥尔摩的一个突出亮点便是其市内的绿化空间，超过 40%的面积由公园、湖泊以及徒步路径所构成。得益于优美的自然和人文环境，根据欧睿信息咨询公司（Euromonitor）的调查，斯德哥尔摩每年约有一百万名游客，成为北欧第二大旅游城市。

8. 澳大利亚推动可持续的绿色发展

澳大利亚是全球最早实施可持续发展战略的国家之一。澳大利亚在生物多样性保护、绿色城市建设、水资源高效利用等方面处于国际领先地位。澳大利亚国土面积 769 万 km^2，人口约 2500 万，是世界上唯一的国土覆盖一整个大陆的国家，四面环海，地广人稀，绿色发展的自然条件十分优越。墨尔本连续 10 多年被评为全球最适合人类居住的城市（徐健和刘敏，2020）。澳大利亚在推动生态保护和绿色发展方面有可供借鉴的典型做法与经验。

（1）政府引导与推动

澳大利亚政府在推动绿色发展的过程中，十分重视制度建设、政府引导与市场机制、社会参与的结合，有效降低了行政成本，提高了政策实施效率。澳大利亚根据本国的自然环境、资源禀赋，加强生物多样性保护，推动绿色发展。政府也在相关研究、资金和政策上给予倾斜。

（2）强化法制约束

澳大利亚政府非常重视环境保护，出台《环境保护与生物多样性法》(EPBC)、《濒危物种保护法案》等近百个涉及环境、自然资源保护及可持续利用的环保法规（尚玮姣，2016），各州政府也相应颁发资源与环境保护法规。澳大利亚注重标准引导，是全球最早实施能耗标识的国家，通过能耗标识引导消费者购买节能环保家电，成为提高全社会能效的重要手段。澳大利亚通过创新政策工具，解决电子垃圾回收处理难题，其对废旧电脑等电子垃圾实施目标回收制。

（3）鼓励公众参与

澳大利亚鼓励公众参与环境保护和绿色发展，其环境与可持续发展教育一直处于世界前列。高素质的公民和高质量的公众参与成为推动澳大利亚生物多样性保护、实现绿色发展的重要动力。绿色理念是绿色发展的重要保障，公民的绿色理念决定绿色消费的取向。

3.3.2　基于生物多样性保护的绿色发展政策措施

随着全球生物多样性保护和生态系统服务价值研究越来越深入，国际生物多样性保护的激励手段也愈加丰富和成熟。例如，西方国家较早开展生物多样性保护的绿色经济政策实践，包括环境税收政策、生物多样性补偿、绿色金融/银行、湿地缓解银行、绿色产品市场和生物多样性惠益等。国外一些国家在生物多样性保护的绿色发展方面有一些较为成熟的经验，对于中国乃至全球生物多样性的保护与恢复、生态系统的可持续协调发展具有重要的意义。

1. 建立环境财税政策

环境财税政策作为一种经济手段可以用来奖励生物多样性保护行为以及可持续管理行为，惩罚和限制不利于生物多样性保护的行为。20 世纪 70 年代，OECD 国家提出了“污染者付费原则”（polluter pays principle，PPP），实施相应的环境补偿和污染收费。美国政府也在这一时期成立国家环境保护局和总统环境质量委员会，依据《国家环境政策法》开创了一系列倾斜政策，宣称“环保目标已不再是保护野生动物和森林，也包括我们的生活标准、人民的健康和生活质量”。20 世纪 90 年代中期，发达国家开始实施以保护资源环境为目标的税收以及与资源环境有关的财政补贴和税收支出政策。例如，欧盟的增值税生态化改革，按是否对生态环境产生影响将征收增值税的产品和劳务分为可持续与不可持续性，继而制定生态化的差别税率，给予促进环境保护和维持生态平衡的产品与劳务低税率或超低税率（何军等，2017）。

2. 推动绿色金融政策

通过建立绿色金融政策支持生物多样性保护。生态银行是生态产品价值实现的金融手段，是政府搭建的生态权属交易平台，通过交易将生态信用出售给资源开发者，实现生态产品的经济转化。例如，中国福建省南平市顺昌县建立了首家森林生态银行，试点林业碳汇；肯尼亚设立了森林核算账户；纳米比亚着手开展野生动植物和渔业资源核算。第26个世界防治荒漠化和干旱日，中国政府的绿色金融政策在库布齐沙漠治理上的突出表现受到联合国、国际组织的称赞。中国是全球最大的绿色债券发行国之一，绿色信贷对生物多样性保护领域的重视程度越来越高，银行已经成为支持生物多样性保护的重要力量（钱立华等，2020）。

3. 建立生物多样性补偿机制

生物多样性补偿机制最先形成于20世纪70年代的美国湿地减缓项目中，目前超过40多个国家和地区设立法律或政策，专门要求对特殊地区进行生物多样性补偿或某种形式的补偿性保护。现行的生物多样性补偿机制一般有三种：一是开发活动主体本身实施补偿的一次性补偿，由环境机构或第三方进行调控监管，常用于自愿性补偿，包括哥伦比亚环境补偿、澳大利亚昆士兰植被管理补偿、美国物种减缓与湿地减缓补偿以及加拿大渔业产地补偿等。二是开发活动主体向第三方缴费，由第三方实施补偿的替代协议，目前已用于美国湿地和物种减缓项目、南澳大利亚的本土植被及散生树补偿、印度和墨西哥的森林补偿计划。三是生物银行（也指减缓银行、保护区银行、物种银行或栖息地银行），一旦（预测性的）评估到不利影响，开发者可直接从公共或私营的生物银行中购买补偿信用，这些补偿信用由恢复、建立、扩展和保护生物多样性（如湿地、河流、栖息地和物种）的行为对生物多样性的增益量化而得，如美国保护区银行、澳大利亚新南威尔士生物银行计划以及德国影响减缓调控下的补偿库（胡理乐等，2015；何军等，2017；李京梅和王腾林，2017；赵晓宁和李超，2020）。

4. 发展绿色产品市场

绿色产品市场在世界生态环境保护和生物多样性保护领域的应用越来越广泛，主要形式包括绿色产品认证和政府绿色采购。绿色产品认证暨生态标签在近几十年发展十分迅速，目前已在全球25个行业中确定了近430个标签，其中与生物多样性保护密切相关的包括农业（雨林联盟）、渔业（船舶管理委员会）、旅游资源（绿色环球）等。绿色采购也在绿色产品认证的基础上成为世界主流趋势。英国、美国、加拿大、日本、荷兰、德国等均通过专门立法或政府令的形式强制推行或鼓励政府绿色采购。法国由中央管理机关制定采购计划并向基层贯彻。丹麦、日本由国家推出可持续采购国家政策。英国设立专门的采购部门执行政府的绿色集中采购。欧盟设置集成产品政策绿皮书，以最大限度等减少产品在其生命周期内对环境的影响。

5. 建立法规制度打好生物多样性保护基础

通过以上对国际生物多样性保护政策法规概况的介绍，可以看出，其中有许多措施是值得中国及其他国家在制定有关生物多样性保护方面的法律法规时加以借鉴，主要包括以下几方面：①相关法规涉及的保护对象广泛。《生物多样性公约》就是对全球所有生物加以保护。各国设立的关于动物、植物等的法律法规，涵盖范围广。②注重对生物多样性典型地区的保护。英国、美国等针对典型地区划定保护区来保护生物多样性。③加强生物多样性保护的教育与宣传。例如，印度《国家野生物种保护行动计划》中有一部分特别强调宣传与教育，以强化全民保护生物多样性的意识（孙中艳，2005）。④加强国际合作。各国之间的生物多样性保护合作可体现在与生物多样性保护相关的公约、战略等方面。

6. 加强景观设计吸引投资

美国通过不同类型、不同尺度的规划设计实践，使生物多样性保护与设计过程有机结合起来，有助于平衡土地利用和自然环境保护，生物多样性规划设计是生态规划的重要组成部分。以生境生态为整体，保护和设计生境内各种稳定的生态关系与过程，并将这种生态过程复合到更大尺度空间的生态过程中，建立稳定的生态过程网络，实现生态过程的整体性和连续性，有助于平衡土地利用和自然环境保护。在规划设计过程中统一生物和生态信息，同时将动物园、大学等纳入生物多样性规划中，吸引社会各界投资进行建设，一方面能够更好地平衡土地利用和自然环境之间的关系，另一方面提高公众的生物多样性保护意识，关注生物多样性保护对于人类的价值。

7. 发展生态产业经济

巴西亚马逊地区适度开发，将林区划分为生态保护区和可开拓的耕地或牧区，利于当地资源适度开发发展生态旅游，促进了当地经济发展和居民增收。法国、美国等国家通过国家公园建设，增加旅游收入，宣传保护意识。日本“里山模式”将生物多样性的三种层次和人类社会紧密结合在一起，实现了自然资源的可持续利用以及人与自然的和谐共处，通过引进绿色农业、乡村旅游、休闲农业等政策措施，在加强生物多样性保护的基础上，达到增进农业生态服务和国民福利、扩大地区农产品消费并活跃农村观光、提高地区经济与农家收入等多种政策性效果。法国的社区管理+特许经营模式也为当地经济注入了新的活力。

8. 通过惠益共享促进资源交流获益

利用生物资源的分享和交流获得收益，既促进了生物资源的共同保护，也使生物资源的潜在价值得以利用和发挥作用。国际上墨西哥、菲律宾、澳大利亚、智利等国家均在遗传资源惠益分享方面进行了规划。印度从预付款、采集费、成果转化分配额、知识产权获益分配、第三方转让支付等方面产生了遗传资源交流的经济获益，同时衍生出了知识产权、生物勘探项目、利益相关者等系列交流活动，进一步促进经济、社会、生态获益。

9. 科研项目合作推进绿色发展

生物多样性涉及同个国家不同地区之间、不同国家之间的相关科研项目合作与交流，以此产生的科研经费流通促进了不同地区间的经济流通。日本开展了生物多样性综合评价，为环境行政决策提供所需材料，采取对策遏制生物多样性损失，保护环境。美国为低收入国家提供森林保护和利用援助，催生多项科研项目。印度对民间参与生物多样性保护的行动或项目进行科研奖励，科研工作中涉及当地居民的部分在一定程度上促进了增收，带动了经济发展。

3.4 国际生物多样性保护与绿色发展趋势

当前生物多样性丧失速度之快在人类历史中前所未见，伴随而来的压力与日俱增，地球的整个生命系统正在遭受破坏。人类如果继续以不可持续的方式开发利用自然、削弱自然对人类的贡献，那么我们也难保自身的福祉、安全与繁荣，加之气候变化和环境问题日益突出，绿色发展已成为全球共识，国际生物多样性保护与绿色发展研究越来越受到重视（图 3-4）。2020 年 9 月 15 日发布的第五版《全球生物多样性展望》（CBO-5）针对自然的现状提供了最权威评估，报告强调，人类在留给后代的自然遗产问题上正处于一个十字路口。

研究表明，当前生物多样性对气候的响应成为绿色发展的重要议题；环境政策的规划设计、执行与适应性管理是绿色发展的有效工具；宏观经济的绿色转型是绿色发展的核心问题；新兴产业的绿色革命和环境革新是未来绿色发展的突破方向。未来中国、印度等发展中国家是未来绿色发展的主战场（曾甜和郜志龙，2020）。伴随着自然的退化，类似新冠肺炎的传染性疾病很可能再度暴发，然而此次疫情也证明了迫不得已时，人们能够进行必要的变革，将保护生物多样性和推动绿色发展作为所有政策与决定的核心，以创建更和谐的人与自然关系，共建地球生命共同体。推动形成生物多样性保护新的范式，需要以生命共同体理念为指导（张惠远等，2020）。

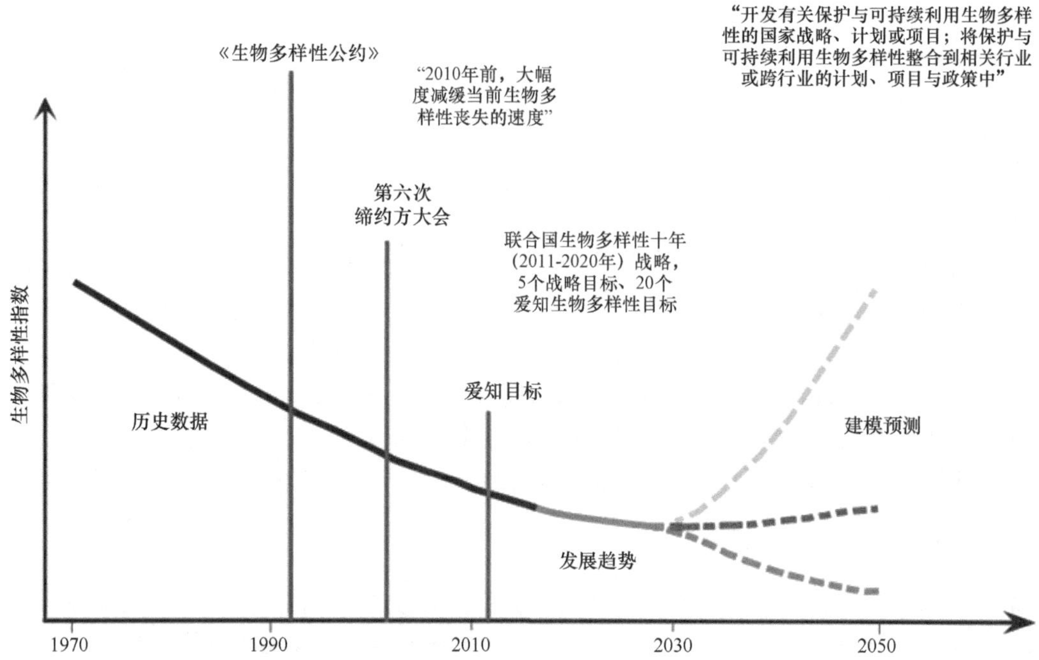

图 3-4 世界自然基金会《地球生命力报告 2018》

3.4.1 推动绿色发展，更加注重生物多样性保护的多重目标

人与自然是生命共同体，保护生物多样性最终的目的就是保障人类的可持续发展。研究表明，生物多样性具有多样价值，保护生物多样性必须统筹考虑自然的需求和人类的需求，实现人与自然和谐共生。为了保护而保护，或者单纯强调保护，却忽视生物多样性相关的人类发展需求，必然会导致保护政策的失败。推动生物多样保护取得成功，必须要协调生物多样性保护的多重目标。2020 年联合国最新评估结果显示，2010 年提出的爱知生物多样性目标中，关于保护野生动植物和生态系统的所有目标都未能实现。与此同时，联合国开发计划署的数据显示，2018 年全球仍有 13 亿人处于"多维贫困状态"，如何实现保护和发展双赢仍然面临巨大挑战。严峻的现实促使我们必须采取更强有力的行动，但同时需要反思我们过去的做法，即转变过去单纯强调保护而忽视绿色发展的方式。马克平（2016）指出，未来的自然保护行动会积极支持联合国可持续发展目标、《生物多样性公约》的"爱知目标"以及《巴黎协定》等全球重要议程的实施。张惠远等（2020）提出，在制定《2020 年后全球生物多样性框架》过程中，需重点将人与自然和谐共生作为终极目标，并据此制定生物多样性保护阶段化的战略目标框架，筛选设定简单有效、可量化、可跟踪的目标指标。

3.4.2 坚持基于自然的解决方案，实现人与自然和谐共生

抢救性保护，着眼于短期目标，功能单一。忽视生物多样性抢救性保护与生态系统的关联性，投资大而见效慢，缺乏利益反馈机制，是当前生物多样性保护措施难以取得重大突破的主要原因。2008 年世界银行发布报告《生物多样性、气候变化和适应性：来自世界银行投资的 NBS》，首次在官方文件中提出"基于自然的解决方案"（nature-based solution，NBS）的概念，为系统地理解人与自然的关系提供了新的方案。2010 年，世界自然保护联盟、世界银行和世界自然基金会等机构联合发布了《自然方案报告：保护区促进应对气候变化》，将"基于自然的解决方案"正式应用于生物多样性保护。马克平（2016）认为，基于自然的解决方案是从根本上解决社会、经济和生态问题的有效而长久的方案，这个理念得到了联合国可持续发展目标和应对气候变化的《巴黎协定》等国际行动框架的认可与重视。庄贵阳和薄凡（2018）

认为，基于自然的解决方案颠覆了人类从自然界获取物质资源的单向思维方式，转而主动寻求对自然的前瞻性保护，无疑是指向可持续发展的有效途径。基于自然的解决方案强调自然保护的原则，并强调利用生物多样性和生态系统完整性实现净收益，兼具经济与高效的双重优势。世界自然保护联盟研究制定了“基于自然的解决方案”的全球标准，包括 8 项准则和 28 个指标，为世界各国提供了行动准则和手段。同时“基于自然的解决方案”是方案工具包，集成了众多方案和工具，提供了一系列解决路径，并不断发展和更新。“基于自然的解决方案”是从根本上推动生物多样性保护与绿色发展的有效而长久的方案，也必将成为 2020 年后生物多样性保护战略行动与其他国际行动计划的指导原则。未来生物多样性保护，要将“基于自然的解决方案”作为基本准则，统筹实施山水林田湖草以及生物多样性的保护与恢复，突出尊重自然、顺应自然的整体保护，实现生态保护的协同提升。

3.4.3　注重生态价值转化，提升人类福祉

推动生物多样性保护的同时，实现生态财富、自然财富向经济财富、社会财富的转化，实现生物多样性保护和经济社会发展的协同进步，是生物多样性保护取得成功的关键所在，也是当前的难点。越来越多的研究侧重于增强自然资本，从新的视角提出采取协同行动的证据，并提出可行的变革改进的机制（中国环境与发展国际合作委员会，2020）。联合国生物多样性和生态系统服务政府间科学-政策平台（IPBES）2019 年发布的报告、世界自然基金会（WWF）的《风险的本质：帮助企业了解与自然相关的风险框架》、粮食和土地利用联盟 2019 年的《更好的增长：粮食和土地利用的十大关键转型》报告等，一批致力于揭示自然生态系统价值与经济体系的研究，为世界未来采取关键行动提供了不可多得的科学依据。中国的生态文明建设，将绿水青山就是金山银山作为重要理念原则，并开展了一系列行动，为世界各国提供了有益探索和经验借鉴。未来，应将推动绿水青山向金山银山转化作为关键行动，在资源环境可持续利用的基础上，注重自然内在价值，推动生态效益向社会效益、经济效益以及更综合的人类福祉转化，提升国家、地区、公众、企业参与生物多样性保护的意愿与行动。

3.4.4　倡导多边主义，共建地球生命共同体

当前，几乎所有的国家都采取了相应措施和行动保护生物多样性，实现绿色发展，但是进展仍不尽如人意。2019 年发布的《生物多样性和生态系统服务全球评估报告》中指出，生态系统正在以人类历史上前所未有的速度恶化。当前世界各个国家保护生物多样性的雄心和实际行动之间仍有较大差距。我们需要大幅扩大所采取的保护生物多样性国际行动的规模和力度，从以项目驱动的模式转变为更具体的系统化和规模化的模式。生物多样性保护和良好的生态系统对于人类进步与繁荣至关重要，全球生物多样性保护目前正处于动荡变革期，面对新冠肺炎疫情带来的冲击和挑战，世界各国更要加强多边主义，增强国际责任心，将构建全球生态文明治理体系作为重要举措，以共建生命共同体为指导目标，加强国际合作，综合运用法律、行政、科技、文化等多种手段，推动形成全球生物多样性保护目标和国家战略行动“自上而下”与“自下而上”相结合的有效机制及政策工具，提升全球生物多样性治理能力（张惠远等，2020）。

第 4 章　中国生物多样性调查及保护状况

中国是全球生物多样性最丰富的国家之一，也是最早加入《生物多样性公约》的缔约方之一。针对《生物多样性公约》的目标，中国加强了生物多样性调查监测，实施了多项生物多样性保护行动，不断加大森林、草原、荒漠、湿地、海洋等自然生态系统以及珍稀濒危物种的保护力度，开展了外来入侵物种防治与转基因生物生态风险评估（薛达元等，2012），生物多样性保护工作取得了显著成效，为经济社会可持续性发展提供了坚实保障。

4.1　生物多样性调查体系逐步完善

开展生物多样性调查与监测是生物多样性保护和可持续利用的前提及基础。近年来，各级政府和相关部门分别在不同区域与领域开展了生物多样性调查，建立了完善的生物多样性调查监测体系，为实时跟踪全国生物多样性数量、分布及其变化奠定了基础。

4.1.1　生物多样性调查与监测

1. 加强生物多样性调查与监测网络建设

我国生物多样性丰富，同时是生物多样性受威胁最严重的国家之一。早在 1999 年，我国发布了《中国生物多样性国情研究报告》，收集整理并分析研究了各有关部门和科研单位长期以来在生物多样性保护与持续利用方面考察、研究积累的资料，为后续生物多样性调查与监测网络建设提供了坚实支撑。为了监测中国生态环境变化，综合研究资源和生态环境方面的重大问题，早在 1988 年我国就开始组建设立了中国生态系统研究网络（CERN），这是我国的生态系统监测和生态环境研究基地，也是全球生态环境变化监测网络的重要组成部分。

为了掌握森林生物多样性的变化，我国早在 2003 年就开始组建中国森林生物多样性监测网络（CForBio）。该网络由 9 个森林生态系统定位样地组成，目前已建成其中的 5 个。该网络是我国森林生态系统物种多样性变化的监测基地。2011 年以来，在环境保护部（现生态环境部）和财政部的支持下，以昆虫、两栖动物、鸟类和哺乳动物等为指示生物类群，逐步建立了 648 个观测样区，设置样线和样点 1 万余处，初步形成了在国际上具有一定影响力的全国生物多样性观测网络。

2013 年，中国科学院启动建设中国生物多样性监测与研究网络（Sino BON），现已建成包含多种生物类群的 10 个专项监测网和 1 个综合监测管理中心，覆盖全国 30 个主点和 60 个辅点。建成的生物多样性网络监测体系在大型动物监测网络、森林大样地平台建设与研究、卫星追踪鸟类迁徙等方面取得了突出的成绩。

2. 以优先区域为重点开展生物多样性综合调查

2016～2019 年，我国围绕长江经济带、京津冀等重点区域的生物多样性保护优先区域，启动实施了系统的生物多样性调查、监测和评估工作。截至 2019 年 12 月，已经收集到全国样线数据 6 万余条，以及物种分布点数据近 30 万个，基本掌握了调查区域的物种类群、数量、分布和保护状况等本底情况，明确了重要珍稀濒危物种的保护空缺。生态环境相关部门积极开展生物多样性调查和观测，不断夯实生物多样性保护基础，并联合中国科学院发布了《中国生物多样性红色名录》，提出了需重点关注和保护的物种清单。结合多年来的工作成果，生态环境部进一步编制了《生物多样性调查、观测和评估五年规划与实施方案（2019-2023 年）》。在 2019 年 5 月 22 日国际生物多样性日，原生态环境部部长李干杰表示，我国将加强生物多样性调查、观测和评估，优先完成长江经济带、京津冀等区域的生物多样性调查与评估，查明生物多样性保护中存在的突出问题，确保国家生态安全。

3. 国务院相关职能部门组织开展生物资源调查

农作物种质资源普查与收集工作是加强农业生物多样性资源有效保护的关键举措。农业部自 2015 年启动的第三次全国农作物种质资源普查与收集行动，现已完成了湖北、湖南、广西等 6 省（自治区、直辖市）的系统调查，征集（收集）各类农作物种质资源样本共 24 638 份。通过普查发现，我国的生物资源保护形势不容乐观，许多地方品种和主要农作物野生近缘种丧失情况严重，丧失速度加快。2021 年此行动仍在全国全面实施中。目前，我国长期保存的作物种质资源超过 51 万份、畜禽地方品种 560 多个、农业微生物资源 23 万多份，位居世界前列。我国农作物自主品种占 95%以上，畜禽核心种源自给率达到 70%以上。

为全面掌握我国林业有害生物状况，国家林业和草原局部署开展了全国林业有害生物普查工作，于 2019 年底公布了第三次全国林业有害生物普查情况，普查共发现可对林业植物（林木、种苗等）及其产品造成危害的林业有害生物种类 6179 种，其中，鼠（兔）类有 52 种，植物类有 239 种。

中药资源是中医药产业发展的物质基础，为充分掌握我国中药资源状况，国家中医药管理局于 2011～2020 年组织开展了第四次全国中药资源普查，共获取了 200 多万条资源调查记录，汇总了 1.3 万多种中药资源的种类和分布等信息，其中上千种为中国特有种。发现新种 79 种，其中 60%以上物种具有潜在的药用价值。

4. 各省（自治区、直辖市）生物多样性调查

目前中国生物多样性评价大多以省（自治区、直辖市）为单元（朱万泽等，2009）。2017 年起，江苏在全国率先启动全省生物多样性本底全面调查。调查重点为掌握自然保护区等生态红线区域物种资源情况，系统评估了全省生物多样性状况。2017 年，吉林完成了长白山区域生态资源本底调查工作，包括森林资源清查、植物与大型真菌多样性以及底栖动物专项调查。调查工作共完成大样地 100 块、样带 400 条、样方 2776 个，采集植物标本 1.3 万余份，植物种子及孢子 200 余种。2020 年 5 月贵州完成了全省野生植物资源调查，许多县还专门开展了种质资源调查和古大树调查；同时对野生动植物资源展开了拉网式的调查，是全国少有的率先完成动物调查的省份。

另外，城市作为生态系统重要的组成部分，我国城市管理相关部门也开展了大量的城市生物多样性调查工作。自 2017 年起，连云港市分批分区域开展了生物多样性本底调查工作，预计 2021 年将形成全市的生物多样性本底调查成果。2018 年起成都市生态环境局将通过两年左右时间，在市域内开展的有关生物多样性调查研究的基础上，有目的、有重点地开展实地补点调查，为指导成都市及各区（市）县实施生态保护提供重要的基础资料和科学依据。2019 年浙江丽水市进行了生物多样性调查，共记录到鸟类 14 目 35 科 117 种，其中国家二级重点保护动物 10 种，《中国物种红色名录》中易危等级鸟类 1 种，近危等级鸟类 7 种，省重点保护鸟类 15 种。同时调查记录到冕雀、斑背燕尾等丽水地区罕见鸟类。从北京市园林绿化局了解到，2020 年春季北京 88 个候鸟监测站共监测到迁徙候鸟百万余只。在迁飞鸟群中，出现了东方白鹳、青头潜鸭、震旦鸦雀、黑鹳等鸟类，体现了首都生态环境的持续改善。

4.1.2　全面开展重要生态系统调查

1. 全国生态系统调查

2000 年以来，环境保护部（现生态环境部）联合相关部门已经完成了三次调查评估，分别是“2000

年全国生态现状调查”“全国生态环境十年变化（2000-2010 年）调查评估”“全国生态变化（2010-2015 年）调查与评估”。调查评估成果在全国生态环境保护规划、全国生态功能区划及修编、生态保护与建设等多项工作中得到了应用。自然资源部组织开展的第三次全国国土调查，将山、水、林、田、湖、草、海等自然资源，首次全方位、多要素统一进行调查。其成果将有力支撑“十四五”规划编制，为我国自然资源保护及利用、生态文明建设与发展提供决策依据。

2. 森林生态系统调查

根据《中华人民共和国森林法》的有关规定，我国建立了森林资源定期清查制度，每 5 年完成一轮全国清查工作。第九次全国森林资源清查工作于 2014 年启动，吉林、上海、浙江、安徽、湖北、湖南和陕西 7 省（直辖市）首先完成了森林资源清查工作。2018 年，内蒙古、福建、河南、海南、青海 5 省（自治区）和内蒙古大兴安岭重点国有林管理局也开展了森林资源清查工作。2018 年国家林业局森林资源管理司和中国林业科学研究院完成了中国森林资源及其生态功能四十年动态变化研究工作，评估报告首次披露了我国 1973～2013 年实施的 8 次森林资源连续清查的数据规律、变化及其原因等。

3. 草原生态系统调查

为准确掌握全国草原资源与生态状况，促进草原保护建设与合理利用，2017 年农业部（现农业农村部）组织开展了全国草原监测工作，重点监测分析了全国草原植被生长状况、生产力、生态状况和保护建设工程效益等。2020 年 7 月，国家林业和草原局组织举办了《2019 年全国草原监测报告》会商，报告全面客观地反映了 2019 年全国草原生态状况，包括草原长势动态、生态质量和保护修复等情况。2011～2018 年，全国草原综合植被盖度从 49%提高到 55.7%，重点天然草原牲畜超载率从 28%下降到 10.2%。

4. 湿地生态系统调查

为了查清我国湿地资源现状和动态变化情况，为保护管理全国湿地和履行《湿地公约》，国家林业局（现国家林业和草原局）开展了第二次全国湿地资源调查（2009-2013 年）。结果显示，全国湿地总面积 53 万 km^2 有余，湿地面积占国土面积的比例（即湿地率）为 5.58%。截至 2019 年底，我国有国际重要湿地 57 处、湿地自然保护区 602 处、国家湿地公园 899 个，全国湿地保护率达到 52.19%。

4.1.3 积极开展重要生物类群专项调查

1. 国家重点保护物种调查

国家重点保护物种是由我国正式公布、要求重点保护的物种，主要包括《国家重点保护野生植物名录》《国家重点保护野生动物名录》收录的物种。中国近年来积极开展生物多样性保护工作，各地的重点保护野生物种、濒危动植物调查取得重大进展，有些物种甚至在消失多年后又重新出现。我国已开展第二次陆生野生动植物资源调查；启动修订《国家重点保护野生动植物名录》；制定《中国植物保护战略（2021-2030 年）》；2019 年我国完成 43 个项目 49 个动物物种和 300 多种植物的资源调查。大熊猫、雪豹、东北虎、东北豹和朱鹮等重点物种的调查与监测进一步加强。例如，大熊猫科研保护、繁育救护、野外放归等工作取得新进展，全国共繁殖大熊猫 60 只，存活 57 只，全球圈养大熊猫数量达到 600 只。我国大熊猫分布区生态环境和保护形势不断发生着变化，为了摸清大熊猫的生存现状，国家林业局先后组织开展了 4 次大熊猫调查，内容包括野生种群、栖息地、保护管理等，以便为进一步加强大熊猫保护管理工作提供决策依据。

我国对重点保护野生动植物物种开展了大量跟踪调查工作。例如，2015 年陕西洋县朱鹮自然保护区利用全球定位系统（global positioning system，GPS）对野生朱鹮进行了跟踪监测，在掌握朱鹮活动规律、活动范围以及栖息地保护等方面发挥了重要作用，为保护决策工作提供了理论基础。2017 年上海市野生动植物保护管理站开展了野生鸟类重要疫源物种迁徙路线卫星跟踪研究，对于保护鸟类资源具有重要价值。2017 年 6 月辽宁鸟类研究中心采用卫星跟踪器对黄嘴白鹭开展全天候跟踪监测，为保护鸟类提出了科学合理的建议。2018 年江西首次实现小天鹅迁徙路线全程跟踪，结果展示了小天鹅的迁徙路线和迁徙节律，而且揭示了小天鹅在越冬地、繁殖地和迁徙停歇地的空间分布特征。2018 年生态环境部南京环境科学研究所组织开展了重点类群物种多样性调查；在前期工作的基础上，继续开展区域内鸟类、两栖类、蝴蝶、大中型哺乳类重点类群的调查，掌握了各动物类群的种类、数量、分布以及人为干扰状况，以及调查区域内生物多样性现状及其生境动态变化。2019 年 12 月农业农村部长江流域渔政监督管理办公室与自然资源部第一海洋研究所签署合作协议，将在长江及相关流域、重要水域和边境水域针对水生生物资源调查监测、珍稀濒危物种保护等方面开展全方位合作。

2. 旗舰物种调查

旗舰物种是对社会生态保护力量具有特殊号召力和吸引力的生物物种，也是区域生态维护的代表物种。我国受威胁的旗舰物种的调查工作也取得重要进展。《中国生态足迹报告 2012》介绍了我国多个生态系统中“旗舰物种”的生存状况，分析了这些生态系统所面临的挑战。在以大熊猫、亚洲象、海南黑冠长臂猿、野生双峰驼、白暨豚、扬子鳄、朱鹮、麋鹿、青海湖裸鲤、麝、新疆北鲵等作为“旗舰物种”的各生态系统当中，除朱鹮和麋鹿外，其余物种在 20 世纪 60～80 年代都出现了急剧下降的趋势，一些物种甚至濒临灭绝。黑叶猴作为广西西南喀斯特生物多样性的旗舰物种，它的生存状态和保护现状直接反映了该地区的生物多样性现状与保护水平。2012 年起，在国家林业局的支持下，广西开展了种群选定、大明山黑叶猴本底调查。黑颈鹤作为青藏高原湿地鸟类的旗舰物种，是世界上唯一一种生存和繁衍于高原的鹤类。2019 年祁连山国家公园青海片区启动了为期 5 年的黑颈鹤等迁徙水鸟专项调查，通过两年调查，初步掌握了青海片区黑颈鹤等迁徙水鸟的种类、数量及分布格局。

3. 外来入侵物种调查

2019 年联合国发布的《生物多样性和生态系统服务全球评估报告》指出，1970 年以来每个国家的外来入侵物种数量增加了约 70%。截至 2019 年，外来物种入侵已成为过去 50 年对全球生态系统产生严重影响的五大因素之一。

《生物多样性公约》规定，缔约方要根据国情，制定并及时更新国家战略、计划或方案。同时，第 7 条要求缔约方通过抽样调查和其他技术，监测生物多样性组成部分及对生物多样性产生不利影响的活动。为此，2011 年我国环境保护部（现生态环境部）牵头制定了《中国生物多样性保护战略与行动计划》(2011-2030 年)，将加强外来入侵物种管理作为优先领域，并将提高外来入侵物种早期预警、应急与监测能力作为优先行动之一。环境保护部（现生态环境部）联合中国科学院分别于 2003 年、2010 年、2014 年和 2016 年发布了 4 批《中国外来入侵物种名单》。作为保护生物物种资源和典型生态系统的主阵地，国家级自然保护区遭到外来物种入侵，对于生物多样性和重点生态系统功能的保护来说是非常严峻的挑战。近年来，生态环境部重点开展了国家级自然保护区外来入侵物种的调查工作，初步掌握了我国国家级自然保护区外来入侵物种的本底数据。截至 2020 年 8 月，生态环境部发布的《2019 中国生态环境状况公报》显示，全中国已发现 660 多种外来入侵物种，其中，71 种对自然生态系统已造成或具有潜在威胁并被列入《中国外来入侵物种名单》。67 个国家级自然保护区外来入侵物种调查结果表明，215 种外来入侵物种已入侵国家级自然保护区，其中 48 种外来入侵物种被列入《中国外来入侵物种名单》。

除此之外，农业农村部连续多年组织开展国家重点管理和区域性重大危害入侵物种调查，搜集掌握物种国内外分布、主要危害、传入途径、鉴别特征等信息，初步构建了“中国外来入侵物种数据库”。在河北、辽宁、湖南、云南等地布设固定监测点位，监测入侵物种，包括黄顶菊、豚草、薇甘菊等。2013

年起在南方11省（自治区、直辖市）20处重点水域遥感监测入侵物种，如水葫芦、水花生、大薸。为加强外来入侵生物管理，防范外来有害生物传播危害，保障我国生态安全、农业生产和人体健康，2013年2月农业部（现农业农村部）发布了《国家重点管理外来入侵物种名录（第一批）》。该名录包括节节麦、紫茎泽兰等52种已对我国生物多样性和生态环境造成严重危害的外来入侵物种，涉及植物21种，动物26种，微生物5种。2018年，在前期试点基础上，林业和草业局在全国以省（自治区、直辖市）为单位开展林业外来入侵物种调查与研究项目，力争用三年时间对全国林业外来入侵物种进行摸底。

4.2 动植物遗传资源保护状况

遗传多样性是生物多样性的基础，对物种水平的多样性具有决定性的作用。种内遗传变异的大小、时空分布及其与环境条件关系的研究，将有助于我们采取科学有效的措施进行生物遗传资源的保护（田骏，2012）。我国生物遗传资源丰富，拥有的高等植物、脊椎动物种群数量位居全球前列，生物特有属、特有种多，是世界四大遗传资源起源中心之一，也是水稻、大豆等重要农作物的起源地。根据2020年5月生态环境部公布的2019年全国生态环境质量简况，我国有栽培作物528类，1339个栽培种，经济树种1000种以上，原产观赏植物种类7000种，共有家养动物576个品种。

4.2.1 不断加强濒危动植物遗传资源保护

濒危物种指所有由于物种自身的原因或受到人类活动或自然灾害的影响而其野生种群在不久的将来面临绝灭的概率很高的物种。一个关键物种的灭绝可能破坏当地的食物链，造成生态系统的不稳定。由于物种之间相互依存、相互制约的关系，1个物种的消失，常常可导致另外10～30种生物的生存危机，由此可能最终导致整个生态系统的崩解（张维平，1999）。2019年5月6日，联合国框架下的生物多样性和生态系统服务政府间科学-政策平台（IPBES）在巴黎发布了《生物多样性和生态系统服务全球评估报告》，这是具有里程碑意义的新报告，目前约有100万种动植物物种面临灭绝威胁，其中许多物种将有可能在未来几十年内灭绝。植物在全球生命支持系统中的首要地位决定了对它们进行保护的迫切性。从物种数量上看，珍稀濒危物种中的大多数都是植物。

1. *濒危植物遗传多样性*

我国地域辽阔，植物资源丰富，但近几十年来，由于经济快速发展、人口迅速增长、环境破坏严重、植被萎缩等压力，中国现有野生植物物种中有4000～5000种处于濒危或濒临绝灭的状况，占我国植物总数的15%～20%，并且已有100多种植物处于极危或濒危，有相当大一部分的种质资源在野外已经不存在（蒋志刚和马克平，2014）。

环境保护部（现生态环境部）联合中国科学院于2013年9月发布的《中国生物多样性红色名录—高等植物卷》对我国高等植物受威胁状况进行了分类评估。评估结果显示，我国34 450种高等植物中，有27种已绝灭，10种野外绝灭，15种地区绝灭，583种极危，1297种濒危，1887种易危，2723种近危，24 296种无危，3612种数据缺乏。受威胁物种（极危、濒危和易危物种）共计3767种，约占植物总数的10.9%。

濒危植物的遗传多样性与不同地区的生境条件存在很大的关系（段义忠等，2018b）。樊泽璐等（2017）报道，由于生存环境的异质性，太行菊与长裂太行菊在形态分化、遗传分化等方面呈现明显差异。植物濒危衰退的原因包括生境变化、种子天然繁殖困难、人为因素干扰及生境破碎化等（李晓燕等，2017）。孙旺等（2020）利用筛选到的SCoT引物研究发现，秦岭石蝴蝶各种群内和种群之间的遗传多样性较低，遗传背景狭窄，其濒危的原因可能是适应环境的能力差。外部环境因素水分条件的变化导致珍稀濒危植物水青树种群适应范围退缩，从而造成其遗传多样性降低（李珊等，2016）。黄钰倩等（2017）通过核基因 *LEAFY* 第二个内含子片段分析我国现存中华水韭自然居群的遗传多样性，推测该物种的遗传结构可能与水系、海拔等因素相关。广西特有珍稀濒危植物小花异裂菊分布区域的片段化可能导致种群遗传多样性较低和种群间高遗传分化（史艳财等，2017）。郑世群等（2011）通过实地调查证实，水松濒危的直接因素是由人为干扰引起的生境破碎化和过度砍伐所导致的个体数量下降，内在因素是较低的遗传多样性水平。滕婕华等（2017）利用微卫星（SSR）分子标记揭示了濒危特有种掌叶木的自然分布居群具有丰富的遗传多样性，但该群体濒危的原因是人为破坏等。基于叶绿体基因 *trn* S-G 序列进行遗传多样性研究，王爱兰和李维卫（2017）发现青藏高原濒危植物唐古特大黄居群间较高的遗传分化可能与高山地区特殊的自然生境和人类活动有关。韩宝翠等（2017）采用 cpDNA 的 2 个非编码区对半日花的遗传多样性和谱系地理结构进行研究，建议在人为开发导致生境破坏严重的地区可以考虑采取迁地保护措施。受公路修建、旅游景点开发等因素的影响，缙云卫矛种群遭受了生境的破碎化，导致居群变小并处于隔离状态，生境破碎化成为许多物种生存的主要威胁（胡世俊等，2013）。人为干扰等原因可能导致某些植物种群逐渐衰退成小种群，从而成为濒危植物。

2. 濒危动物遗传多样性

2015 年 5 月发布的《中国生物多样性红色名录—脊椎动物卷》对我国脊椎动物受威胁状况进行了分类评估。评估结果显示，我国 4357 种脊椎动物中，有 4 种已灭绝、3 种野外灭绝、10 种区域灭绝、185 种极濒、288 种濒危、459 种易危、598 种近危、1869 种无危、941 种数据缺乏。受威胁脊椎动物共计 932 种，占被评估物种总数的 21.4%。

人类的经济发展对陆生野生动物及其生境造成很大的影响，使其数量减少并影响其种群分布，遗传多样性的不断下降最终会引起生物多样性的降低。因自然生态系统退化、栖息地破碎化，野生动物资源量迅速下降，濒临灭绝。其主要根源在于人类活动的干涉、过度开发、自然灾害以及管理失调等方面。孙丽婷等（2019）采用线粒体 DNA 控制区（D-loop）序列对长江口中华鲟幼鱼样本进行分析，表明遗传多样性水平较低。中华鲟种群资源量不断降低，可能会导致群体遗传多样性的逐渐丧失，面临灭绝的危险，恢复野生中华鲟种群资源迫在眉睫。由于栖息地结构类型单一，多样性程度低，部分栖息地受人为活动的影响而破坏严重，东北雨蛙种群的遗传多样性（核苷酸多样性与单倍型多样性）较低（于佳琳，2017）。

自 1981 年加入《濒危野生动植物种国际贸易公约》（CITES）以来，我国政府认真履行国际义务，采取了一系列比 CITES 更严格的措施，开展濒危野生动植物种质基因的保护工作，不断加强对濒危动植物遗传资源的保护。近年来，我国通过系统实施濒危物种拯救工程，大熊猫、朱鹮、藏羚羊等濒危野生动物种群数量持续下降的态势已得到扭转，德保苏铁、华盖木、百山祖冷杉等野生植物居群数量稳定增长。

4.2.2　重视环境指示动植物遗传多样性保护

环境指示生物是那些在一定地区范围内，能通过其特性、数量、种类或群落等变化，指示环境或某一环境因子特征的生物。该种生物的出现或消失能大致表明该环境的理化特性及质量概况。

1. 环境指示植物遗传多样性

蕨类等植物对外界自然条件的反应具有高度的敏感性和严格的选择性。蕨类植物分布很广，中国约有 2600 种，多分布在西南地区和长江流域以南。中国西南地区是亚洲，也是世界蕨类植物的分布中心之一。近年来，由于人类活动对水生生境的影响，我国水蕨植物的分布范围和种群数量大大减少（杨星宇，2015），该种已被列为国家二级重点保护野生植物。国家一级重点野生保护植物光叶蕨的生长环境受到严重影响，数量稀少，濒临灭绝的原因是人类活动的干扰和地质灾害的破坏（蔡煜等，2016）。除此之外，地衣（孔繁翔等，2002）、苔藓、紫花苜蓿（曹涤环，2019）等植物对二氧化硫等物质敏感，从而对大气质量有指示作用。利用随机扩增多态性DNA标记技术分析不同浓度重金属污染下小羽藓居群的遗传多样性和遗传分化，李倩影等（2010）发现重金属铬胁迫对小羽藓种群的遗传分化有较大程度的影响。陈国庆等（2010）采用相关序列扩增多态性（SRAP）分子标记对鸭跖草居群进行遗传多样性检测，发现定居在古冶炼渣堆上的鸭跖草居群在长期的进化过程中积累了丰富的遗传变异，从而对铜污染环境具有高度的适应性。

2. 环境指示动物遗传多样性

在生态环境中，许多动物为人类充当着珍贵的安全指示器，它能显示某种环境是否具备人类生存所必需的条件（王致诚，2002）。蚯蚓是比较常见的环境指示动物，相对于其他物种，其自身生长特性对土壤中的污染物更加敏感，如颤蚓指示有机污染重的水体，因此其种群遗传结构和遗传多样性更加容易受到周围环境条件的影响（Anna et al.，2020）。巨蚓科蚯蚓是我国蚯蚓优势类群，据中国陆栖蚯蚓资料记载，巨蚓科是我国物种最多、分布最广的类群（徐芹和肖能文，2011）。截至 2017 年，中国已记录巨蚓科蚯蚓 579 种（亚种），隶属于 7 个属，优势类群为远盲蚓属与腔蚓属（蒋际宝和邱江平，2018）。张玉峰等（2016）运用线粒体部分基因片段对河北地区蚯蚓种群多样性进行分析，结果表明遗传多样性与部分土壤理化指标具有显著的相关性。以核基因 28S rDNA、线粒体基因 16S rDNA 和 ND1 为分子标记，张玉峰等（2019）研究了我国辽东、胶东半岛陆栖蚯蚓的优势种——湖北远盲蚓的种群遗传变异与进化，结果发现土壤有机碳、全氮、速效磷含量与湖北远盲蚓的种群遗传多样性具有显著的相关性。

传粉昆虫中蜂类、蝶类、蛾类与蝇类等也是生态环境的指示器，并且与植物协同进化，与生态环境密切相关。利用 38 个微卫星位点开展种群遗传分析，陈道印等（2018）发现榆林市东方蜜蜂遗传多样性水平较低，原因可能是生境破碎化造成东方蜜蜂分布的破碎化，从而影响各种群间的基因交流。郝璐楠等（2019）分析了我国东北地区东方蜜蜂的遗传分化，结果表明长白山东方蜜蜂种群遗传多样性水平较低，环境和人为因素导致其种群数量减少。

某些鱼类和其他动物同样可作为环境指示生物。利用随机扩增多态性 DNA 分子标记技术，祖慧琳等（2012）研究发现太湖蓝藻水华产生的环境污染在一定程度上影响着黄颡鱼的遗传多样性，并且随着水体污染的加剧，黄颡鱼的多样性逐渐降低。除此之外，底栖动物群落与浮游生物的相关性，可以为判断水库富营养化程度提供重要信号（池仕运等，2020）。人类活动干扰下大型底栖动物多样性的高低可以反映生态系统的生产力和稳定性（杨晓明等，2020）。两栖爬行动物对环境变化反应敏感，也是生物多样性观测的重要指示物种（李成等，2017；徐海根等，2018）。高山倭蛙是青藏高原特有的一种指示物种，胡军华团队研究发现：结合气候稳定性与遗传数据进行空间分析，自末次间冰期以来高山倭蛙种群遗传多样性的变化格局与生境破碎化程度高度相关（Hu et al.，2019）。海龟是海洋生态系统中重要的旗舰物种和指示物种，随着人类活动的加剧，海洋生态环境发生变化，我国境内的海龟也面临遗传资源减少的问题。长江中旗舰物种白暨豚、江豚等也是生态环境的指示生物，其遗传多样性的下降主要是由长江淡水鱼资源减少所致。故农业农村部宣布了从 2020 年 1 月 1 日起开始实施《长江十年禁渔计划》，将为多数鱼类争取 2～3 个世代的繁衍，缓解目前长江鱼类资源减少的趋势，也为长江江豚在内许多旗舰物种的保护带来了希望。雪豹是高原生态系统健康与否的重要指示物种，气候变化以及各种人为干扰因素可能在悄悄地改变雪豹的命运。因此，改善自然生态环境，采取有效的就地、迁地保护等措施，建立动植物种质资源库等工作，都将更好地缓解遗传多样性下降的趋势。

4.2.3 对外来入侵动植物遗传多样性开展研究与防治

近年来，许多动物和植物入侵我国，造成了巨大的经济损失，如水葫芦、薇甘菊、松材线虫、美洲斑潜蝇、马铃薯甲虫、稻水象甲、红脂大小蠹、美国白蛾等，这些主要外来入侵物种造成的经济损失平均每年达 500 多亿元。2020 年 6 月 2 日生态环境部发布的《2019 中国生态环境状况公报》显示，全国已发现 660 多种外来入侵物种，其中 215 种已入侵国家级自然保护区。

1. 入侵植物遗传多样性

在外来入侵物种当中，最多的是入侵植物。马金双和李惠茹（2018）报道，我国现已发现外来入侵植物 48 科 142 属 239 种。在世界自然保护同盟公布的全球 100 种最具威胁的外来物种中，中国发现 50 种。其中为全国或区域性的恶性杂草有 15 种（强胜和曹学章，2001），著名的有薇甘菊、五爪金龙、假臭草、大黍、三叶鬼针草和紫茎泽兰、凤眼蓝等。从城市到乡村，从沿海到内地，中国 34 个省（自治区、直辖市）已全部被外来入侵植物攻陷，甚至很多国家级自然保护区也发现了外来入侵植物。西南及东南沿海地区是遭受外来植物入侵的重灾区。入侵我国的外来植物，原产于南美洲的比例最大，其次是北美洲，二者之和占所有入侵植物的一半以上。菊科、豆科、禾本科构成我国外来入侵植物的主体。

我国已在外来物种入侵的影响因素、入侵途径、扩散方式及入侵机制等领域取得了进展。外部环境因素中的光、温度、水分、土壤营养、空气和金属元素及新栖息地的干扰程度与群落生物多样性、全球变化都会对外来物种的入侵造成影响。遗传多样性是外来物种入侵成功与否的重要决定因素之一（施雯等，2010）。宋振等（2019）采用随机扩增多态性 DNA 标记（RAPD）技术分析了来源于不同地理区域的少花蒺藜草种群的遗传多样性，报道了其在中国北方地区的主要扩散传播路径。采用 RAPD 技术，以四川西部地区的桃儿七 7 个自然种群为对象进行研究，肖猛等（2015）认为应将遗传多样性相对较高的种群作为原位保护的核心种群，尽可能保护所有现有种群。基于 SRAP 技术对热带地区入侵植物银胶菊进行遗传多样性分析，王美皇等（2020）发现我国银胶菊居群具有较高的遗传多样性，并推测银胶菊多因人为因素扩散。

2. 入侵动物遗传多样性

国家环境保护总局（现生态环境部）、环境保护部（现生态环境部）和中国科学院分别于 2003 年、2010 年、2014 年和 2016 年联合发布了 4 批《中国外来入侵物种名单》，其中有 31 种外来入侵动物，包括种数最多的昆虫纲（22 种）；分析外来入侵物种来源地，最多的来源于北美洲（13 种）；分析外来入侵物种入侵方式，其中无意引入的有 23 种，人为有意引进的有 8 种；分析外来入侵物种空间分布情况，在我国的整体分布规律为南多北少，沿海多于内陆（张春霞等，2019）。

随着动物入侵规模在各地的迅速加剧，有关其传播扩散方式、入侵机制等的研究受到广泛关注。贺华良等（2018）对湖南省稻水象甲的遗传多样性及入侵扩散特点进行分析，结果表明湖南省稻水象甲地理种群分化以由人为因素导致的扩散为主，自然扩散为辅。基于 mtDNA *cox1* 和 *cox2* 基因的宽带果实蝇种群遗传结构分析结果证实，其最早进入我国的地区可能是上海和重庆，该昆虫在我国大范围扩张可能经由两条主要路径实现（刘晓飞等，2019）。入侵安徽省的草地贪夜蛾的遗传分析证实，该虫对安徽省粮食生产构成巨大安全隐患（徐丽娜等，2019）。利用分子标记技术从线粒体 DNA 和核 DNA 角度研究草地贪夜蛾种群的遗传多样性与种群结构，王佳丽等（2020）报道了天气背景场、地理隔离和人为传播影响草地贪夜蛾扩散过程。李优佳等（2020）对入侵性食叶害虫椰子织蛾的单倍型多样性分析表明：受环境选择压力的影响，椰子织蛾种群入侵后在新栖息地产生新的突变或发生杂交。

入侵种波氏吻虾鰕虎鱼在珠江源头入侵地具有较高的遗传多样性水平，其扩散分布和积累突变可能是由于多次人为引入与水利大坝的隔离作用（颜岳辉等，2019）。易金鑫等（2019）利用 PCR 技术扩增了北盘江下游尼罗罗非鱼群体 *Cytb* 基因并测序，分析该序列的变异及多态性，结果表明其群体具有较高的遗传多样性，表现出较强的入侵适应潜力。

外来物种入侵是生物多样性锐减的主要原因之一，因为外来物种入侵影响遗传多样性、物种多样性和生态系统多样性，从而加快生物多样性的丧失速度。外来入侵物种是生态系统最大的生物威胁。大部分外来物种成功入侵后大暴发，难以控制；对生态系统产生的破坏性不可逆转；形成优势种群，并危及本地物种的生存，严重者导致后者灭绝与消失；给农林牧渔业造成严重的损失；威胁人类的健康。我国外来生物入侵过程不断在加速。我国幅员辽阔，跨越近 50 个纬度、5 个气候带，来自世界各地的大多数外来物种都可以在我国找到合适的栖息地。外来物种入侵已经是我们国家所面临的一个巨大挑战。随着国家有关部门的重视，越来越多的科技工作者投入到抵御外来有害生物入侵的研究中。

4.3 物种多样性保护卓有成效

物种多样性是生物多样性的中心，是生物多样性最主要的结构和功能单位。物种多样性常用物种丰富度来表示。所谓物种丰富度是指一个区域内所有物种数目或某些特定类群的物种数目（Frankel et al., 1995）。到目前为止，已被描述和命名的生物种有 200 万种左右，但科学家对地球上实际存在的生物物种总数的估计出入很大，由 500 万到 1 亿种，其中以昆虫和微生物所占的比例最大。《中国生物物种名录 2020 版》共收录物种及种下单元 122 280 种（物种 110 231 种，种下单元 12 049 种），其中包括动物物种 54 359 种，植物物种 37 793 种，真菌物种 12 506 种。中国高等植物种类居世界前列，拥有众多有“活化石”之称的珍稀动植物，如大熊猫、中华鲟、白暨豚、文昌鱼、鹦鹉螺、银杏和攀枝花苏铁等。中国不仅物种高度丰富、特有种和孑遗植物繁多，而且其空间分布格局具有高度多样性。

4.3.1 野生植物多样性得到有效保护

1. 野生植物数量

中国是世界上生物多样性最丰富的国家之一，目前拥有陆生高等植物 3.4 万多种，居世界第三位（高吉喜等，2018）。根据《中国生物多样性国情研究》记载，我国有种子植物 274 科 3152 属 29 233 种，在世界上种子植物数量排名中居第三，其中裸子植物 12 科 42 属 237 种，是世界上裸子植物最多的国家。我国有维管植物（包括蕨类、裸子植物和被子植物）3.1 万多种。《中国淡水藻志》显示，中国淡水藻类共计 4902 种和 1359 变种，约占世界已描述种类的 40%。《中国生物物种名录 2020 版》收录了表 4-1 中植物类群。

表 4-1 《中国生物物种名录 2020 版》收录的植物类群

植物类群	种及种下单元数（个）
被子植物门	31 533
角苔门	27
真藓门	1 988
绿藻门	199
裸子植物门	264
石松门	152
地钱门	1 059
蕨类植物门	2 075
红藻门	496

数据来源：《中国生物物种名录 2020 版》

中国幅员辽阔，生物资源丰富，不同的环境为许多植物提供了生存条件。因此，我国出现了很多种特有植物，其中包括 2 个特有科，分别为裸子植物的银杏科和被子植物的杜仲科。高等植物特有属有 207 个，其中最多的为被子植物，有 189 属。种子植物中的水杉、银杉、杉木、水松、金钱松、福建柏、珙桐、杜仲、喜树、金花茶等为中国所特有。

野生植物保存着丰富的遗传资源和基因多样性，是人类生存和社会可持续发展的重要战略资源。据不完全统计，我国有 80%的中成药和大部分保健品原料来自野生植物，全世界约有 30 亿人使用野生植物作为医药产品。《国家重点保护野生植物名录》收录了 2261 种重点保护植物，其中，一级保护植物 291 种、二级保护植物 1970 种。根据《中国生物多样性红色名录—高等植物卷》对我国 34 450 种高等植物进行评估，中国植物区系中有 52 种已灭绝，其中：27 种灭绝，10 种野外灭绝，15 种地区灭绝，另外，583 种极危，1297 种濒危，1887 种易危，2723 种近危，24 296 种无危，3612 种数据缺乏。受威胁物种总数为 3767 种，占评估物种总数的 10.9%，受威胁物种比例最高的是裸子植物（51%）。苏铁科是裸子植物中受威胁程度最高的，该科所有 22 个种均为受威胁等级物种。中国特有种有 1.77 万种，占总数的 49.7%，这些特有植物具有很高的种质资源价值和遗传多样性价值。受威胁的 3767 种植物中，有 2462 种为特有种，占特有种总数的 13.9%，占受威胁物种总数的 65.4%。

2. 野生植物分布

我国有苔藓植物 150 科 591 属 3021 种，其分布特点总体呈现南方多、北方少，西南地区苔藓植物十分丰富。我国台湾的苔藓植物种类也非常丰富，物种种类约 1200 种。除此之外，蕨类植物的分布区域主要在秦岭以南、喜马拉雅山以东的南方山区，以及东北部的大、小兴安岭和长白山。裸子植物的分布区域具有山地多、平原少的特点，热点地区集中在中国西南部山区，热点地区内的裸子植物占我国裸子植物的 67.3%。被子植物的分布区域主要在我国秦岭以南、喜马拉雅山东段-横断山以东。

我国特有种子植物最集中的地区在西南山区，也是狭域特有种子植物的分布中心。重点保护野生植物的分布呈现南多北少，零星分布于横断山区、海南岛南部、秦岭山区和浙江局部山区。

外来入侵植物主要分布在我国南部、东南部和东部沿海地区，以及黄河流域南部的内陆地区。我国有 17 个省（自治区、直辖市）的外来入侵植物在 15 种以上，前 5 个地区分别是广东、广西、福建、香港和云南。

3. 野生植物多样性变化

中国是全世界唯一具有热带、亚热带及寒温带连续完整的各植被类型的地区，植被类型的连续性为中国保存大量物种提供了优越的条件。1999～2015 年，我国共计发现高等植物新种 2923 个，隶属于 188 科 686 属。其中包括 76 种苔藓植物，313 种蕨类植物，22 种裸子植物，2512 种被子植物。有 10 科的新描述物种在 100 种以上，其中 4 科有 150 种以上，分别为兰科、荨麻科、豆科和菊科。云南新发现的植物最多，其次是四川、广西、西藏和贵州。1999～2015 年，我国发表种子植物新科 1 个，新属 62 个。

然而，随着 20 世纪人口增长和经济高速发展所带来的自然生态环境的变化，有些地区的植物物种不断减少，面临灭绝的风险。例如，环境因子的交互作用是影响蒙古沙冬青群落物种多样性的主要因素（段义忠等，2018a）。生境破碎化、生境的退化和丧失是多数植物灭绝的主要原因。由于人类对森林资源的过度利用，原始森林遭到严重破坏，生境恶化，加之采挖，木兰科植物有些种类趋于濒危灭绝（王丽霞等，2017）。

人类长期的经济活动改变了土地的使用性质，使野生植物栖息地减少，造成植物居群数量减少甚至消失。张云香等（2013）利用简单序列重复（ISSR）分子标记，对狭域分布在四川省江油涪江上游区段的毛茛科珍稀濒危植物距瓣尾囊草现存 4 个居群的遗传多样性进行研究，表明距瓣尾囊草处于濒危现状的主要原因是人类活动的干扰和生境的破碎化。由于人类活动的强烈干扰，我国一级重点保护野生植物水松野生种群和个体数量骤减，世界自然保护联盟（IUCN）已将水松评估为处于“极危”状态（陈雨晴等，2016）。凤尾蕨是我国一种濒危的树蕨类植物，由于过度开发，其野生种群遭到严重破坏（Liu et al., 2017）。

此外，对经济植物的过度采挖也是一些物种灭绝的原因之一。非法私自采挖的结果是，裸子植物中濒危类群苏铁科植物种群数量逐步减少，同时外在生境的迅速变化使苏铁种群走向濒危，甚至面临灭绝的危险（吴萍和张开平，2008）。因野生资源和生境的破坏，目前葫芦苏铁种群个体数量极少，已被国际自然保护联盟（IUCN）评估为全球极度濒危等级（孙湘来等，2019）。

中国在植物多样性保护方面已取得了重要进展，“绿水青山就是金山银山”的理念已深入人心，破坏生态环境的状况得到良好改善，部分地区的生态系统功能得到了有力修复，一些重点植物得到了有效保护，种群数量大幅增加，以实际行动和巨额投入保护了中国的生物多样性，为维护全球命运共同体做出了中国贡献。例如，中国采取就地保护、迁地保护、回归自然等措施，持续开展珍稀濒危野生植物保护。通过对德保苏铁、华盖木、百山祖冷杉等近百种极小种群野生植物实施抢救性保护，部分濒危物种种群数量逐步恢复。为了推动植物多样性保护、恢复和可持续利用，我国于 2019 年 11 月发布了《中国植物保护战略（2021-2030 年）》，这一战略设定了对至少 85%的已知濒危植物物种进行就地保护等 18 项目标。中国在 2020 年之前提前完成了 75%的主要战略目标。

4.3.2 野生动物多样性保护成效显著

1. 野生动物数量

我国有丰富的陆生脊椎动物物种多样性，现有 60 目 248 科 1190 属 2914 种，脊椎动物特有种 641 种，占中国脊椎动物总种数的 22%。

中国已知的两栖动物有 408 种，隶属于 3 目 13 科 82 属，其中无尾目 336 种，有尾目 71 种和无足目 1 种，特有种 272 种。

我国现有爬行动物 461 种，隶属于 3 目 28 科 137 属，其中鳄形目 3 种，龟鳖目 34 种和有鳞目 424 种（蜥蜴亚目 188 种，蛇亚目 236 种），特有种 142 种，占爬行动物物种总数的 30.8%。中国爬行动物种数占世界爬行动物种数的 5.1%，位居世界第八（蔡波等，2015）。

我国也拥有丰富的鸟类物种多样性，1445 种鸟类隶属于 24 目 101 科 439 属，特有种 77 种。我国有些科的鸟类物种丰富度很高，其中雉科全世界共有 159 种，我国有 55 种；画眉科全世界共有 263 种，我国有 126 种，特有种 23 种（郑光美，2011）。

我国有哺乳动物 564 种，隶属于 12 目 55 科 245 属，是世界上哺乳动物最丰富的国家，包括 150 种特有种。中国特有脊椎动物种类繁多，是中国生物区系的特点。其中大熊猫、金丝猴、华南虎、褐马鸡、丹顶鹤、朱鹮、白鱀豚、扬子鳄等百余种中国特有的珍稀野生动物，闻名于世。

在国务院颁布的《国家重点保护野生动物名录》中，我国有 101 种国家一级重点保护野生动物，其中有 4 种爬行类，43 种鸟类，54 种哺乳类；有 272 种国家二级重点保护野生动物，其中包括 7 种两栖类，10 种爬行类，200 种鸟类，55 种哺乳类。2014～2015 年环境保护部（现生态环境部）组织了《中国生物多样性红色名录》中脊椎动物卷的研究，明确了中国生物多样性，确定了中国是世界上哺乳动物第二、鸟类第四、两栖动物第五丰富的国家；发现中国脊椎动物具有较高的特有性，两栖动物、爬行动物、鸟类和哺乳动物中均有物种的灭绝与部分灭绝，分别有 2 种两栖类、2 种爬行类、3 种鸟类和 5 种哺乳类属于灭绝等级。

2. 野生动物分布

陆生脊椎动物多样性较高的地区在华中和华南，西南地区物种密度可达 800 种/万 km^2 以上。其次为华北和东北地区，西部地区尤其是青藏高原腹地物种多样性相对较低。我国野生动物多样性分布情况如表 4-2 所示。

表 4-2　我国陆生脊椎动物多样性分布

动物类群		主要分布区域	分布密度（种/万 km^2）
两栖动物	无尾目	长江流域及其以南地区	最高密度约为 38
	有尾目	中国东北东部、东南、中部至西南地区	物种多样性较高
爬行动物	龟鳖目	中国东南、华南和西南地区	22
	蜥蜴亚目	中国东南、华南和西南地区	30
	蛇亚目	长江流域及其以南地区	76
鸟类	佛法僧目	中国东部、西南地区	21
	鸥形目	中国东南部、华北东部地区	26
	雀形目	长江流域及其以南地区	364
哺乳动物	灵长目	中国南部地区	8
	啮齿目	中国西南、中部、华北西部、新疆北部地区	36
	偶蹄目	长江流域及其以南地区、东北北部、西南、西北东部、新疆西部地区	14
	食肉目	长江流域及其以南地区、东部地区	35

数据来源：高吉喜等，2018

3. 野生动物多样性变化

环境变迁、人类活动等因素会对动物多样性产生巨大的影响。黄河口近岸海域大型底栖动物群落结构具有较大的差异，总体受污染扰动情况较为明显（闫朗等，2020）。姚冲学等（2020）采用样线法对云南玉龙雪山两栖动物多样性时空格局进行了两次观测，结果发现影响两栖类物种多样性的重要生态因子包括生境类型、水温、气温和人类活动。

野生动物种群数量的减少及多样性的降低越来越引起人们的关注，开展野生动物多样性观测研究有助于物种保护。四川西昌泸山的 4 个植被类型中，鸟类较集中的类型是灌草丛植被；鸟类出现频率居中的类型是针阔叶混交林植被；鸟类出现频率较低的类型是阔叶林植被；鸟类分布较为广泛的类型是农田栽培植被（李海涛，2012）。在群落水平上，随着城市化水平的提高，鸟类群落的物种丰富度和多样性下降，鸟类的密度和多度则上升（陈水华等，2013）。还有伴随着城市化，麻雀生存资源短缺，也会导致城市麻雀产生环境压力综合反应（张淑萍和郑光美，2007）。

由于栖息地破碎化和丧失、资源不合理利用、环境污染及人类活动等，我国的鸟类多样性保护面临严峻的挑战（张雁云等，2016）。围填海显著影响自然保护区水鸟的种类组成，围垦后生境的可利用性和人类活动情况决定了水鸟的群落结构与空间分布（颜凤等，2018）。湿地自然保护区内鸟类种类数量的主要影响因素是湿地生境面积大小、人为干扰情况等（贺泽帅等，2019）。2016～2018 年，西安越冬水鸟种类、数量的下降，可能是由河道水量少、水质下降和工程建设人为干扰等导致的（汪青雄等，2020）。

世界自然基金会（WWF）发布的《地球生命力报告 2020》称，自 1970 年以来，全球野生动物数量在 40 多年的时间里平均下降了 68%，并且没有迹象表明这种灾难性的下降有放缓的趋势。随着人类的足迹扩展到曾经荒凉的地方，人类活动正在影响动物的数量。目前中国的多种濒危野生动物种群数量持续下降的态势已得到扭转，这完全是得益于近年来中国加强野生动物栖息地保护和拯救繁育，构建野生动物疫源疫病主动预警与监测体系等措施，不断强化濒危野生动物保护。

4.3.3　微生物资源潜能巨大

我国有丰富的微生物物种多样性和特有类型。微生物资源在物种多样性上远远超过动植物资源，其中真核微生物已知物种数约 9000 种，仅占我国估计物种数的 4%。在我国已查明的真核微生物中，特有种超过 2000 种。根据《中国微生物资源发展报告 2016》，中国菌种保藏中心共 33 个，可共享的保藏菌株

182 235 株，保藏的菌株总量为世界第四位。《中国生物物种名录》是认识生物多样性的基础数据，在中国科学院等多家单位科研人员的共同努力下，2019 年 5 月 22 日我国正式发布《中国生物物种名录》2019 版，首次收录了真菌界 Blastocladiomycota 门，包含 17 个物种及种下单元。新增物种及种下单元包括：子囊菌门，451 种；担子菌门，457 种和 49 个同物异名；壶菌门，36 种；球囊菌门，11 种；接合菌门，75 种。2020 年发布的 2020 版目录中，共新增了 15 971 个物种，其中真菌物种增加了 5474 个，以及少量细菌、病毒等物种。其中真菌界变化最大，子囊菌门新增物种 571 个，调整减少种下单元 241 个；担子菌门新增物种及种下单元 4929 个和 973 个同物异名；壶菌门新增物种 17 个，调整减少 1 个种下单元；球囊菌门移出物种及种下单元 8 个；接合菌门新增物种 110 个，调整减少 32 个种下单元。我国的微生物资源非常丰富，然而受科研力量和经费等因素的制约，目前已发现的微生物类群远远少于实际存在的资源量。许多微生物类群和地区缺乏调查数据，因此有必要继续增加科研力量和经费投入。《中国生物物种名录 2020 版》收录了表 4-3 中微生物类群。

表 4-3 《中国生物物种名录 2020 版》收录的微生物类群

微生物类群		物种及种下单元数（个）
真菌界	子囊菌门	4190
	担子菌门	7479
	壶菌门	77
	球囊菌门	217
	接合菌门	516
原生动物界	变形虫门	1187
	丝足虫门	6
	领鞭毛虫门	2
	纤毛门	497
	双鞭毛虫门	253
	渗养门	3
	放射虫门	537
细菌界	放线菌门	45
	拟杆菌门	30
	绿细菌门	1
	蓝细菌门	158
	厚壁菌门	48
	变形菌门	181
色素界	硅藻门	1245
	卵菌门	421
	双环菌门	12
	褐藻门	292

数据来源：《中国生物物种名录 2020 版》

4.4 生态系统质量变化明显

生态系统（ecosystem）是由生物群落及其生存环境共同组成的动态平衡系统（中国大百科全书总委员会《环境科学》委员会，2002）。在生态系统中，不仅各个物种之间相互依赖、彼此制约，而且生物与其周围的各种环境因子也是相互作用的。生态系统的多样性主要是指地球上生态系统组成、功能的多样性以及各种生态过程的多样性。我国是世界上生物多样性最丰富的国家之一，拥有所有陆地生态系统类型，包括森林、草地、湿地、荒漠、农田等。生态环境部发布的《2018 年全国生态环境质量简况》统计，中国陆地生态系统类型有：森林生态系统 248 类（其中竹林 36 类）、灌丛与灌草丛生态系统 113 类、草原与草甸生态系统 132 类（其中草原 55 类）、荒漠生态系统 52 类、自然湿地生态系统 30 类，还有高山冻原与高山垫状生态系统 15 类（徐卫华等，2006）。除此之外，我国海洋和淡水生态系统类型也很齐全，有黄海、东海、南海、黑潮流域四大海洋生态系统。

生态环境部和中国科学院 2018 年发布的《全国生态状况变化（2010-2015 年）遥感调查评估报告》显示，2015 年，在全国八大类生态系统中，草地、森林、农田和荒漠 4 种类型生态系统占陆地国土面积的 82.6%（图 4-1）；主要由森林、灌丛、草地、湿地、荒漠和其他生态系统构成的自然生态空间约占陆地国土面积的 78.0%；主要由农田生态系统组成的农业空间约占陆地国土面积的 18.9%；以城镇建设用地为主的城镇空间约占陆地国土面积的 3.1%。受气候、自然地理条件等的影响，全国生态系统复杂多样，空间差异大，由东南到西北依次分布的主要有森林、灌丛、草地和荒漠生态系统，城镇、农田和湿地生态系统分布于其间。近年来，中央财政不断加大林业生态环境保护与修复投入力度，积极实施林业重大工程（如支持天然林资源保护、退耕还林还草等），加强森林资源管护和培育，支持包括濒危野生动植物在内的生物多样性保护工作。

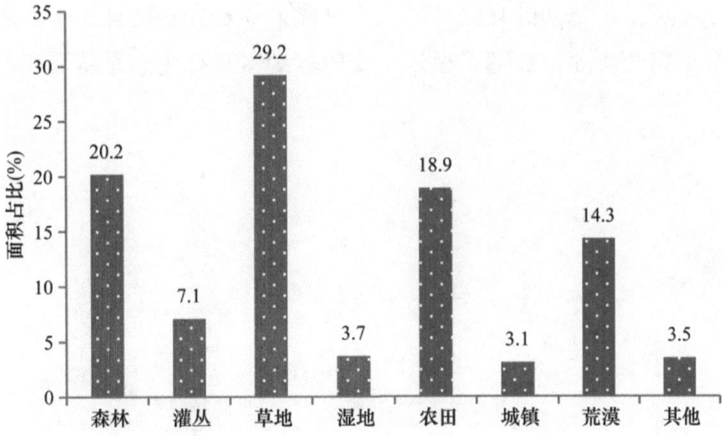

图 4-1　2015 年全国各类生态系统类型及其面积占比

数据来源：《全国生态状况变化（2010-2015 年）遥感调查评估报告》

2010～2015 年，全国生态系统发生变化的面积有 13.15 万 km^2，占陆地国土总面积的 1.4%。从空间分布来看，东北地区、华东地区和天山南北等区域发生了变化（表 4-4）。

表 4-4　全国部分区域生态系统变化情况（2010～2015 年）

地区	生态系统变化
大小兴安岭与三江平原区域	农田、湿地、森林和草地之间相互转换
东部沿海、云贵高原与四川盆地周边区域	城镇扩张挤占农田
黄土高原和银川平原区域	农田转变为草地或森林
天山南北绿洲分布区域	农田扩张挤占草地
青藏高原	湖泊面积增加、草地减少

数据来源：《全国生态状况变化（2010-2015 年）遥感调查评估报告》

以上生态系统变化的发生主要受城镇扩张、农业开垦和生态保护恢复等影响。我国生态环境脆弱，对人类活动的干扰非常敏感；同时，悠久的历史、巨大的人口数量和高速的经济增长导致高强度的自然资源开发，对我国森林、草地和湿地等自然生态系统造成了较大的影响，生态系统退化成为我国经济社会可持续发展过程中面临的主要问题。

4.4.1 森林覆盖率明显提高

我国森林生态系统主要分布在湿润或较湿润的地区，其中，东北、西南与华南地区森林面积较大。其主要特点是动物种类繁多，群落结构复杂，种群密度和群落结构能够长期处于较稳定的状态。《全球生态环境遥感监测 2019 年度报告》显示，进入 21 世纪以来，全球森林覆盖面积总体稳定略有下降，森林面积的减少主要集中在发展中国家。中国的植树造林与森林保护成效显著，成为维持全球森林覆盖面积基本平衡的主要贡献者。我国主要的地带性天然林生态系统类型与分布：随着海拔及维度的升高，依次为雨林、季雨林，常绿阔叶林，落叶阔叶林，针叶、落叶、阔叶混交林，亚高山针叶林，高山灌丛矮曲林，高山草甸，高山苔原。

联合国粮食及农业组织发布的 2020 年《全球森林资源评估报告》称，1990 年至今，全球森林面积持续缩减，净损失达 1.78 亿 hm^2，但得益于部分国家有力的保护措施，森林面积缩小的速度有所放缓。过去 10 年（2009～2019 年）间，中国共完成造林面积 71.307 万 km^2，中国森林面积年均净增加量全球第一，且远超其他国家。2010～2020 年亚洲地区森林净增加面积最多，而且主要集中于东亚地区，这得益于中国森林年净增约 1.94 万 km^2。《全国生态状况变化（2010-2015 年）遥感调查评估》显示：森林生态系统总面积为 191.27 万 km^2，包括阔叶林、针叶林、针阔混交林和稀疏林 4 个二级类。2010～2015 年，新增森林生态系统面积 1.56 万 km^2，江苏、浙江、安徽等地区森林生态系统面积增加明显（图 4-2）。

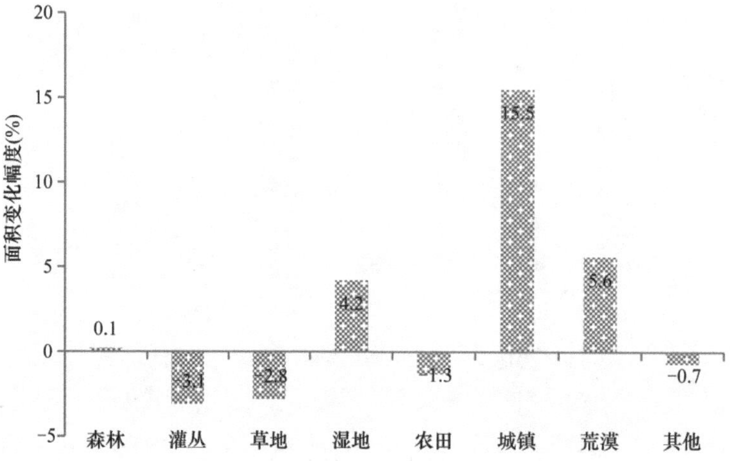

图 4-2　2010～2015 年全国生态系统面积变化幅度

数据来源：《全国生态状况变化（2010-2015 年）遥感调查评估报告》

我国的天然林保护工作从 1998 年开始试点，2000 年开始实施第一期天然林保护工程，2011～2020 年为第二期，天然林资源恢复性的增长持续加快，实现了森林面积和蓄积量的双增长。第八次全国森林资源清查（2009～2013 年）结果表明，我国森林资源呈现良好态势：数量持续增加、质量稳步提升、效能不断增强。森林面积和森林蓄积量分别位居世界第五和第六，人工林面积仍居世界首位。美国国家航空航天局发布的研究结果显示，2000～2017 年中国绿色净增长面积达 135 万 km^2，净增长率达 17.8%，均排名全球首位，全球新增绿化面积有 25%来自中国的贡献，相当于俄罗斯、美国和澳大利亚的总和。

受全球气候环境等因素影响，我国的森林生态系统发生了很多变化，多个省及自治区的森林资源呈现动态变化过程。西部三个省份均实现了森林面积、蓄积量双增长。基于 1978～2012 年森林资源监测数据，云南省 35 年森林资源的数量及质量动态变化特点表明，全省森林面积增加迅速，林分质量下降；森林蓄积量增长，活立木蓄积量的长消比例逐年提高（胡宗华，2017）。2001～2016 年，西藏自治区森林面积由 9.8929 万 km^2 增至 10.9095 万 km^2，森林蓄积量由 118 267.27 万 m^3 增至 119 939.66 万 m^3，森林资源持续增长，森林覆盖率不断提升（杜志等，2018）。从 20 世纪 70 年代至今，甘肃省的林地和森林面积总体上呈波动式增加，森林蓄积量总体呈大幅增长态势（张龙生等，2020）。

东北地区的辽宁省森林面积、森林覆盖率实现了双增长。全省林地面积由 20 世纪 90 年代初的 5.4620 万 km^2，提高到 2015 年的 7.1473 万 km^2，森林面积由 3.9186 万 km^2 提高到 5.7183 万 km^2，森林覆盖率由 26.9%提高到 39.2%，东部山区森林资源分布较多（景淼，2019）。

中部 4 个省份也发生了明显的变化。2012～2017 年，山东省森林资源变化总趋势呈现林地面积与森林蓄积量有所增加，森林覆盖率稳步提高，活立木总蓄积量与森林蓄积量持续增加，森林资源质量逐步提升（张芬等，2019）。河南省林业发展速度最快的时期是“十二五”时期，在森林面积、森林覆盖率、森林蓄积量等方面明显提升（罗颖等，2017）。基于 2014 年公布的第八次全国森林资源清查结果，安徽省全省乔木林单位面积蓄积量只有全国平均水平的 80.05%，仅为世界平均水平的 54.87%，森林总体质量不高，森林蓄积量和林地生产力仍有提升空间（周敏，2018）。江西省林地面积和森林面积实现双增长，其中，林地面积从 1996 年的 10.4532 万 km^2 增长到 2016 年的 10.7990 万 km^2，增加 3.31%；森林面积从 8.8978 万 km^2 到 10.2102 万 km^2，增加 14.7%（陈济友等，2018）。

南方省份中广东省变化趋势较为明显。2010～2014 年，广东省全省森林资源总量总体上升，森林资源质量逐渐提高，阔叶林逐渐成为优势森林类型，森林生态状况良好（劳小平等，2016）。其中人工林面积在 1978～2017 年增长量为 3.2708 万 km^2，年均增加 0.0818 万 km^2；人工林公顷蓄积量大幅度提高，且质量明显提升（杨加志等，2019）。

各地政府充分调动了各方面力量造林、护林、育林的积极性，稳步扩大森林面积，提高森林覆盖率；实施了多项举措，保护了我国的森林资源。我国将继续加快植树造林步伐，加大资源保护力度，大力发展林业产业，为发展绿色经济和改善生态、改善民生做出更大的贡献。全面保护天然林，对于建设生态文明和美丽中国、实现中华民族永续发展具有重大意义。

4.4.2　灌丛生态系统面积有所减少

灌丛是介于森林和草地之间的生态系统类型，群落平均高度低于 5m，盖度大于 30%，植被层郁闭，建群种多为簇生灌木生活型植物，其植株矮化，多分枝，叶片小而质硬，呈丛状或匍匐状生长，有的还具有肉质、多刺等明显的旱生特征（王庆慧等，2019）。灌丛具有种类繁多、生命力强、萌生力强、生产力高、适生范围宽等特点。灌丛的生态适应范围极为广泛，在我国山地和干旱地区极为常见，故灌丛是自然界中一种广泛分布的陆地生态系统类型（胡会峰等，2006；谢宗强和唐志尧，2017）。

我国灌丛生态系统类型主要有阔叶灌丛、针叶灌丛和稀疏灌丛。灌丛植被主要分布在西南和西北地区，向东南沿海面积呈下降趋势。四川、内蒙古、新疆和西藏 4 省（自治区）灌丛面积最大，在 4.66 万 km^2 以上，而天津、江苏和山东灌丛面积最小，均在 660km^2 以下。2010～2015 年，我国灌丛生态系统面积呈现下降趋势，灌丛生态系统总面积由 69.53 万 km^2 减少到 67.53 万 km^2，减少率为 2.9%。对比各省（自治区、直辖市）2009 年和 2015 年灌丛面积数据发现，各省（自治区、直辖市）灌丛生态系统均存在不同程度的退化，其中江苏省退化最严重，占总退化面积的 2.6%，西藏自治区最小，占总退化面积的 0.592%。灌丛生态系统主要转为农田和森林生态系统，两者分别占灌丛生态系统转出面积的 41.3%和 33.2%。新疆、广西、福建等地区，灌丛生态系统面积减少明显。西部灌丛地区面临的首要问题是人类的樵采，同时由于人类活动，地下水位埋藏深度过低，灌丛植被衰败死亡（丁爱强等，2019）。如果能够有效控制这些人类活动，西部的灌丛生态系统将避免受到更严重的破坏（王伟民等，2008）。对于轻度退化的灌丛，可采用轮牧的方式进行适度的经营活动；重度和中度退化的可采用人工促进与封育措施来控制干扰强度，改善干扰方式，促进自然恢复；在极度退化地段应采取植被重建，人工进行恢复（杨小林等，2012）。

4.4.3 草地生态系统实现转变

草地是我国主要的自然生态系统类型之一。草地生态系统主要分布在年降水量 400mm 以下的干旱半干旱地区，南方和东部湿润半湿润地区的山地，以及东部和南部海岸带。我国草地生态系统包括草甸、草原、草丛，其中以草原生态系统为主。与森林生态系统相比，草地生态系统的动植物种类要少得多，群落的结构也不如前者复杂。温带草甸主要分布于内蒙古东部，高寒草甸主要分布在青藏高原东部。温带草原主要分布于内蒙古高原、黄土高原北部和松嫩平原西部，温带荒漠草原主要分布在内蒙古西部与新疆北部，高寒草原与高寒荒漠草原主要分布在青藏高原西部和西北部。草丛主要分布在我国东部湿润地区。

由于以前对草原资源采取自然粗放式经营，我国草原牧场退化情况较为严重。过牧超载、乱开滥垦，使草原破坏严重，以致草原退化、沙化和碱化面积日益发展，草地生产力不断下降。目前，我国草地退化面积占可利用草地面积的 1/3，并有继续扩展的趋势。虫害（主要是蝗虫）和鼠害是草场退化的另一原因，内蒙古地区的鼠害导致牧草每年都减产。内蒙古和青海许多牧场的产草量比 20 世纪 50 年代下降了很多，而且质量变劣。为此，我国多地采取多项举措进行退化草地治理。例如，优化农、林、草、牧业结构，退耕还草建立人工草地和退化草地治理相结合，以草定畜、合理调整载畜量，加强草原资源监管力度，增加草原资金投入等。我国政府通过实施退牧还草、草原生态保护和恢复等工程，推进草原禁牧 80 万 km^2、草畜平衡近 180km^2，草原的治理面积超过了 66.67 万 km^2。全国重点草原超载率多年来呈现下降趋势，到 2018 年底，全国重点草原平均超载率降低到 10.2%。

2010～2015 年，我国草地生态系统面积呈现下降趋势，草地生态系统总面积由 284.50 万 km^2 减少到 276.60 万 km^2，减少率为 2.8%。草地生态系统主要向农田生态系统转变，占草地生态系统转出面积的 41.2%。其中，东北和新疆绿洲周边等地区草地生态系统面积呈现下降趋势，主要受耕地开垦影响；甘肃东部和宁夏等草地生态系统面积呈现上升趋势，主要受退耕还草和生态恢复的影响。

4.4.4 湿地生态系统保护率提高

按照《湿地公约》的定义，沼泽地、泥炭地、河流、湖泊、红树林、沿海滩涂等，甚至包括在低潮时水深不超过 6m 的浅海水域，都属于湿地。湿地中有着十分丰富的生物资源。沼泽适合于许多水生动物生长，河流两岸和湖滨的沼泽是鱼类繁殖与肥育的场所。湿地是一个具有独特功能的生态系统，在抵御洪水、改善气候、美化环境和维护区域生态平衡等方面发挥着不可替代的作用，被誉为“生命摇篮”“文明发源地”和“物种基因库”。虽然湿地只占地球面积的 6%，但为地球上 40%的物种提供了赖以生存的环境。

曾经我国的湿地面积达 65.70 万 km^2，约占国土面积的 7%。然而 2004 年的调查显示，我国的湿地总面积为 38.48 万 km^2，占国土面积的 4%，低于全世界 6%的平均水平。2008 年，中国湿地总面积 35.95 万 km^2，其中内陆湿地为 33.94 万 km^2，非农田人工湿地为 2800km^2，滨海湿地为 1.76 万 km^2。国家林业局于 2009～2013 年组织进行的第二次全国湿地资源调查结果表明，全国湿地总面积为 5360km^2，湿地率 5.58%，其中调查范围内湿地面积为 5342km^2。2010～2015 年，中国湿地生态系统面积有所增加，湿地生态系统总面积由 33.82 万 km^2 增加到 35.25 万 km^2，增长 4.2%。其中，湖库型湿地面积为 20.69 万 km^2，增长 2.2%，主要受人工筑坝影响，水库型湿地面积明显增加。在青藏高原，受全球气候变化的影响，湖泊水域面积明显增加，增长 1569.52km^2，这也对我国湖库型湿地面积的增加产生了很大影响。沼泽湿地面积为 14.56 万 km^2，增长 7.4%。中国被列入《湿地公约》的湿地包括：黑龙江扎龙自然保护区、江西鄱阳湖国家级自然保护区、内蒙古西鄂尔多斯国家级自然保护区、山东黄河三角洲国家级自然保护区等。

近年来，我国实施了一系列行之有效的举措，通过建立湿地保护政策法规制度、实施湿地保护修复工程、开展湿地调查监测、积极履行《湿地公约》、拓展国际合作交流和提高全社会湿地保护意识等，全面强化湿地保护管理工作。特别是自 2014 年起，我国启动了重点省份泥炭沼泽碳库调查，对分布面积较大的内蒙古、四川等 11 个地区的泥炭沼泽进行碳库调查，目前已完成 6 个地区的调查试点工作。2016 年，国家林业局制定了《林业适应气候变化行动方案（2016-2020 年）》，将中国应对气候变化的战略计划和行动，转化为具体的保护措施，把“保持全国湿地面积不低于 8 亿亩”（1 亩≈666.67m^2）纳入了行动总体目标中。如今，我国已从抢救性保护湿地进入全面保护湿地的新征程，从国家到地方，湿地保护的力度在不断加大。2018 年 10 月，《湿地公约》第十三届缔约方大会传来好消息，我国常熟、常德、海口、东营、银川、哈尔滨 6 个城市凭借优良的湿地资源、扎实的湿地保护和恢复工作，摘得了“全球首批国际湿地城市”的称号，占据首批 18 个城市的 1/3 席位。

4.4.5　农田生态系统面积总体得到有效控制

农田生态系统是由人类建造的生态形体，与自然环境相结合后所形成的生态系统。在农田生态系统中，人类是关键的主导因素，不同的生物群落、光、空气、水分、土壤、无机养分等，都是其主要组成因素。农田生态系统提供了粮食，是人类社会存在和发展的基础。

我国是传统农业大国，农田生态系统包括耕地与园地，主要分布在东北平原、华北平原、长江中下游平原、珠江三角洲、四川盆地等区域。耕地包括水田和旱地，其中水田以水稻为主，旱地以小麦、玉米、大豆和棉花等为主。园地包括乔木园地和灌木园地，乔木园地主要包括果园以及海南、云南等地热作园，灌木园地主要包括我国南方广泛分布的茶园。2010～2015 年，我国农田生态系统面积呈现下降趋势，农田生态系统总面积由 180.92 万 km^2 减少到 178.60 万 km^2，减少率为 1.3%。农田生态系统转为城镇生态系统的面积最大，占农田生态系统转出面积的 19.4%；其次为农田生态系向森林生态系统转变，占农田生态系统转出面积的 8.6%。其中，长江三角洲、河南中部等地区农田面积明显减少，主要是由于城镇化的扩张；天山南北地区农田扩张较明显，占用大量荒漠和草地。

农田生态系统是人工建立的生态系统，是在一定程度上受人工控制的生态系统。其主要特点是人的作用非常关键，一旦人的作用消失，农田生态系统就会很快退化，占优势地位的作物就会被杂草和其他植物所取代。王轶虹等（2017）基于 MOD17A3 数据集研究发现，农田生态系统受人类活动影响较大。人类活动（耕作、施肥、灌溉）是 2004～2016 年中国典型农田生态系统各水体 pH 和矿化度发生变化的主要原因（刘旭艳等，2019）。随着鸟类栖息地类型的改变与人类活动的加剧，农田耕地面积增多，而沼泽湿地与草甸面积减少，使得鸭类与鹤类数量大幅减少（陈丽霞等，2019）。高强度的农业生产给生态环境带来诸多负面影响，如何权衡农田生态系统服务是农业可持续发展面临的重要问题之一。

第5章　生物多样性保护与绿色发展主要举措和成效

习近平总书记明确提出，要树立尊重自然、顺应自然、保护自然的生态文明理念，实施重大生态修复工程，增强生态产品生产能力，保护生物多样性。中国坚持保护优先、自然恢复为主的基本方针，坚持在发展中保护、在保护中发展，不断健全完善生物多样性相关法律法规和政策制度，强调在保护的基础上合理利用生物资源，协调推进生物多样性保护与绿色发展，强化生物多样性保护目标责任，推动生物多样性保护主流化发展，通过布局实施重大生态工程，加大生态保护力度，推动生物多样性保护取得显著成效。

5.1　建立健全生物多样性保护法规制度

中国政府高度重视生物多样性保护立法及相关制度建设，已初步建立起生物多样性保护法律体系，编制实施了《中国生物多样性保护战略与行动计划》（2011-2030年）《全国生物物种资源保护与利用规划纲要》等重大规划，制定了一系列生物多样性保护相关标准规范。中共中央、国务院《关于加快推进生态文明建设的意见》明确将“生物多样性丧失速度得到基本控制，全国生态系统稳定性明显增强”确立为主要目标之一。《国民经济和社会发展第十三个五年规划纲要（2016-2020年）》提出要牢固树立和贯彻落实创新、协调、绿色、开放、共享五大发展理念，并专门明确了“十三五”时期生物多样性保护的重点任务。在全面推进生态文明建设过程中，中国正采用最严格制度最严密法治推动生物多样性保护。

5.1.1　法律法规

据粗略统计，目前我国已颁布实施的涉及生物多样性保护的法律共20多部、行政法规40多部、部门规章50多部（薛达元，2019）。同时，地方各省（区、市）也根据国家法规，结合当地实际，颁布了若干地方法规。从中央到地方，多层次、多部门法律法规的颁布实施，为生物多样性保护提供了坚实的法律保障。

1. 相关法律

《中华人民共和国宪法》规定：“国家保障自然资源的合理利用，保护珍贵的动物和植物。禁止任何组织或者个人用任何手段侵占或破坏自然资源”“国家保护和改善生活环境和生态环境，防治污染和其他公害。国家组织和鼓励植树造林，保护林木。”《中华人民共和国刑法》第三百四十一条、第三百四十四条、第三百四十五条规定了“非法猎捕、杀害珍贵、濒危野生动物罪”“非法采伐、毁坏国家重点保护植物罪”“盗伐林木罪”。另外，在生物多样性保护的具体领域，如生物安全、防治外来物种入侵、遗传资源获取与惠益分享、就地保护中，已颁布了一系列生物多样性保护的相关法律，为我国生物多样性保护法律体系打下了坚实基础。

在生物安全方面，1988年11月七届全国人大常委会第四次会议通过了《中华人民共和国野生动物保护法》，并于1989年3月正式实施。《中华人民共和国野生动物保护法》明确了维护生物多样性和生态平衡的原则，并对保护、拯救野生物种，合理利用野生动物资源，保护野生动物以及管理政策、措施及其法律责任等做了详细规定。1989年12月修正实施的《中华人民共和国环境保护法》第十七条规定“各级人民政府对具有代表性的各种类型的自然生态系统区域，珍稀、濒危的野生动植物自然分布区域，重要的水源涵养区域，具有重大科学文化价值的地质构造、著名溶洞和化石分布区、冰川、火山、温泉等自然遗迹，以及人文遗迹、古树名木，应当采取措施加以保护，严禁破坏。”对动植物赖以生存的空间都给予明确的保护。2020 年 10 月全国人大审议通过《中华人民共和国生物安全法》。

在防治外来物种入侵方面，《中华人民共和国野生动物保护法》第三十七条规定了从境外引进野生动物物种的规范条件。此外，1982 年颁布的《中华人民共和国海洋环境法》、1984 年颁布的《中华人民共和国森林法》、1985 年颁布的《中华人民共和国草原法》、1986 年颁布的《中华人民共和国渔业法》和《中华人民共和国国境卫生检疫法》、1991 年颁布的《中华人民共和国进出境动植物检疫法》、1997 年颁布的《中华人民共和国动物防疫法》等法律中均提到了检疫要求，以达到防治外来物种入侵的目的。

在遗传资源获取与惠益分享方面，2006 年颁布的《中华人民共和国畜牧法》是我国第一部明确提及遗传资源与惠益分享的法律，其中第十六条规定“向境外输出或者在境内与境外机构、个人合作研究利用列入保护名录的畜禽遗传资源的，应当向省级人民政府畜牧兽医行政主管部门提出申请，同时提出国家共享惠益的方案。”此外，《中华人民共和国森林法》《中华人民共和国草原法》《中华人民共和国渔业法》《中华人民共和国野生动物保护法》《中华人民共和国种子法》等均也做出相关规定。

在就地保护方面，《中华人民共和国环境保护法》《中华人民共和国森林法》《中华人民共和国草原法》《中华人民共和国渔业法》和《中华人民共和国野生动物保护法》等多部法律，均对自然保护区做出相关规定。这些法律明确野生动植物及其栖息地等自然资源的所有权为国家或集体所有，野生动植物是森林资源的组成部分；严格保护草原植被，防止过度放牧；加强良种保护，防治有害生物；建立保护区，为野生动植物提供生存空间。

为了合理开发、利用、节约和保护环境资源，防治自然灾害，实现自然资源的可持续利用，同时保护生物多样性，我国先后制定了《中华人民共和国水污染防治法》（1984 年）、《中华人民共和国矿产资源法》（1986 年）、《中华人民共和国土地管理法》（1986 年）、《中华人民共和国水法》（1988 年）、《中华人民共和国城市规划法》（1990 年）、《中华人民共和国固体废物污染环境防治法》（1995 年）、《中华人民共和国节约能源法》（1997 年）、《中华人民共和国气象法》（2000 年）、《中华人民共和国大气污染防治法》（2000 年）、《中华人民共和国防沙治沙法》（2002 年）、《中华人民共和国环境影响评价法》（2003 年）、《中华人民共和国可再生能源法》（2006 年）等，以适应国民经济和社会发展的需要。

随着社会经济的发展，人类对自然资源的开发利用乃至破坏日益加剧，导致了我国生物多样性面临着严重的危机。在这样的背景下，1994 年以来，我国先后对部分法律进行了修订、废止与增补，如十一届全国人大常委会先后修订了《中华人民共和国水土保持法》《中华人民共和国农业法》等；十二届全国人大常委会先后制定和修订了《中华人民共和国草原法》《中华人民共和国环境保护法》《中华人民共和国水污染防治法》《中华人民共和国大气污染防治法》《中华人民共和国环境保护税法》《中华人民共和国核安全法》《中华人民共和国野生动物保护法》《中华人民共和国深海海底区域资源勘探开发法》《中华人民共和国海洋环境保护法》《中华人民共和国环境影响评价法》《中华人民共和国渔业法》《中华人民共和国水法》《中华人民共和国种子法》等。特别是 2014 年重新修订的《中华人民共和国环境保护法》，引入了按日连续罚款、查封扣押、限产停产、行政拘留、公益诉讼等措施，被认为是“史上最严”的环境保护法。十三届全国人大常委会修订了《中华人民共和国土壤污染防治法》《中华人民共和国土地管理法》《中华人民共和国森林法》等。

为应对我国生物安全面临的新形势、新问题和新任务，解决野生动物保护管理出现的新情况，尤其是新冠肺炎疫情暴发以来所暴露的野生动物交易和滥食对公共卫生安全构成的重大隐患，野生动物保护体系的短板和弱项，亟待在法律法规层面进行及时补充完善。2020 年 2 月，十三届全国人大常委会第十六次会议通过《全国人民代表大会常务委员会关于全面禁止非法野生动物交易、革除滥食野生动物陋习、切实保障人民群众生命健康安全的决定》，对禁止食用野生动物的范围、打击非法野生动物交易、健全执法管理体制等做出进一步规定。

2. 行政法规

在就地保护方面，国务院颁布实施了《中华人民共和国自然保护区条例》，该条例作为第一部有关自然保护区的专门法规，对于生态保育具有重要意义。此外，针对不同领域自然环境保护中存在的问题，还制定了《风景名胜区管理暂行条例》（1985 年）、《城市绿化条例》（1998 年）、《退耕还林条例》（2002 年）等相关行政法规，建立了环保部门综合管理与林业、农业、国土资源、水利、海洋等行业管理相结合的管理体制，明确了分级分区管理制度，较好地解决了植物保护和动物栖息地保护中存在的许多问题。

在重点物种保护与管理方面，国务院和农林部门陆续发布了《国务院关于坚决制止乱捕滥猎和倒卖、走私珍稀野生动物的紧急通知》《国家重点保护野生动物名录》《中华人民共和国陆生野生动物保护实施条例》《中华人民共和国水生野生动物保护条例》《中华人民共和国野生植物保护条例》《中华人民共和国濒危野生动植物进出口管理条例》等，这些法规均要求对生物多样性、野生物种特别是濒危物种加以保护。

在防范外来物种入侵、维护生物安全和生态安全方面，国务院、国家科学技术委员会先后颁布了《中华人民共和国进出口动植物检疫条例》（1982 年）、《植物检疫条例》（1983 年）、《进出境动植物检疫法实施条例》（1996 年）《中华人民共和国动物防疫法》和《实验动物管理条例》（1988 年）、《农业转基因生物安全管理条例》（2011 年）、《病原微生物实验室生物安全管理条例》（2004 年）、《重大动物疫情应急条例》（2005 年）等一系列涉及进出境动植物检疫与疫情防控的政策法规。

在生物遗传资源获取与惠益共享、有效保护传统知识方面，国务院先后颁布了一系列行政法规，对生物多样性的管理和保护措施、生物多样性拥有者的权益以及遗传资源的对外交流与合作都做出了比较明确的规定，有效地加强了物种保护，同时促进了农业、林业和医药等产业发展。

此外，国务院印发了一批环境资源行政法规，2019 年，生态环境保护领域第一部党内法规《中央生态环境保护督察工作规定》出台，基本形成了以环境保护法为龙头，覆盖大气、水、土壤、自然生态、核安全等生态环境资源领域的法律法规体系。

3. 部门规章

（1）自然生境保护方面

各部门先后印发了一系列部门规章呼吁保护和修复自然生境。其中，生态环境部先后印发了《国务院办公厅关于进一步加强自然保护区管理工作的通知》《关于加强湿地生态保护工作的通知》《近岸海域环境功能区管理办法》《国家级自然保护区监督检查办法》《建设项目环境保护分类管理名录》（2021 年版）等部门规章，大力扶持生物多样性保护和可持续利用项目，呼吁加强对湿地生态系统及物种的保护，保护和改善近岸海域生态环境。林业部门作为森林、湿地和荒漠的政府主管机构，先后印发了《森林和野生动物类型自然保护区管理办法》《森林公园管理办法》《沿海国家特殊保护林带管理规定》《关于严格天然林采伐管理的意见》《关于加强自然保护区建设管理工作的意见》《国家级森林公园管理办法》《湿地保护管理规定》，从森林、湿地和自然保护区建设等不同角度提出保护物种与生态系统多样性。机构改革前，农业部门主管全国草原监督管理工作，先后发布了《草畜平衡管理办法》《关于进一步加强草原监督管理工作的通知》《草原征占用审核审批管理办法》《中华人民共和国水生动植物自然保护区管理办法》等，充分考虑了水生野生生物、草原野生动植物以及重要农业野生物种的保护。其他相关部委针对自然保护区建设也制定了相关规章，如原国家土地管理局发布了《自然保护区土地管理办法》；原国家海洋局制定了《海洋自然保护区管理办法》，明确要求保护海洋生态环境，加强海洋生物多样性保护。

（2）物种保护方面

国家环境保护总局于 2002 年 10 月颁布《建设项目环境保护分类管理名录》，明确了在建设项目中加强物种保护的目的，提出了加强生物多样性保护的要求。森林物种保护方面，国家林业局于 1999 年 9 月印发了《国家重点保护野生植物名录（第一批）》，同年 11 月发布了《关于加强鸟类管理的紧急通知》，号召保护鸟类资源。1999～2020 年，国家林业和草原局（原国家林业局）先后发布七批《中华人民共和国林业植物新品种保护名录（林业部分）》，不断完善林业植物保护名录。为了加强野生动植物的保护，保护生物多样性，农业部于 1999 年 9 月发布《中华人民共和国水生野生动物利用特许办法》，2002 年 10 月发布《农业野生植物保护办法》，将农业野生植物保护纳入法治化轨道。建设部于 2002 年 11 月印发《关于加强城市生物多样性保护工作的通知》，提出加强城市生物多样性保护、改善人居环境的要求。

（3）防范外来物种入侵方面

原国家环境保护总局联合相关部门先后印发了《中国第一批外来入侵物种名单》《关于加强环保用和可能造成环境危害的微生物进出口环境安全及卫生检疫管理的通知》《进出口环保用微生物菌剂环境安全管理办法》。国务院办公厅、国家林业局发布了《关于进一步加强林业有害生物防治工作的意见》《引进陆生野生动物外来物种种类及数量审批管理办法》，明确提出防止外来物种入侵，保护生物多样性，维护国土生态安全。原农业部也颁布了一系列规章防范外来物种入侵，如印发《中华人民共和国进境植物检疫禁止进境物名录》《农业转基因生物安全管理条例》《动物检疫管理办法》《动物病原微生物分类名录》等部门规章，不断加强动植物检疫和生物安全保护。商务部门会同有关部门调整了《中华人民共和国生物两用品及相关设备和技术出口管制条例》所附清单，在管制清单中增加了禽流感病毒、SARS 冠状病毒等菌毒种。作为 TRIPs 理事会中成员之一，中国积极推动讨论《与贸易有关的知识产权协定》与《生物多样性公约》的关系，主张应根据《生物多样性公约》修改《与贸易有关的知识产权协定》。为加强进出境动植物检疫，原国家出入境检疫局先后发布了《进出口野生动植物种商品目录》《进境植物繁殖材料检疫管理办法》《进境动植物检疫审批管理办法》《进出境转基因产品检验检疫管理办法》等规章；国家质量监督检验检疫总局先后发布了《进境植物和植物产品风险分析管理规定》《进境动物遗传物质检疫管理办法》等规范性文件。2017 年国家发展和改革委员会、农业部、国家质量监督检验检疫总局、国家林业局联合发布实施《全国动植物保护能力提升工程建设规划（2017-2025 年）》，重点加强外来入侵物种防控能力建设，积极防范外来物种入侵。

（4）种质资源保护方面

为加强生物遗传资源获取与惠益共享、有效保护传统知识，农业部颁布了一系列规章加强种质资源保护：1997 年颁布了《进出口农作物种子（苗）管理暂行办法》《关于设立外商投资农作物种子企业审批和登记管理的规定》；1998 年 1 月颁布了《种畜禽管理条例实施细则》，4 月印发了《农作物种子生产经营管理暂行办法》；1999 年 4 月颁布了《植物新品种保护条例实施细则（农业部分）》和《农业植物新品种保护名录（第一批）》；2001 年 2 月颁布了《主要全国农作物品种审定办法》。2001 年 5 月，国务院印发了《农业转基因生物安全管理条例》，用于紧急应对新出现的转基因生物安全问题。国家林业局先后颁布了《植物新品种保护条例实施细则（林业部分）》《林木种质资源管理办法》等部门规章。国家中医药管理局会同国务院所属 10 个部委，于 2007 年发布了《关于切实加强民族医药事业发展的指导意见》，强调要认真做好民族药资源的保护。为规范遗传资源的开发活动，知识产权部门在《中华人民共和国专利法修正案（草案）》中增加了遗传资源来源披露制度，这也是生物多样性保护的有力保障。

5.1.2 政策制度

生物多样性保护作为生态文明建设的重要内容，中国政府及各个职能部门近年来通过制定和实施行动计划，不断完善生物多样性保护工作机制，初步形成了一套由综合性政策和专项政策构成的具有中国特色的生物多样性保护与管理政策体系。

1. 生物多样性可持续利用政策

中国政府实施了重点野生动植物利用管理制度，包括特许猎捕证制度、采集证制度、驯养繁殖许可证制度等，不断加大对优良生物资源保护与可持续利用的鼓励力度。2005 年以来，农业部实施了畜牧及农作物良种补贴政策、以水生生物增殖放流为支持重点的渔业资源保护补助政策等，推动家畜、地方作物品种的改良，提高了优良生物资源的生产水平。2019 年，农业部印发了《长江流域重点水域禁捕和建立补偿制度实施方案》，提出逐步健全河流湖泊休养生息制度。

中国政府正在积极探索和鼓励多种生物多样性保护与可持续利用方式。2012 年，国务院印发了《关于加快林下经济发展的意见》，指出要把林下经济发展与森林资源培育、天然林保护等生态建设工程紧密结合，持续提高林地综合生产效益。国家中医药管理局等发布了《关于切实加强民族医药事业发展的指导意见》和《关于加强新时代少数民族医药工作的若干意见》，强调要认真做好民族药资源的保护，建立民族药濒危品种和道地药材养殖种植基地，建立民族药自然保护区，加强家种、家养驯化研究。2012 年，国家旅游局联合环境保护部印发了《国家生态旅游示范区管理规程》《国家生态旅游示范区建设与运营规范（GB/T 26362—2010）评分实施细则》，对国家生态旅游示范区的建设和运营工作进行了规范与指导。

生物产业领域也已成为国家积极培育的战略性新兴发展方向。2006 年以来，国务院、国家发展和改革委员会先后批准发布了《促进生物产业加快发展若干政策》《“十三五”生物产业发展规划》《“十三五”生物产业发展规划》《“十三五”国家战略性新兴产业发展规划》《“十三五”节能环保产业发展规划》等，旨在建设现代生物产业体系和生物安全保障体系，使生物产业为国民经济和社会可持续发展做出更大贡献。2006 年 11 月，国家林业局会同财政部等部委联合下发了《关于发展生物能源和生物化工财税扶持政策的实施意见》，通过实施建立风险基金、原料基地补助、示范补助等多项财税扶持政策，支持地方发展生物能源与生物化工产业。2019 年，国家发展和改革委员会等 10 部委联合发布了《关于促进生物天然气产业化发展的指导意见》，指出加快生物天然气专业化市场化规模化发展，形成绿色低碳清洁可再生燃气新兴产业。

2. 遗传资源及相关传统知识保护政策

为初步遏制生物多样性的流失，中国政府先后颁布了《关于加强生物物种资源保护和管理的通知》《中国生物多样性保护战略与行动计划》（2011-2030 年）等政策文件，逐步加强遗传资源及相关传统知识保护、生物资源获取和出入境管理制度建设。

农业部先后颁布实施了进入国家级水生动植物自然保护区核心区从事科学研究观测、调查活动审批制度，向境外提供农作物种质资源审批制度，设立外商投资粮棉油作物种子企业立项审查制度，草种进（出）口审批制度，农作物种子经营许可证审批制度等。2002 年，商务部对《生物两用品及相关设备和技术出口管制条例》所附清单实行出口许可管理制度。2007 年，国家林业局濒危物种进出口管理办公室发布了《关于依法规范<允许进出口证明书>行政许可工作的通知》，提出实施行政许可文书制度，进一步强化我国野生动植物资源的进出口管理工作。海关总署作为国家进出境监督管理机关，高度重视生物物种资源的进出口管理，联合国家频管办、商务部先后制定、调整并公布濒危野生动植物进出口相关管理目录，包括《进出口野生动植物种商品目录》《两用物项和技术进出口许可证管理目录》等。我国生物资源获取和出入境管理制度逐步完善。

生物资源知识产权保护已经引起了国家的高度重视。中国国家知识产权局于 2007 年印发了《关于加强知识产权保护和行政执法工作的指导意见》，随后出台了《关于开展知识产权维权援助工作的指导意见》《“雷雨”、“天网”知识产权执法专项行动方案》等一系列政策文件，以食品、医药、农业、高新技术及本地优势产业和重大项目为重点领域严厉打击知识产权侵权假冒行为。

3. 生物多样性政绩考核制度

为加快推动绿色发展，自然环境与生物多样性保护的相关指标正在逐步纳入各地方政府的政绩考核制度之中。2009 年，我国启动了五大区域重点产业发展战略环评工作，环境保护部首次将生物多样性纳入国家重点产业发展战略环评。2010 年，国务院通过了《2010 年国际生物多样性年中国行动方案》和《中国生物多样性保护战略与行动计划》（2011-2030 年）。2011 年，环境保护部发布了《区域生物多样性评价标准》（HJ 623—2011）。2012 年，李克强总理提出了要将生物多样性保护作为生态文明建设目标体系的重要内容，纳入地方政绩考核。近年来，重庆市、江西省、海南省等地均将生物多样性纳入了政府考核，湖南省建立了由交通、卫生、环境保护、水利和主要辖区岳阳市政府等多个部门组成的联席会议制度，对江豚等水生野生动物加以保护，并将保护工作纳入政府绩效考核内容，规定对由人为因素造成江豚死亡的，将依法追究责任。

4. 生物多样性保护与减贫政策

为解决自然保护区与周边社区的矛盾，各地方政府正在逐步开展社区共管、生态旅游、人工养殖等项目，利用保护区的资源优势，进行合理开发，适度经营，把生态环境保护与当地居民的脱贫结合起来，研究探索出适合当地的生物多样性保护与减贫协同推进模式，达到生物多样性永续利用的目的。例如，2012 年江西省人民政府、湖北省人民政府出台了《关于大力推进林下经济发展的意见》，鼓励林农借助林地生态环境，利用林地资源和林荫优势开展林、农、牧等多种项目复合经营，实现了保护生态环境和林农增产增收双赢的良好局面。湖北省五峰土家族自治县地处生物多样性关键地区，也是国家级贫困县，通过建立蜜蜂养殖、蜜源植物种植与生物多样性保护协调的减贫模式，全县贫困户中有 3500 个有望脱贫，户均增收 5000 多元，该案例于 2019 年入选由世界银行、联合国粮食及农业组织等联合发起的“110 个全球减贫案例征集活动”最佳案例。2016 年以来，河北省围场县八顷村根据当地气候和土壤优势，积极探索发展生物多样性保护与减贫的产业项目，包括玫珑瓜种植、金莲花种植、有机富硒马铃薯种植、菊芋种植等产业，闯出一条生态产业致富路，带动全村贫困群众脱贫增收，形成了产业项目持续稳定发展的良好局面，2019 年底实现整村脱贫，贫困综合发生率降至 0.34%。

5. 应对国际新问题专项政策

随着世界经济的发展和全球经济一体化进程的加快，外来物种入侵已经成为影响国家安全的主要因素之一。我国关于外来物种入侵防范的政策集中于引种管理方面。自 2002 年起，我国陆续公布了一系列外来入侵物种名单：环境保护部联合中国科学院发布了 4 批外来入侵物种名单，印发了《外来物种环境风险评估技术导则》等标准规范；农业部发布了《中华人民共和国进境植物检疫危险性病、虫、杂草名录》《禁止携带、邮寄进境的动物、动物产品和其他检疫物名录》《进境植物检疫禁止进境物名单》《全国植物检疫对象和应施检疫的植物、植物产品名单》；国家质量监督检验检疫总局发布了《进境植物检疫潜在危险性病、虫、杂草名录（试行）》；国家林业局发布了《森林植物检疫对象和应施检疫的森林植物及其产品名单》等（徐传秋，2016）。

在转基因生物管理方面，2006 年农业部颁布实施《农业转基因生物安全管理条例》，对转基因生物安全管理的审批过程做出了规定。2010 年农业部实施农业转基因生物安全管理审批制度，对转基因生物的用途及运输过程中的安全性进行评价及安全等级划定。环境保护部针对已经商业化和具有商业化可能性的转基因作物开展长期定点的跟踪监测，就转基因抗虫棉、水稻、大豆、玉米和番木瓜等作物环境释放的风险开展评估和监测，组织编制《抗虫转基因植物生态环境安全检测导则（试行）》（HJ 625—2011）等技术标准，为构建生物技术环境安全监测网络、加强转基因生物环境安全监管工作奠定了基础。

5.2 合理利用生物资源推动绿色发展

生物多样性保护与绿色发展是当今世界共同关注的焦点议题之一，是发展中国家的贫困区域可持续发展的重要主题和核心内容。中国是世界上生物多样性最为丰富的国家之一，种类繁多的生物资源大部分分布于中西部贫困人口相对集中的地区。这些地区农村居民的日常生计和收入直接依赖于当地的生物多样性资源，一些地区对重要生物资源的无序利用、过度开发，加剧了生物多样性的丧失和资源环境的破坏。同时，生物多样性的破坏又加大了区域经济发展的难度。大力推进生态文明背景下的扶贫工作，高度重视以自然承载力为基础的资源可持续利用，积极推进把资源优势转化为经济优势，探索建立生物多样性保护与绿色发展协同推进模式，实现生物多样性保护与减贫双赢，推动贫困地区实现可持续发展。

5.2.1 加强生物资源保护

2007 年，原国家环境保护总局发布了《全国生物物种资源保护与利用规划纲要》，印发了《加强生物遗传资源管理国家工作方案（2014-2020 年）》，确定了生物资源保护的一系列国家方案。2008 年，原国家林业局、原环境保护部、中国科学院联合对外发布了《中国植物保护战略》。2016 年，国家发展和改革委员会发布了《“十三五”生物产业发展规划》，提出了建设生物资源样本库、生物信息数据库和生物资源信息一体化体系。2017 年，科学技术部印发了《“十三五”生物技术创新专项规划》，确定了我国战略性生物资源发展目标和发展举措。环境保护部联合教育、科技、农业、林业、中国科学院等部门发布了《关于加强对外合作与交流中生物遗传资源利用与惠益分享管理的通知》，修改完善了《生物遗传资源获取与惠益分享管理条例》。

经过多年的发展，我国生物资源保藏水平持续提高。科技基础条件调查数据显示，截至 2016 年底，我国已建成了 316 家植物保藏机构、96 家动物保藏机构、90 家微生物保藏机构以及国家级人类遗传资源数据中心，建成了作物、林木、微生物菌种、人类遗传、家养动物、水生生物等 8 个生物种质资源领域共享服务平台。基于这些平台，我国现已保存农作物种质资源 2700 种、林木种质资源 2300 种、野生植物种质资源 9500 种、活体畜禽动物 700 余种、水产动物种质资源近 1800 种、微生物菌种近 21 万株。

作为国家战略科技力量的重要组成部分，中国科学院十分重视生物资源的保存和利用。在财政部等国家相关部委的大力支持下，面对经济社会快速发展的新需求，中国科学院在“十一五”期间启动了“战略生物资源计划”。该计划以服务社会发展和支撑科学研究的基本职能为出发点，在坚持长期收集保藏种质的基础上，面向国家重大需求和国民经济主战场，整合植物园、标本馆、实验动物平台、生物遗传资源库以及中国科学院生物多样性科学委员会的相关资源，构建了集植物、动物、微生物、细胞库等为一体的战略生物资源平台，大力提升了我国战略生物资源收集、保藏、评价、转化与可持续利用的综合能力，支撑和服务于生物产业发展，为我国经济社会的可持续发展提供强有力的科技支撑。中国科学院“战略生物资源计划”由 5 个平台组成。

（1）植物园平台

包括 15 个院属及共建植物园，收集保藏了 21 000 余种植物物种，约占全国植物物种的 60%、活体保存物种的 90%。迁地保护了 445 种极危植物、787 种濒危植物和 1130 种易危植物，数十种濒危植物已开始进行野外回归试验。通过开展“本土物种全覆盖保护计划”，对 15 个代表性区域（约占国土面积的 37.4%）开展了本土植物的评估、清查与保护等工作，为我国本土植物的清查与保护提供了重要数据支撑。

（2）标本馆平台

由 19 个院属标本馆组成，是亚洲最大的生物标本馆体系，馆藏标本 2038.5 万号，占全国统计标本总量的 60%以上，包括数字化标本 971.6 万号，定名标本 1146.1 万号。其中，中国科学院昆明植物研究所标本馆建设了国内首个第三代数字植物标本馆系统，其极大地提高了标本馆的标本数字化效率和标本管理水平，实现了高度自动化的植物标本数字化管理。中国科学院植物研究所标本馆研发的“花伴侣”专业版手机应用软件，可识别 1.5 万种植物，涵盖中国植物的大部分科属，是标本馆收藏以及公众科普的重要工具。

（3）生物遗传资源库平台

包括 12 个院属单位，目前保存生物遗传资源 29 900 多种、697 379 份。其中，国家重大科学工程“中国西南野生生物种质资源库”保藏 21 666 种、150 803 份种质资源。该平台拥有亚洲最大的微生物资源库——中国普通微生物菌种保藏管理中心，保藏微生物 64 830 株，占全国微生物保藏量的 50%，物种覆盖率达 80%。

（4）实验动物平台

由 19 家院属单位组成，拥有 10 余个实验动物物种、1846 份品系，支撑了一系列重要的动物模型和相关重大科技成果的产出，有力推动了中国实验动物模型特别是大动物模型整体的研发能力。该平台在新型实验动物模型的构建和野生动物的实验动物化方面做出了重要贡献，涌现出一批具有国际影响力的重大科研成果，如成功培育出体细胞克隆猴、世界首例亨廷顿舞蹈病基因敲入猪模型、世界上首例长寿基因敲除的食蟹猴模型等。

（5）生物多样性监测及研究网络平台

包括 10 个专项监测网和 1 个综合监测管理中心，从基因、物种、种群、群落、生态系统和景观等水平上，对动物多样性、植物多样性和微生物多样性进行多层次的全面监测与系统研究，以跟踪分析全国典型区域重要生物类群的中长期变化态势。监测结果为中国大鲵等野生动物的保护，以及为三峡工程等国家重大工程的建设提供了重要参考。

以“战略生物资源计划”的五大平台信息化数据为基础，中国科学院建立了战略生物资源综合信息平台，提供包括保存、研究和功能评价在内的全方位的信息支撑，建立了完备的数据交换与数据共享机制，打造成我国战略生物资源数据集成和数据服务平台，通过系统集成，实现优势互补，资源共享，共同拓展发展空间。中国科学院的“战略生物资源计划”对提升我国生物资源保藏、保护以及挖掘、利用水平起到了重要推动作用，为保障国家生物多样性安全和履行国际公约起到重要支撑作用。

5.2.2　推动绿色发展

1. 保护生物多样性助力减贫

贫困地区发展落后，导致了大量自然资源的遗存，成为生物多样性富集的区域，使贫困地区与生态脆弱地区、生物多样性富集地区有着高度的空间一致性和重合性。我国生物多样性保护优先区域涉及县（市、区）中，国家级贫困县（市、区）所占比例达到 38%左右，生态脆弱区内约有 76%的县（市、区）是贫困县（市、区）。我国陆续颁布实施的《全国主体功能区规划》《中国生物多样性保护战略与行动计划》（2011-2030 年）《中国农村扶贫开发纲要（2011-2020 年）》《中共中央国务院关于打赢扶贫攻坚战的决定》等重大政策和规划，均不同程度强调了要在贫困地区实施重点生态修复工程、重视贫困地区生物多样性保护、结合生态保护脱贫等要求，并制定了相应措施。将我国重点生态功能区、生物多样性保护优先区、集中连片特殊困难地区、扶贫开发工作重点县、农村环境综合整治重点区域“五区”叠加，形成我国生物多样性保护与扶贫攻坚工作协同并举的 138 个重点县（市、区），是未来推动贫困地区生物资源保护与可持续利用的主要区域。

生物多样性从生态系统服务、生物资源利用、景观和文化等多方面支持着人类的衣、食、住、行、社会发展和文化传承，合理利用生物多样性资源能够为我国扶贫攻坚工作提供重要助力。生物多样性保护助力减贫主要模式有以下几种。

（1）**替代生计模式**

改变传统生计方式，保护自然资源环境。当地的资源环境难以承载现有的生产经营活动，或者现有的生产经营活动对资源环境已经或正在产生破坏，在制度、政策允许范围内产生的一种与资源环境和技术水平相适应的生产经营模式。替代生计模式更多地体现为一种资源利用和保护的系统策略，是目前我国生物多样性保护助力地区减贫应用最为广泛和普遍的一种模式，如能源替代、林下经济、生态农业等。

（2）**特色资源模式**

依托区域资源特色，利用生物资源获利。依托地区蕴藏量丰富或具有特色的生物资源，采用独特的生产技术、生产工艺、生产工具、生产流程和管理组织方式对其进行开发与利用，使之能够持续产生经济效益的发展模式。特色资源模式能够为地区经济提供产业支柱和发展动力，同时解决劳动力发展、就业、农户脱贫等问题，要求当地具有一定的社会经济水平、生产力水平、通信物流等公共资源本底和产品市场潜力。

（3）**生态旅游模式**

保护景观生态功能，兼具地区文化内涵。生态旅游模式更多地体现为一种综合了景观文化承载力、资源保护和经济发展的形式，注重保护景观原有风貌的生态效果，兼具文化内涵，其产品具有高度的综合性。生态旅游模式适用范围可大可小，组织方式非常灵活。

（4）**社区共管模式**

社区接受技术协助，共同管理自然资源。社区共管模式主要在自然保护区与周边社区的管理中得到应用，由社区群众和保护区管理部门组成合作伙伴关系，共同参与保护区建设和周边发展。社区共管模式在我国的兴起及推进主要依赖于国际援助项目对自然保护区建设的推动。因此，社区共管这一模式的主要应用领域目前还是在自然保护区及其周边社区。

（5）**生态移民模式**

实施异地搬迁安置，减轻生态系统压力。国家或某一单位为恢复和保护生态环境而采取工程治理措施，对由此产生的移民群体实行有计划、有组织、有资金和政策扶持的异地搬迁安置。生态移民模式大多以政策为主导，实施农业安置、产业安置、劳务输出或教育培训等多项措施，引导贫困人口向适宜生存和发展的地区转移。生态移民模式成为解决生态退化问题和农牧民生活困难的最直接有效的选择。

（6）**绿色考评模式**

转换传统考评机制，重视生态环境保护。在党政领导干部的考核指标体系中设立与生物多样性保护、发展绿色经济等相关的考核指标，进而从一定程度上改变以 GDP 为主导的发展模式。绿色考评模式一方面会促使地方政府采取积极有效的措施保护生物多样性和生态环境，另一方面会更加合理地开发利用自然资源，加强以绿色经济为导向的地区经济发展。

2. 推广生态农业模式

根据生态学的组织层次，生态农业模式可以分为地域性生态循环模式、治理性生态循环模式和需求性生态循环模式三个层次，并向下分支各类小型生态农业模式。

生态农业模式按照地理环境不同，可分为北方生态模式与南方生态模式两种类型。北方侧重使用“四位一体”生态模式，将沼气池、厕所、畜禽舍和日光温室优化组合，使之相互依存、优势互补。南方侧重“猪—沼—果”生态模式，加以配套技术设备，并逐渐将水产养殖融入其中，形成特有的种养殖模式。不仅如此，对于适合综合利用的平原而言，演变出平原农林牧复合生态模式。以我国北方平原为例，我国北方平原基于畜禽、秸秆等农业生产废物，经过好氧堆肥、沼气工程与资源利用化，兼顾作物、林业、放牧等农业活动，组合成为具有地域特色的平原林牧复合生态模式。

根据治理性生态环境模式，对于生态环境易遭受破坏的草地、丘陵地区，逐渐形成草地生态恢复与持续利用生态模式及丘陵山区小流域综合治理模式。对于草地而言，在牧区实施减牧还草，在农牧交错带实施退耕还草，在南方草山、草坡区实施种草养畜，在潜在沙漠化地区实施以草为主的综合治理模式。对于丘陵而言，发展农、林、牧综合性特色生态农业，利用丘陵特有地貌，将果树、茶树沿等高线在山上种植，将蔬菜、花卉与大田作物在平整土地上集约化种植，同时兼顾畜牧养殖，运用配套生产技术发展丘陵地区农、林、牧综合性特色生态农业。针对农业面源污染分区地带，可根据当地情况建设不同种类的生态农业园。以三峡库区为例，根据不同纬度，从种植品种选择、园区污染规避等方面建设生态农业园，减轻污染的同时达到生态、经济、社会效益最大化。

根据需求性生态循环模式，将生态农业模式分为设施生态农业模式与观光生态农业模式。设施生态农业模式是在生物能循环、节水灌溉、机械化生产的基础上进行生态农业种养殖，利用科学农业设施设备提高能源转化率并维持资源平衡。观光生态农业模式主要由观光渔业、观光农园、观光畜牧、观光园艺组成，生态农业佐以旅游业发展，维持生态环境的同时带动经济发展。

2005 年开始，中国政府实施测土配方施肥补贴项目，大力推广科学施肥技术。截至 2010 年，已覆盖 2498 个县（区），推广面积 11 亿亩以上。2006 年开始，中国政府实施土壤有机质提升项目，5 年来累计推广 3000 多万亩，通过秸秆还田、种植绿肥、增施商品有机肥等措施，提高了土壤有机质含量，改善了耕地基础地力。中国已建立起与国际接轨的有机农产品认证体系，累计发放有机产品认证证书 6000 多张。2010 年，中国绿色食品生产企业总数达到 6391 家，产品总数达到 16748 个。农业的食物保障、原料供给和就业增收功能进一步增强的同时，在生物质能源、生态保护、观光休闲和文化传承等方面的功能也逐步显现。2010 年休闲农业接待游客超过 4 亿人次，营业收入超过 1200 亿元，实现了部分农村剩余劳动力向非农部门转移。林业发展呈现出新变化，木本油料、林下经济、森林旅游、生物质能源、野生动植物驯养繁殖利用等特色产业得到快速发展，林木、花卉等产品产量居世界前列。其中，2010 年森林公园接待游客 3.96 亿人次，直接旅游收入 294.94 亿元，所创造的社会综合产值超 2400 亿元。2010 年中国林业总产值达 2.28 万亿元，比 2000 年增加 5.4 倍。

3. 加大生物质能源利用

从全球角度来看，生物质能已经成为世界上重要的新能源，在应对全球气候变化、解决能源供需矛盾、保护生态环境等方面发挥着重要作用，是继石油、煤炭、天然气之后的第四大能源，成为国际能源转型的重要力量。农林生物质综合利用方式主要包括农林废物发电、液体生物质燃料、生物柴油、燃料乙醇 4 种。

（1）农林废物发电

根据燃料利用方式的不同可将农林废物发电分为燃烧发电和气化发电。燃烧发电是直接利用生物质在锅炉中燃烧放出热量，通过加热生物质进行发电。气化发电是将生物质在缺氧条件下转化为可燃气，然后可燃气在锅炉或原动机中燃烧发电。秸秆气化发电、秸秆直燃发电、煤与秸秆混燃发电都是目前可以采用的技术路线。关键是在选择技术路线时，必须充分考虑项目所在地的实际情况，采用最适宜的技术。从世界上一些生物质直燃发电比较发达的国家来看，目前均采用的是2.5万kW级或1.2万kW级，甚至更小容量的发电机组。而当今世界上运行的容量最大的生物质直燃发电机组是英国的ELY电厂，装机也仅为3.8万kW。

农林废物发电最大的问题是资源的收集，而中国的相应资源主要集中在农村。中国目前已实现并网发电的4个生物质直燃发电项目中，均采用的是2.5万kW级的发电机组。中国的生物质直燃发电技术尚未形成系统性的研究体系，许多问题亟待解决，如秸秆中含有较高的氯及钾、钠等成分，其灰熔点较低，容易在炉膛内结渣、结焦或沉积于受热面，严重影响生物质燃烧锅炉的换热，甚至造成腐蚀。目前国内在建的生物质直燃电厂主要依靠国外引进技术，关键设备基本是直接进口或在国内委托生产，既没有自主知识产权，设备价格也较高。

（2）液体生物质燃料

生物质能的很大一个利用领域是制取液体燃料代替汽油或柴油。生物质液化分为直接液化和间接液化。生物质直接液化也称为生物质热解液化，生物质热解液体产物呈棕黑色，黏度和中等的燃料油近似，含氧量高，热稳定性好。生物质间接液化是先将生物质进行高温气化，得到合成气，然后净化合成二甲醚或甲醇等液体燃料，或进一步生产合成柴油。由生物质制得的液体燃料的形式主要有生物柴油、乙醇和生物油等几种。

（3）生物柴油

生物柴油是以植物果实、种子、植物导管乳汁或动物脂肪油、废弃食用油等为原料，与醇类（甲醇、乙醇）经酯化反应获得的可供内燃机使用的一种燃料。生物柴油是一种清洁含氧燃料，具有可再生、易于降解、燃烧污染排放低、温室气体排放低等特点。生物柴油所需的原料大致分为两类，一类以含油植物的果实或种子为原料制成，一类以动物油脂（猪油、牛油、鱼油等）和餐饮业废弃食用油为原料。生物柴油具有来源广泛、污染小、能量密度高、经济向好、使用性能好等优点。生物柴油主要生产工艺有化学法、生物法、超临界法等，目前工业上生产主要是采取酯交换法，包括酸或碱催化法、生物酶催化法、工程微藻法和超临界法等。

其中藻类中的一个门类——微藻，通过吸收二氧化碳，经过光合作用，在体内产生油脂，含油量占其自身体重的50%～60%。通过这种“产油”的特性，可利用微藻生成“生物柴油”。众所周知，二氧化碳排放是全球气候变暖的罪魁祸首。因此，利用微藻来制造能源的同时，还能减少二氧化碳排放，可谓一举两得。

（4）燃料乙醇

自20世纪70年代中期的石油危机以来，以美国和巴西为主的一些国家开始推行生物乙醇发展计划，但是生物乙醇的大规模迅速扩张是从2001年开始的。据统计，到2006年底，全球共有17个国家制定了国家层面的生物液体燃料发展目标。从生物乙醇原料选择来看，玉米、甘蔗等传统农作物是生物乙醇生产最为主要的原料，由糖类和淀粉类原料生产乙醇的工艺已经十分成熟，但是因为其原料主要是粮食，很容易造成和粮食争地的局面，难以长期满足能源需求，因此生产受到了很大的限制。

近年来利用非食用纤维素转化乙醇是研究热点。纤维素资源丰富，是一种可再生能源，是最主要的生物质资源，将成为生产燃料乙醇的主要原料。近年来，利用纤维素原料生产燃料乙醇因成本较低和设备简单等因素，引起了研究者的浓厚兴趣，使用纤维素原料生产乙醇是今后采用发酵法生产乙醇的重点发展方向之一。纤维素原料生产乙醇的过程可以分为两步：第一步把纤维素水解为葡萄糖等可发酵的糖，即糖化过程；第二步将发酵液发酵为乙醇。但纤维素的组成成分和结构非常复杂，使得催化剂很难与纤维素接触，直接影响其糖化水解以及发酵的过程。因此必须对纤维素原料进行预处理，以脱除木质素，改变纤维素的结构，增加有效比表面积，提高效率，同时可以避免多糖的降解和损失，避免产生对水解及发酵过程起抑制作用的副产品。

5.3　落实保护空间，布局实施重大生态工程

中国森林资源在 2010 年至 2020 年增长面积超过 7000 万 hm^2，居全球首位，中国 90%的陆地生态系统类型和 85%的重点野生动物种群得到有效保护，中国已提前完成 2020 年应对气候变化和设立自然保护区的相关目标。作为世界最大的发展中国家，中国近年来在生物多样性保护和绿色发展方面不断交出亮眼答卷，这其中诸多重大生态保护修复工程功不可没。从持续 20 多年的天然林保护工程，到陆续开展的三批山水林田湖草生态保护修复试点工程，中国在发展的同时不断加大生态保护力度。

5.3.1　落实保护空间

中国不断推动自然保护地体系建设，形成了由自然保护区、风景名胜区、森林公园、地质公园、自然文化遗产、湿地公园、水产种质资源保护区、海洋特别保护区、特别保护海岛等组成的保护地体系。率先在国际上提出和实施生态保护红线，构建了以重要生态功能区、生态脆弱区和生物多样性保护区为主体的生态保护红线体系。编制生态功能区划、主体功能区划，明确生物多样性保护优先区，启动了国家公园体制并开展试点示范，保护了重要自然生态系统和自然资源，在维护重要物种栖息地方面发挥着积极作用。

1. 自然保护地体系

经过多年建设，中国建成以自然保护区为骨干，包括不同类型保护地的保护网络体系，各类陆域保护地约占陆地国土面积的 18%，提前完成《生物多样性公约》2020 年达 17%的目标。截至 2016 年底，中国自然保护区共 2740 处，总面积 147 万 km^2，其中，陆域面积 142 万 km^2，约占陆地国土面积的 14.8%。根据《中国生物多样性保护战略与行动计划》（2011-2030 年），中国已建成各类海洋保护区 170 多处，其中国家级海洋自然保护区 32 处；地方级海洋自然保护区 110 多处；海洋特别保护区 40 余处，其中，国家级 17 处；合计约占中国海域面积的 1.2%。

2013 年，《中共中央关于全面深化改革若干重大问题的决定》中首次提出“建立国家公园体制”。2017 年和 2019 年，中共中央办公厅、国务院办公厅先后印发《建立国家公园体制总体方案》和《关于建立以国家公园为主体的自然保护地体系的指导意见》，为保护地管理模式创新发展提供了指引。中国于 2015 年启动国家公园体制试点建设，建立了三江源、东北虎豹、大熊猫、祁连山、海南热带雨林、神农架、武夷山、南山、钱江源、普达措 10 处国家公园体制试点，涉及 12 个省份，整合 68 个自然保护区、157 个自然保护地，总面积约 22 万 km^2，占陆域国土面积的 2.3%。中国自然保护地体系的顶层设计已经初步完成，建立具有全球先进性的自然保护地体系的宏大计划已经展开，将为全球生态治理提供中国方案。

生物多样性和生态系统保护已取得明显成效。在试点工作的探索中，可可西里成功列入《世界遗产名录》，成为我国面积最大的世界自然遗产地，成为名副其实的“生态名片”。目前，三江源国家公园体制试点区生态保护和恢复成效日益显现，生态功能不断强化，水源涵养量平均增幅 6%以上，草地覆盖率提高 11%以上，产草量提高 30%以上。海南热带雨林国家公园体制试点区位于海南省中部山区，也是我国特有物种海南长臂猿的唯一栖息地，因此保护热带珍稀濒危野生动植物资源成为海南热带雨林国家公园体制试点的重点任务。2016～2019 年，2000 多亩海南长臂猿栖息地得到修复，海南长臂猿种群数量逐步增长。

2. 生物多样性保护优先区

2010 年，经国务院批准，原环境保护部发布了《中国生物多样性保护战略与行动计划》(2011-2030 年)，按照保护优先、持续利用、公众参与和惠益共享的原则，综合考虑生态系统类型的典型性、生态功能的特殊性、生物多样性的状况、威胁重要物种的因素、生态与科学研究价值、分布数据的可获得性、管理的可行性等因素，将全国划分为 8 个陆地自然区域和 3 个海洋自然区域，划定了 35 个生物多样性保护优先区域，其中 32 个为内陆陆地和水域生物多样性保护优先区域，3 个为海洋与海岸生物多样性保护优先区域。2015 年，原环境保护部组织开展了生物多样性保护优先区域边界核定工作，确定了中国生物多样性保护优先区域范围，发布了《中国生物多样性保护优先区域范围》。生物多样性保护优先区域的提出，对于开展生物多样性保护优先区域的本底调查与评估工作，进一步稳定国家级自然保护区的功能和有效保护重要生态物种及其栖息地具有重要的指导意义。

3. 生态保护红线

中国生态系统类型多样，物种资源丰富，但由于长期的人类活动和不合理的开发利用，生态系统遭受了严重破坏，部分区域生物多样性不断下降，一些重要物种濒危灭绝（高吉喜，2015）。为了加强生态环境保护，构建区域空间的生态安全格局，2011 年国务院发布的《关于加强环境保护重点工作的意见》首次提出了生态保护红线的重要战略任务。2015 年生态保护红线被写入《中华人民共和国环境保护法》，划定并严守生态保护红线成为法定的责任和义务。十八届三中、四中、五中全会以及《关于加快推进生态文明建设的意见》进一步强调了要加快划定生态保护红线。

2017 年，中共中央办公厅、国务院办公厅印发了《关于划定并严守生态保护红线的若干意见》，提出生态空间是指具有自然属性、以提供生态服务或生态产品为主体功能的国土空间，包括森林、草原、湿地、河流、湖泊、滩涂、岸线、海洋、荒地、荒漠、戈壁、冰川、高山冻原、无居民海岛等。生态保护红线是在生态空间范围内具有特殊重要生态功能、必须强制性严格保护的区域，是保障和维护国家生态安全的底线与生命线，通常包括具有水源涵养、生物多样性维护、水土保持、防风固沙、海岸生态稳定等功能的生态功能重要区域，以及水土流失、土地沙化、石漠化、盐渍化等生态环境敏感脆弱区。党的十九大报告要求，完成生态保护红线、永久基本农田、城镇开发边界三条控制线划定工作。2018 年《中共中央、国务院关于全面加强生态环境保护坚决打好污染防治攻坚战的意见》提出，到 2020 年，全面完成全国生态保护红线划定、勘界定标，形成生态保护红线全国“一张图”，实现一条红线管控重要生态空间，并提出“生态保护红线面积占比达到 25%左右”的明确目标。

划定并严守生态保护红线，是贯彻落实主体功能区制度、实施生态空间用途管制的重要举措，是提高生态产品供给能力和生态系统服务功能、构建国家生态安全格局的有效手段，是健全生态文明制度体系、推动绿色发展的有力保障。2017 年，国务院批准了京津冀、长江经济带和宁夏 15 省（区、市）生态保护红线划定方案，划定生态保护红线总面积约 61 万 km^2，占 15 省（区、市）国土总面积的 1/4 左右，主要为生态功能极重要和生态环境极敏感脆弱地区，涵盖了国家级和省级自然保护区、风景名胜区、森林公园、地质公园、世界文化自然遗产、湿地公园等各类保护地，基本实现了“应划尽划”，其他地区也陆续开展生态保护红线划定工作，已经形成初步方案。

4. 生态功能区

2010 年国务院印发的《全国主体功能区规划》提出了国家重点生态功能区名录，包括 25 个重点生态功能区，总面积为 386 万 km^2，占国土空间的 40.2%。国家重点生态功能分区主要分为 4 类，分别是水源涵养型、水土保持型、防风固沙型和生物多样性维护型。其中，涉及生物多样性维护的重点生态功能区共有 7 个，分别是川滇森林及生物多样性生态功能区、秦巴生物多样性生态功能区、藏东南高原边缘森林生态功能区、藏西北羌塘高原荒漠生态功能区、三江平原湿地生态功能区、武陵山区生物多样性与水土保持生态功能区和海南岛中部山区热带雨林生态功能区。以上功能区进行生物多样性保护的措施主要有：明确保护区域范围，保护生物多样性和多种珍稀动植物基因库；减少和禁止采伐活动，通过恢复山地植被来保护野生物种栖息地；加强草原巡护工作，防范盗猎野生动物行为；扩大保护范围，控制有关开发和建设项目的强度，改善野生动物所处的生态环境；扩大天然林保护范围，巩固退耕还林成果，恢复森林植被和生物多样性；加强热带雨林保护，遏制山地生态环境恶化。主体功能区战略旨在引导资源要素优化配置，把增强提供生态产品的能力作为生态功能区的首要任务，保护和修复生态环境，增强生态服务功能，保障国家生态安全。同时，因地制宜地发展适宜产业、绿色经济，引导超载人口有序转移。

2008 年，环境保护部和中国科学院联合编制了《全国生态功能区划》，此后又联合开展了修编工作，形成《全国生态功能区划（修编版）》，并于 2015 年发布。《全国生态功能区划（修编版）》依据生态系统服务功能将生态功能区划分为 9 个类型，其中生物多样性保护生态功能区 43 个，面积达到了 220.84 万 km^2，占国土面积比例 23.09%。其中，对国家和区域生态安全具有重要作用的生物多样性保护生态功能区主要包括秦岭-大巴山地、浙闽山地、武陵山地、南岭地区、海南中部、滇南山地、藏东南、岷山-邛崃山区、滇西北、羌塘高原、三江平原湿地、黄河三角洲湿地、苏北滨海湿地、长江中下游湖泊湿地、东南沿海红树林等。生物多样性保护生态功能区的主要方向是：开展生物多样性资源调查与监测，评估生物多样性保护状况、受威胁原因；禁止对野生动植物进行滥捕、乱采、乱猎；保护自然生态系统与重要物种栖息地，限制或禁止各种损害栖息地的经济社会活动和生产方式，如无序采矿、毁林开荒、湿地和草地开垦、道路建设等，防止生态建设导致栖息环境的改变；加强对外来物种入侵的控制，禁止在生物多样性保护功能区引进外来物种；实施国家生物多样性保护重大工程，以生物多样性重要功能区为基础，完善自然保护区体系与保护区群的建设。生物多样性重点生态功能区通常集生物资源富饶和经济贫困于一身，保护与发展的矛盾日益突出。根据要求，生物多样性重点生态功能区要以绿色发展为理念，加强生态保护和修复，合理调控工业化城镇化开发内容和边界，保持并提高生态产品供给能力。因此，应加大对其财政、投资等政策支持，加快健全横向的生态补偿转移支付制度，加强生态环境质量的考核和资金的绩效管理。

5. 生物多样性保护小区

自然保护小区是生物多样性保护的重要区域，是活的种质资源基因库和自然博物馆。自然保护小区的建设可避免或缓解自然保护区之间基因生态孤岛化的倾向，是有效保护各种珍稀野生动植物种质资源及具有特定历史价值和特种用途的生态区域的一种必要的补充保护形式，在区域水源涵养、水土保持、气候调节、生物多样性保护以及推进生态文明建设、维护生态安全方面发挥着重要作用。

自然保护小区自 20 世纪 90 年代以来一直在我国逐步推广，尤其是生态环境良好的安徽、浙江、江西、福建、湖北、湖南、广东、海南和贵州等南方地区，其中以广东数量最多，达到 38 800 个（张国锋，2018）。自然保护小区不是小型自然保护区，它在生物多样性保护中能够起到自然保护区无法起到的作用。对重要物种和生态系统覆盖不全是现有自然保护区体系存在的主要问题之一，自然保护小区是现行自然保护区布局和功能的补充与完善，是野生动植物保护与自然保护区建设体系的重要组成部分。自然保护小区遍地开花和随时随地设置的特征，使其在生物多样性保护中具有重要意义。

建立自然保护小区强力地推动了生物多样性保护。自然保护小区具有一些自然保护区不具备的优势和特征，包括占地面积小、设置程序简单、建设快速简洁、管理灵活便捷、保护对象针对性强、社区可自我管理、可提升公众知识和意识等优点。正是这些优势和特征，使得自然保护小区成为弥补自然保护区不足的有效措施，也使之成为我国生物多样性保护的重要助力。

5.3.2　山水林田湖草系统保护和修复

党的十八届五中全会提出，实施山水林田湖生态保护和修复工程，牢筑生态安全屏障。中共中央、国务院印发的《生态文明体制改革总体方案》要求，整合财政资金推进山水林田湖生态修复工程。全国以“山水林田湖是一个生命共同体”的重要理念开展工作，对山上山下、地上地下、陆地海洋及流域上下游进行整体保护、系统修复、综合治理。

自 2016 年起，财政部、自然资源部、生态环境部以“两屏三带”生态安全屏障区和京津冀等国家战略区域为重点，进一步探索建立生态环境保护项目储备制度，共同推进了三批 25 个山水林田湖草生态保护修复工程试点，涉及 24 个省（自治区、直辖市）约 111 万 km^2 的国土面积，投入中央支持建设资金共计 360 亿元，通过系统治理，试点区域的生态环境得到明显改善。

工程建设以来，生物多样性及关键物种栖息地得到了有效保护。截至 2019 年，工程建设达 5800km^2，以开展生物多样性保护作为山水林田湖生态保护修复的一项重要内容，加快了珍稀濒危动物栖息地区域和生态保护修复，并对已经破坏的跨区域生态廊道进行了恢复，增强了连通性和完整性，同时构建了生物多样性保护网络，带动了生态空间整体修复，促进了生态系统功能提升。

5.3.3 天然林保护

我国天然林保护工程从 1998 年试点起步至今 20 多年来，取得了巨大的生态、经济和社会效益，成为改革开放的重大成果之一。截至目前，中央财政对天然林保护工程的总投入已经超过 4000 亿元，天然林保护工程累计完成公益林建设任务 2.75 亿亩、后备森林资源培育 1220 万亩、中幼林抚育 2.19 亿亩。

天然林保护工程的实施促进了我国天然林资源连续保持恢复性增长，全国现有的 19.44 亿亩天然乔木林得以休养生息，而天然林蓄积量从 20 多年前的 90.73 亿 m^3 增加到 2020 年的 136.71 亿 m^3，为我国森林资源实现面积、蓄积量“双增长”做出了重要贡献。天然林保护工程的实施还为维护我国生态安全和保护生物多样性发挥了基础保障作用。据天然林保护工程效益监测报告，2012～2016 年东北、内蒙古重点国有林区生态效益总价值增加了 6366.5 亿元；2006～2016 年，青海三江源区水资源总量增加了 80 亿 m^3，相当于增加了 560 个西湖的蓄水量；河南花园口水文站监测结果显示，黄河含沙量 2016 年比 2000 年减少了 90%。随着天然林保护工程的实施，退化的森林植被逐步得到恢复和重建，为野生动植物的生存提供了良好的环境，诸多地区消失多年的狼、狐狸、金钱豹等重新出现，为建立以国家公园为主体的自然保护地体系奠定了牢固的基础。

同时，天然林保护还实现了绿色发展。天然林保护工程区国有林区国有职工基本养老保险和基本医疗保险实现全覆盖，近百万富余职工得到妥善安置，65 万人长期稳定就业，部分职工根据当地需要实现季节性和计件就业。棚户区改造项目惠及林区职工 104.1 万户，饮水安全项目解决了林区 68.1 万人安全饮水问题。国有林区国有职工年均工资性收入由 2012 年的 2.5 万元提高到 2015 年的 3.5 万元。截至 2017 年底，天然林保护工程共落实生态公益性管护岗位 6557 个，生态公益性管护岗位人均年收入 1.5 万元。各地根据各自资源和区位优势，积极探索林区转型，形成了一批集旅游、康养、种植、养殖、加工功能于一体的产业发展模式。生态优先、绿色发展的意识，已成为深入企业和职工内心的价值取向。

5.3.4 湿地保护修复

2017 年，原国家林业局、国家发展和改革委员会与财政部联合印发《全国湿地保护“十三五”实施规划》，这是我国湿地从“抢救性保护”进入“全面保护”新阶段的第一个全国性专门规划，其目标是到 2020 年，全国湿地面积不低于 8 亿亩，湿地保护率超过 50%，恢复退化湿地 14 万 hm^2，新增湿地面积 20 万 hm^2（含退耕还湿），建立比较完善的湿地保护体系、科普宣教体系和监测评估体系，明显提高湿地保护管理能力，增强湿地生态系统的自然性、完整性和稳定性。

重大工程项目在 168 个湿地范围内开展湿地保护与恢复，包括 30 个国际重要湿地、51 个国家级湿地自然保护区、22 个省级自然保护区和 65 个国家湿地公园。工程建设将修复湿地 14 万 hm^2，新增湿地面积 4.32 万 hm^2，并提升我国的湿地保护管理能力，增加湿地生态产品的供给能力，增强湿地的生态服务功能。

重大工程建设内容主要包括湿地保护工程建设、湿地恢复工程建设和扩大湿地面积工程建设。其中，湿地恢复工程建设包括退化湿地恢复、湿地生态修复和野生动植物生境恢复等。退化湿地恢复项目主要包括退养还滩、退牧还草、红树林恢复、泥炭地恢复、排水退化湿地恢复和外来入侵物种治理等；湿地生态修复项目主要包括水系连通、水位控制、驳岸改造、生态补水、水通道疏浚、河流整治、水质改善、水体富营养化治理等；野生动植物生境恢复项目主要包括植被恢复、生境改善以及生态廊道、生境岛、隐蔽地建设等。

5.4　落实目标责任，严格执法监督

生物多样性保护主流化，即将生物多样性纳入各级政府的政治、经济、社会、军事、文化及生态环境保护、自然资源管理等发展建设主流的过程中。目前中国已通过事前规划审批、事中监测执法、事后考核评估的全过程监管方式，将生物多样性保护纳入生态文明体制改革和政府日常工作、相关法律法规修订、重点计划和专项行动实行、鼓励非政府组织和全民行动等各方面，落实各项目标责任，促进自然生态保护与经济绿色发展，探索解决生物多样性保护与资源可持续利用问题的新途径。

5.4.1　落实目标责任，推动实现生物多样性保护主流化

1. 纳入党的代表大会和各级政府工作日程

中国通过制定一系法规、政策和规划，将生物多样性保护纳入中央政策和各级政府的工作日程。2010 年，国家制定了《2010 国际生物多样性年中国行动方案》，开始实施生物多样性保护战略与行动计划，不断完善生物多样性保护相关政策、法规和制度，推动生物多样性保护纳入国家和地方规划，加强生物多样性保护能力建设，强化生物多样性就地保护，合理开展迁地保护，促进生物资源可持续开发利用，推进生物遗传资源及相关传统知识惠益共享，加强国际合作与交流，指导开展十大生物多样性保护优先领域行动。这种直接将生物多样性保护纳入国家战略的行动，是最根本、最直接的生物多样性保护主流化措施。

《“十三五”生态环境保护规划》总结了我国生物多样性保护的阶段性成效，即河湖与湿地保护修复、防沙治沙、水土保持、石漠化治理、野生动植物保护及自然保护区建设等一批重大生态保护与修复工程正在稳步实施，《中国生物多样性红色名录》发布等。同时《“十三五”生态环境保护规划》提出了“坚持保护优先、自然恢复为主，推进自然生态系统保护与修复，构建生态廊道和生物多样性保护网络，全面提升各类自然生态系统稳定性和生态服务功能，筑牢生态安全屏障”的保护要求。国家将进一步提高对生物多样性保护的重视程度和保护力度，在“十四五”期间制定并实施《2020-2030 年生物多样性保护行动方案》，加快推动国家生物多样性保护立法，定期开展生物多样性调查评估，继续按照“山水林田湖草生命共同体”的理念实施生态保护和修复。

中国政府还发布了《中国自然保护区发展规划纲要（1996-2010 年）》《全国野生动植物保护及自然保护区建设工程总体规划》《全国畜禽遗传资源保护与利用规划（2006-2010 年）》《中国水生生物资源养护行动纲要》《中国湿地保护行动计划》《全国湿地保护工程规划（2003-2030 年）》《中国植物保护战略》等。中国生物多样性履约牵头部门实施了生态系统与生物多样性经济学（the economics of ecosystems and biodiversity，TEEB）的国家行动，推进生物多样性保护主流化是其重要内容。

此外，还将生物多样性保护纳入了全国土地规划纲要、长江经济带规划纲要等。我国直接针对生物

多样性保护具体对象的专项规划计划，从物种遗传资源到保护措施非常具体；从区域到领域，以系统保护为主，涉及应对气候变化、耕地草原河湖休养生息、国土资源、林地保护、草原保护、湿地保护、西部地区重点生态区、岩溶地区石漠化、水质较好湖泊生态环境保护等，将生物多样性保护全部渗透其中。

党的十八大报告中明确提出，要实施重大生态修复工程，保护生物多样性，必须树立保护自然的生态文明理念，加大自然生态系统和环境的保护力度。生物多样性和生态系统保护，无论是概念，还是相关的战略任务，均为首次出现在党的代表大会报告中。十八届三中全会报告在“加快生态文明制度建设”一章中，将建立国家公园体制列为今后的战略任务之一。党和国家的顶层设计中纳入生物多样性保护，为中国生物多样保护与可持续利用工作提供了一个前所未有的机遇。

2. 开展绿盾专项行动

各类自然保护地是自然生态系统最重要、最精华、最基本的部分，加强自然保护地监督管理是保留自然本底、保护濒危生物物种、筑牢国家生态屏障的重要手段。为加强各类自然保护地监督管理，原环境保护部、原国土资源部、水利部、农业部、原国家林业局、中国科学院、国家海洋局 7 部门（以下简称“7 部门”）联合开展了“绿盾 2017”国家级自然保护区监督检查专项行动，突出问题导向，层层传导压力，有力提升了各有关部门的生态保护责任意识，解决了许多长期想解决而没有解决的难题。为进一步巩固成效，2018 年 7 部门再次联合开展“绿盾 2018”专项行动，持续加大自然保护区内违法违规问题的整治力度，强化监督问责，坚决制止和惩处破坏生态环境的行为。2018 年 6 月的《中共中央、国务院关于全面加强生态环境保护坚决打好污染防治攻坚战的意见》，提出加快生态保护与修复，明确要求“持续开展‘绿盾’国家级自然保护区监督检查专项行动，严肃查处各类违法违规行为，并限期进行整治修复”。2019 年，生态环境部整合归并各类督查检查，将“绿盾”专项行动纳入“生态环境保护强化监督”一并安排部署，继续紧盯自然保护地突出生态破坏问题不放，突出监督整改。

“绿盾 2017”专项行动检查范围为 446 个国家级自然保护区，“绿盾 2018”专项行动扩大至 469 个国家级自然保护区和 847 个省级自然保护区，并将长江经济带 11 省（市）各级各类自然保护地纳入重点巡查范围。“绿盾 2019”专项行动在 474 个国家级自然保护区的基础上，扩展到长江经济带 11 省（市）的干流、主要支流及五大湖区 5km 范围内的部分自然保护地。针对检查过程中发现的问题，分门别类建立“绿盾”专项行动问题总台账，采石采砂、工矿用地、核心区缓冲区旅游设施和水电设施 4 类聚焦问题台账和实地巡查问题台账 3 本台账。“绿盾 2018”共调查处理问题线索 3.09 万个，查实各类问题 2.06 万个，其中 4 类聚焦问题 2518 个。两年累计查实需要整改的 4 类聚焦问题 8001 个。截至 2018 年底，“绿盾 2018”查处企业 3100 多家，关停违法违规企业 1900 多家，拆除违法违规建筑面积 1697 多万平方米。涉及采石采砂、工矿企业、核心区缓冲区旅游设施和水电设施 4 类聚焦问题 2518 个，整改完成率 60.4%。“绿盾 2017”发现问题的整改率已由 2017 年底的 63%提高至 2018 年底的 81%。

持续开展“绿盾”自然保护地强化监督专项行动，加大自然保护地违法违规问题整治力度，坚决制止和惩处破坏生态环境行为，对保护濒危生物物种、筑牢国家生态屏障起到了一定作用。加强自然保护地监管和生物多样性监管基础能力建设，有效促进了生物栖息地的保护，对探索生物多样性保护与监管模式和制定保护策略及政策建议等起到了积极作用。近年来，国家级自然保护区内新增人类活动问题总数和面积都在持续减少。遥感监测数据显示，2015 年和 2016 年两年，国家级自然保护区内新增人类活动问题涉及 7622 处、129km^2；2018 年上半年，新增人类活动问题减少到 2304 处、13.97km^2，实现了新增人类活动问题点位和面积“双下降”。

3. 健全自然资源资产产权制度

中国不断健全自然资源资产管理体制，组建对全民所有的矿藏、水流、森林、山岭、草原、荒地、海域、滩涂等各类自然资源统一行使所有权的机构，负责全民所有自然资源的出让等。探索建立分级行使所有权的体制，中央政府主要对重点国有林区、大江大河大湖和跨境河流、生态功能重要的湿地草原、海域滩涂、珍稀野生动植物种和部分国家公园等直接行使所有权。通过健全自然资源资产产权制度，让自然生态空间变资源为资产；推进资源有偿使用和生态补偿制度，让保护与发展的利益平衡，从更大范围、更深层面服务于生物多样性保护。

中国实施了国家重点生态功能区转移支付制度，800 多个县级区域受益；还实施了森林采伐限额制度等，10.58 亿亩国有天然林全部停伐，1.24 亿 hm^2 国家级公益林纳入中央财政补偿范围；全国 40%的草原实施了禁牧休牧制度，64%的草原被划定为基本草原；长江、黄河、珠江和淮河四大内陆水域全面实施禁渔制度，超过 70%的海域实施海洋伏季休渔制度；退耕还湿 20 万亩，建立健全湿地补贴政策，超过一半湿地得到有效保护。

5.4.2　严格执法监督，杜绝猎杀野生动物

1. 全国人大开展专项检查

2020 年 2 月，全国人大常委会通过了《关于全面禁止非法野生动物交易、革除滥食野生动物陋习、切实保障人民群众生命健康安全的决定》（以下简称《决定》），对《决定》和《中华人民共和国野生动物保护法》一并开展执法检查，检查重点主要包括 5 个方面的内容：一是革除滥食野生动物陋习的落实情况，推动禁食野生动物的红线落到实处、深入人心；二是依法取缔和打击非法野生动物市场与贸易的情况，推动有关部门加强监督检查和责任追究，斩断非法利益链；三是非食用性利用野生动物的管理情况，确保在法治轨道上有序发展；四是野生动物栖息地的保护情况，为野生动物生存繁衍创造良好的自然生态环境；五是加强法制建设、增强法治意识的情况，推动政府、组织、公众共同行动，养成文明健康的生活方式。此次执法检查由全国人大常委会委员长任组长，分为 4 个检查小组赴 8 个省份进行实地检查，同时委托其他省级人大常委会开展检查，实现 31 个省（自治区、直辖市）全覆盖。

检查报告显示，各地区各部门深入贯彻落实习近平总书记关于强化公共卫生法治保障的重要指示要求和党中央决策部署，提高政治站位，强化责任担当，贯彻实施《决定》和《中华人民共和国野生动物保护法》态度鲜明、行动迅速、成效明显。与此同时，执法检查组指出目前还存在食用性人工繁育野生动物产业转型转产问题较为突出、法律规定的相关名录亟待调整完善、野生动物执法监管机制存在漏洞、野生动物栖息地保护管理有待加强、野生动物损害人身财产安全问题时有发生以及相关法律制度亟待修改完善等问题。

2. 中央生态环境保护督察

中央实行生态环境保护督察制度，设立专职督察机构，对省（自治区、直辖市）党委和政府、国务院有关部门以及有关中央企业等组织开展生态环境保护督察。中央生态环境保护督察包括例行督察、专项督察和“回头看”等。2019 年，中共中央办公厅、国务院办公厅印发了《中央生态环境保护督察工作规定》，其中第十五条对中央生态环境保护例行督察的内容进行了规定，主要包括：学习贯彻落实习近平生态文明思想以及贯彻落实新发展理念、推动高质量发展情况；贯彻落实党中央、国务院生态文明建设和生态环境保护决策部署情况；国家生态环境保护法律法规、政策制度、标准规范、规划计划的贯彻落实情况；生态环境保护党政同责、一岗双责推进落实情况和长效机制建设情况；突出生态环境问题以及处理情况；生态环境质量呈现恶化趋势的区域流域以及整治情况；对人民群众反映的生态环境问题立行立改情况；生态环境问题立案、查处、移交、审判、执行等环节非法干预，以及不予配合等情况；其他需要督察的生态环境保护事项。

督察中显示的大多数问题与生物多样性保护相关，如三亚珊瑚礁国家级自然保护区和海岸带 200m 范围内违法建设，问责 19 人；四川省在自然保护区内大量违规审批和延续采矿探矿权，涉及全省 40%以上的自然保护区，问责 22 人。中央生态环境保护督察制度极大地推动了各级政府和部门承担起保护生态环

境的责任，为生物多样性保护提供了强大的制度保障。

3. 开展野生动物保护专项整治行动

2019 年 6 月，国家林业和草原局印发了《关于联合开展野生动物保护专项整治行动的通知》，旨在全国范围内联合开展一次野生动物保护专项整治行动，按照野生动物保护相关法律法规的规定，在发挥“双随机、一公开”监管日常性、基础性作用的同时，根据监督检查、投诉举报、转办交办、媒体曝光等渠道发现的违法问题线索，举一反三，突出非法猎捕和经营野生动物易发、多发地区，突出城乡接合部、农村等区域，突出集贸、批发、农产品、花鸟、古玩市场等场所，突出非法销售野生动物及制品网站，依法严厉查处为出售、购买、利用野生动物或者禁止使用的猎捕工具发布广告和为出售、购买、利用野生动物制品发布广告的行为，依法严厉查处网络交易平台、商品交易市场等交易场所为违法出售、购买、利用野生动物及其制品或者禁止使用的猎捕工具提供交易服务的行为。

2020 年，国家林业和草原局与公安部开展了依法打击破坏野生动物资源违法犯罪专项行动、与国家市场监督管理总局开展了野生动物保护专项整治行动，两次行动在全国范围内重点对破坏濒危野生动物栖息地、非法猎杀和交易、非法运输濒危野生动物及其制品等违法犯罪活动予以打击与整治。两次行动集中侦破了一批破坏野生动物资源违法犯罪大要案件，整顿了一批破坏严重、管理混乱的重点地区和场所，打击和整治广度、深度与力度都是空前的，有效遏制了破坏野生动物资源违法犯罪高发势头。此外，还有“飓风 1 号”等专项行动，瞄准森林野生动植物资源。2018 年全年查结林业行政案件 17.6 万起，处罚 18 万人次，恢复林地 1.5 万 hm^2、自然保护区或栖息地 863.4hm^2。

生态环境部履行统筹协调生物多样性保护和监督野生动物保护的工作职责，会同中国科学院发布了《中国生物多样性红色名录》，开展了国家级自然保护区外来入侵物种的调查，初步建立了外来入侵物种的数据库，大力配合和支持有关部门打击非法野生动物交易的专项执法行动。

5.5 强化能力建设，开展绿色宣传

5.5.1 机构建设

我国生物多样性保护由政府主导，在开展生物多样性保护的各项活动中，机制与机构的组织能力是最重要的因素。自我国签署《生物多样性公约》以来，自上而下建立了各级生物多样性保护机构，保护能力逐步提高。

1. 国家机构建设

在国家层面，我国建立了生物物种资源保护部际联席会议制度和中国生物多样性保护国家委员会决策机制。2003 年，国务院批准成立了由国家环境保护总局牵头，17 个部委参加的生物物种资源保护部际联席会议制度，统一组织、协调国家生物物种资源的保护与管理工作。2010 年，中国成立了 2010 国际生物多样性年中国国家委员会，并审议通过了《2010 年国际生物多样性年中国行动方案》和《中国生物多样性保护战略与行动计划》(2011-2030 年)。为响应联合国大会决定，2011 年 6 月，国务院决定将“2010 国际生物多样性年中国国家委员会”更名为“中国生物多样性保护国家委员会”，负责统筹协调全国生物多样性保护工作，指导“联合国生物多样性十年中国行动”。时任中共中央政治局常委、国务院副总理的李克强担任中国生物多样性保护国家委员会主席，26 个部门为成员单位，秘书处设在环境保护部自然生态保护司。

2. 部门机构及职能

根据国务院机构“三定”方案，各部分在职能范围内开展生物多样性保护工作。生态环境部自然生

态保护司负责监督野生动物保护工作，组织开展生物多样性保护、生物物种资源（含生物遗传资源）保护、生物安全管理工作；承担中国生物多样性保护国家委员会秘书处和国家生物安全管理办公室工作；负责有关国际公约国内履约工作。

国家林业和草原局野生动植物保护司负责监督管理全国陆生野生动物的猎捕、繁殖、经营利用，指导陆生野生动物救护工作；组织开展全国陆生野生动物资源调查和资源状况评估，研究提出国家重点保护的陆生野生动物名录、人工繁殖国家重点保护陆生野生动物名录；监督管理全国陆生野生植物的采集、培植、经营利用，指导陆生野生植物救护工作；负责开展陆生野生动物疫源疫病监测和防控工作；监督管理野生动植物及其产品的进出口，负责拟订、调整和公布国际公约禁止或者限制贸易野生动物名录；承担濒危野生动植物种国际贸易公约履约具体工作；承办非贸易类野生动植物保护履约工作。国家林业和草原局自然保护地管理司负责生物多样性保护相关工作，承担《生物多样性公约》相关履约事务。国家林业和草原局生态保护修复司负责全国林业与草原有害生物防治及检疫管理工作。

农业农村部畜牧兽医局承担兽用生物制品安全管理和出入境动物检疫有关工作。农业农村部种业管理司负责实施农作物种质资源、畜禽遗传资源保护和管理工作。农业农村部科技教育司（农村转基因生物安全管理办公室）负责监督管理农业转基因生物安全和外来物种管理等相关工作，指导农用地、农业生物物种资源及农产品产地环境保护和管理。农业农村部种植业管理司承担国内和出入境植物检疫、农作物重大病虫害防治有关工作。

科学技术部负责管理实验动物的进口。国家卫生和计划委员会负责管理医学微生物的进口。国家中医药管理局规划财务司组织开展中药资源普查，促进中药资源的保护、开发和合理利用，参与制定中药产业发展规划、产业政策和中医药扶持政策、国家基本药物制度建设。海关总署负责对手续齐全的动植物产品予以放行，对非法运输的以及无意携带的外来物种实施截留。

3. 履约机构建设

为切实履行《生物多样性公约》(CBD)、《濒危野生动植物种国际贸易公约》(CITES)、《湿地公约》和《联合国防治荒漠化公约》(UNCCD)，在国家层面统一协调履约行动，建立相关履约机构。

（1）《生物多样性公约》工作协调组

国务院于 1992 年底批准了由国家环境保护总局作为负责生物多样性管理和履行《生物多样性公约》的牵头单位。1993 年，经国务院同意，国家环境保护总局会同外交部、国家计划委员会、国家科学技术委员会、财政部等 13 个部门组成了“中国履行《生物多样性公约》工作协调组”。目前履约协调组由生态环境部、外交部、教育部、国家发展和改革委员会、科学技术部、财政部等 24 个成员单位组成，这些部门根据其职能和分工，在生物多样性保护管理事务中各自发挥重要的作用。

（2）濒危物种进出口管理办公室

我国于 1981 年正式加入《濒危野生动植物种国际贸易公约》。1982 年，在国家林业局成立濒危物种进出口管理办公室作为履约管理机构，在中国科学院成立濒危物种科学委员会作为履约科学咨询机构。2006 年 4 月 29 日，我国颁布了《中华人民共和国濒危野生动植物进出口管理条例》，对上述公约在我国的有效实施起到重要作用。

（3）中国履行《湿地公约》国家委员会

我国于 1992 年 3 月加入《湿地公约》。2007 年，经国务院批准成立了“中国履行《湿地公约》国家委员会”，该委员会由国家林业局、外交部、国家发展和改革委员会、教育部、科学技术部、财政部、国土资源部等 16 个部门组成。其中国家林业局为主任委员单位，外交部、水利部、农业部、环境保护部、国家海洋局为副主任委员单位。

（4）《联合国防治荒漠化公约》中国执行委员会

中国于 1996 年 12 月 30 日批准加入《联合国防治荒漠化公约》。1991 年经国务院批准，成立“中国防治荒漠化协调小组”，前身是全国治沙工作协调小组。1994 年 8 月，经国务院批准，“中国防治荒漠化协调小组”更名为“中国防治荒漠化协调小组”，对外称“联合国防治荒漠化公约中国执行委员会”，由国务院相关的 19 个部门组成。为了履行《联合国防治荒漠化公约》，中国政府成立了“《联合国防治荒漠化公约》履约秘书处”，即防止荒漠化协调小组办公室。另外，中国还设立了部际协调机构“《联合国防治荒漠化公约》中国执行委员会”，由林业行政主管部门负责组织、协调、指导防沙治沙工作，农业、水利、土地、环境保护等行政主管部门和气象主管机构，按照职责分工，进行防沙治沙工作。2019 年 9 月 2～13 日，《联合国防治荒漠化公约》第十四次缔约方大会在印度首都新德里举行，在会上，中国政府呼吁各国在防治沙漠化与土地退化方面加强合作，并基于我国治沙经验，为全球生态治理贡献了“中国方案”。

4. 地方机构建设

随着生物多样性保护工作的深化，特别是《中国生物多样性保护战略与行动计划》（2011-2030 年）发布后，地方管理与协调机制得到明显加强。各省（自治区、直辖市）相继建立了省级生物多样性协调、管理和咨询机制或机构，其中，山西、江苏、贵州成立了省级生物多样性保护委员会，黑龙江、浙江、安徽、广东、海南、重庆、吉林建立了省级生物多样性保护部门联席会议制度，河南成立了生物多样性保护专家委员会，湖南、西藏、宁夏成立了生物多样性保护战略与行动计划编制领导小组，福建、新疆、辽河保护区成立了生物多样性保护领导小组。在野生动植物保护管理方面，地方政府加强了基层保护机构的建设，在市县两级政府普遍建立了野生动植物保护管理机构，初步形成了行政管理和执法体系。

5. 非政府组织机构建设

生物多样性保护非政府组织经过十余年的蓬勃发展，已经成为我国生物多样性保护机构的重要组成部分之一，成为推动中国和全球环境保护事业发展与进步的重要力量。2008 年 10 月，中华环保联合会发布的《2008 中国环保民间组织发展状况报告》指出，截至目前，我国有各类环保民间组织 3539 家，其中，政府部门发起成立的环保民间组织 1309 家，草根环保民间组织 508 家，学生环保社团及其联合体共 1382 家，国际环保民间组织驻大陆机构 90 家。当前，环保非政府组织的活动和声音几乎传遍了生态环境保护与发展的各个角落，在环境保护领域和生物多样性保护领域中的作用及影响越来越大，已经成为衡量一个国家环境保护事业发展程度的标志。例如，“绿色江河”“自然之友”的保护藏羚羊行动；“自然之友”发起的保护滇金丝猴行动；南京学生环保社团“绿石”的保护中华虎凤蝶行动等。这些国际非政府组织都不同程度地在中国开展了相应的工作，对中国生物多样性保护做出了重要贡献。

5.5.2 人才队伍培养

中国政府坚持注重科技创新人才的培养，着重开展生物多样性相关的基础科学研究和实践，专门设立了诸多生物多样性保护相关的科研项目，包括国家重点研发计划、中国科学院战略性先导科技专项、973 计划、863 计划、国家自然科学基金等。

项目的支持和持续的投入，培养了一批有影响力的科研队伍和专家学者，极大地推动了中国生物多样性研究跻身世界前列。在基础理论和新认识方面，Wang 等（2009）在 *PNAS* 发文解释了东亚和北美生物多样性的分布规律，并发展了“代谢理论”，被认为是向物种多样性的机制性解释迈出了重要一步；

Dai 等（2012）在国际著名期刊 *PNAS* 发表了关于栽培大麦起源中心的论文，该研究通过多样性阵列技术和单核苷酸多态性研究证明，西藏是栽培大麦的起源中心之一，佐证了栽培大麦多起源中心的理论；Chen 等（2018）在 *PNAS* 发文，以国家尺度，首次证实了在自然生态系统中，生物多样性不仅提高生产力，而且增加土壤碳储量，起到了增汇的作用；Xu（2019）等在 *PNAS* 发文揭示了人类活动对植物大尺度分布的影响规律；Liu 等（2020）在 *Nature Communication* 发文揭示了恶性入侵植物薇甘菊在全球入侵过程中的环境适应性进化和快速生长的分子机制，这为下一步从分子水平开展精准防控提供了理论依据，为利用基因组学技术开展入侵生物的防治提供了参考，也为保障生态环境可持续发展提供了决策依据和技术支撑；Fan 等（2020）在 *Science* 发文，该研究利用古生物大数据、超级计算、模拟退火算法和遗传算法等全新的方法和手段，基于化石记录重现了生命演化历史，改变了当前对古生代海洋生物多样性演化的认知；Song 等（2020）的研究发现，史上最大规模的灭绝事件不仅导致生物多样性骤降，还促使生物古地理格局发生巨变。

5.5.3　合作交流

当前，全球物种灭绝速度不断加快，生物多样性丧失和生态系统退化对人类生存与发展构成极大威胁，一场百年未遇的新冠肺炎疫情更是让人们意识到人与自然是命运共同体，促进经济发展与生态保护协调统一刻不容缓。2020 年 9 月 30 日，中国国家主席习近平在联合国生物多样性峰会上发表重要讲话，呼吁各国坚持生态文明，增强建设美丽世界动力；坚持多边主义，凝聚全球环境治理合力；保持绿色发展，培育疫后经济高质量复苏活力；增强责任心，提升应对环境挑战行动力。习近平总书记从“用生态文明理念指导发展”“采取有力政策行动”“积极参与全球环境治理”三方面梳理分享了中国经验与中国实践，为全球加强环境治理提供了有益借鉴。按照计划，2021 年 10 月中国将在昆明举办《生物多样性公约》第十五次缔约方大会（COP15），力争达成全面平衡、有力度、可执行的行动框架。一个致力于绿色发展、建设生态文明的中国，将继续秉持多边主义，承担与发展水平相称的国际责任，为守护地球家园、促进人类可持续发展做出力所能及的贡献。

1. 中国《生物多样性公约》的履约机制

我国在生物多样性保护方面积极履行公约义务，在国际上率先成立了中国生物多样性保护国家委员会，统筹全国生物多样性保护工作，并发布和实施了《中国生物多样性保护战略与行动计划》（2011-2030 年）和《联合国生物多样性十年中国行动方案》。我国还加入了《生物多样性公约》及其《卡塔赫纳生物安全议定书》《名古屋议定书》，编制提交国家履约报告，积极参加谈判，深化多双边国际合作。此外，中国和世界野生生物基金会、联合国粮食及农业组织、IUCN 等非政府组织也在生物多样性保护方面有着积极而多样的合作，其行动包括制定保护自然的政策、组织开展一系列生物多样保护计划、拯救濒危物种、开展物种资源研究和相关人员培训等，并取得了丰富的成果。

2. 中国与欧盟的生物多样性保护合作

“中国土地利用规划和土地整理中的生物多样性保护”项目是中国-欧盟生物多样性项目的示范项目之一，是原国土资源部在生物多样性保护方面的第一个国际合作项目。经过两年的努力，该项目取得了丰硕的成果。其中最重要的是生物多样性保护与土地利用总体规划和土地整理的突破性结合：在各级土地利用规划中，融入生物多样性保护理念，将在一定程度上确保现在和将来的土地利用能够充分地考虑生态系统的功能与价值，在保障经济发展的同时，避免给生态系统带来不可逆转的破坏。

中欧生物多样性项目是欧盟和联合国开发计划署在华资助的 18 个生物多样性保护示范项目中，成果最丰富、影响最深远的项目，做到了“科学、政策与实践的完美结合”，系统地实现了“将生物多样性保护纳入国家经济发展规划中”的目标。

3. 中国与《华盛顿公约》的缔约合作

2019 年，联合国大会将《濒危野生动植物种国际贸易公约》(CITES) 签署日 3 月 3 日确定为“世界野生动植物日”。CITES 作为一个具有较强约束力的国际公约，旨在保护列入其附录的物种免予遭受可能由国际商业贸易导致的灭绝。为了履行公约义务，中国政府于 2006 年 4 月 29 日公布了《中华人民共和国濒危野生动植物进出口管理条例》，其中第一条规定：“加强对濒危野生动植物及其产品的进出口管理，保护和合理利用野生动植物资源，履行《濒危野生动植物种国际贸易公约》(以下简称公约)，制定本条例”。此外，《中华人民共和国刑法》第一百五十一条第二款也规定了走私珍贵动物、珍贵动物制品罪，以履行公约义务。中国作为 CITES 的缔约方，通过加强立法、开展海洋捕捞渔民减船转产、建立各类水生生物保护地、加强珍稀濒危物种保护等一系列工作，着力推动珍稀濒危野生动植物的保护和可持续利用。

4. 中国生物多样性保护国际合作项目

(1) 中老边境联合保护区域项目

2009 年，在保护国际基金会的推动下，为加强边境联合保护区域内亚洲象等珍稀濒危物种及其栖息地的保护，中老双方签署了《中老边境联合保护区域项目合作协议》，划定了 54 700hm^2 的中老边境联合保护区域，合作开展跨国生物多样性保护行动。通过联合中国和老挝两国相关的保护区管理部门，达到建立“联合保护区域”、探索跨国联合保护新模式、推动联合保护区域内生物多样性保护的目标。

中老边境联合保护区域项目主要采取了以下措施：一是探索“中老边境联合保护区域”合作模式，中老双方保护区管理部门通过开展交流活动并召开合作推进会，推进联合保护工作；二是加强公众宣传，通过开展针对两国边境村民的形式多样的保护宣传活动，提高边境村民对自然资源的保护意识；三是提升能力建设，通过对中国西双版纳国家级自然保护区和老挝南木哈国家级自然保护区工作人员开展自然保护区管理、野外监测巡护、地理信息系统、红外相机监测及数据采集等方面的能力建设培训，提高保护区工作人员的专业知识和技能；四是开展监测巡护，通过常规监测巡护、红外相机监测以及中老边境联合监测巡护，对区域内的印支虎、亚洲象及其伴生动物进行监测，并与保护区周边社区合作建立社区监测网络；五是联合保护区域生物多样性调查，中老双方在联合保护区域内合作开展生物多样性调查和影像快速评估，掌握联合保护区域内生物多样性现状，了解亚洲象、印支虎等珍稀物种的种群数量及分布情况，掌握其生存状态。

中老边境联合保护区域项目取得了以下成效：一是支持中老双方相关工作人员前往泰国 HKK 野生动物保护区参加“MIST 自然保护区管理信息系统及野外巡护技能培训”，为保护区建立信息系统奠定了基础；二是协助中国西双版纳国家级自然保护区的尚勇子保护区完成巡护管理数据库及地理信息平台的建立；三是分别在中国西双版纳州勐满镇河图村和上中良村、老挝南塔省勐醒县曼布告村举办了 3 次保护区边民交流会，有效地保证了边民在项目保护行动中的参与积极性；四是制作 5000 份以保护为主题的宣传年历并在保护区周边社区、中老边境口岸等地免费发放，通过对居民的回访，证明宣传资料及宣传活动使当地居民对保护的必要性和重要性都有了新的认识；五是开展 2 次中老联合监测巡护，双方就监测技术进行了有效的交流，做到了取长补短；长期聘请保护区周边社区 12 名居民直接参与保护区监测巡护工作，既促进了保护区与周边社区的紧密合作，也保证了地区内长期有人监测巡护；六是加强监测管控，安放红外相机等观测设备，及时发现非法盗猎分子，收集大量影像资料，对野生动物分布情况、数量及活动规律进行动态掌握，为下一步中老联合保护区域开展亚洲象保护及化解人兽冲突提供了数据支持；八是交流合作机制不断深化，搭建了自然保护管理技能和野外监测巡护的交流平台。

（2）东南亚中华白海豚保护项目

中华白海豚是我国海豚科中唯一的国家一级重点保护动物，主要分布于太平洋和印度洋，在中国主要集中分布于台湾海峡和南海。近年来随着我国经济的高速发展，海洋生物多样性保护工作面临巨大的挑战。过度捕捞、海洋污染、船只撞击、滨海工程等原因导致海洋珍稀动物的栖息地不断遭到破坏、种群数量日趋减少。为更好地保护、恢复中华白海豚种群，有效应对中华白海豚保护面临的新问题、新挑战，在全国范围内对中华白海豚保护管理工作进行统一部署，原农业部组织编制了《中华白海豚保护行动计划（2017-2026 年）》（以下简称《行动计划》）。《行动计划》就 2017～2026 年中华白海豚保护的指导思想、基本原则、行动目标提出了意见，制定了具体的保护行动措施。中华白海豚保护项目积极履行《行动计划》的有关要求，努力保护中华白海豚及其栖息地。

东南亚中华白海豚保护项目旨在促进中国与东南亚相关国家的政府部门、科研机构和保护区管理局合作，研究东南亚海域中华白海豚生存现状，在东南亚建立中华白海豚保护合作交流平台，促成保护区网络的建设和有效管理，改善中华白海豚的生存环境。

东南亚中华白海豚保护项目主要采取了以下举措：一是科学调查，通过对中华白海豚的交配区、饵料区等关键栖息地和洄游廊道开展本底调查，了解东南亚海域目前中华白海豚分布情况、种群数量，以及东南亚各国中华白海豚保护现状，为保护行动提供基础数据支持；二是建立保护区网络，构建东南亚中华白海豚保护区网络，搭建中华白海豚保护工作人员的合作交流平台，并推动形成定期沟通与交流的合作机制；三是加强能力建设与培训，以多样的形式对东南亚国家中华白海豚保护相关的保护区管理者及科研人员开展能力建设与培训工作，包括提升其对海洋保护区网络的认识及提高其在保护区管理等方面的知识；四是开展示范试点工作，在中国广东省江门市选取项目示范区域开展观豚旅游尝试，缓解中华白海豚饵料资源与渔民过度捕捞之间的矛盾，不断为实现可持续生计并能保护中华白海豚提供新思路；五是扩大宣传教育，交流平台内合作伙伴定期召开交流会议，分享各自研究与保护成果。

通过项目实施，政府相关部门、各鲸豚保护区、相关研究机构、非政府组织等定期组织了培训和宣传活动，增强了公众的保护意识，公众参与中华白海豚保护和救护的人次显著增加。大数据搜索的结果显示，媒体对中华白海豚搁浅、救护的关注度也大幅提升。

5.5.4　生物多样性保护与绿色发展宣传

1. 政府引导

中国积极组织开展“联合国生物多样性十年中国行动”系列活动，大力宣传生物多样性保护理念和法规措施，生物多样性保护主流化成效显著。国家广播电视总局积极推动该活动的开展，中央电视台、人民日报社、新华社等 200 多家媒体机构以及《生物多样性公约》秘书处持续开展生物多样性宣传，掀起公众参与生物多样性保护的热潮。

在世界环境日、世界地球日、国际生物多样性日、世界野生动植物日、世界湿地日、世界防治荒漠化与干旱日、世界森林日、全民国家安全教育日等重要时间节点，自然资源部、生态环境部、国家林业与草原局等部门举办系列宣传活动，就加强生物多样性保护、全面禁食野生动物、生物物种资源保护以及外来入侵物种防控等开展宣传，并指导地方开展系列宣传教育以及科普活动，调动全社会广泛参与，进一步增强公众保护意识。2012 年 6 月 26 日，环境保护部对外合作中心在北京郊区组织“生物多样性宣传媒体和民间环保团体培训交流会”，向主流媒体和民间环保团体宣传推广中国生物多样性伙伴关系与行动框架理念。2018 年，自然资源部的绿色矿山建设 9 项行业标准出台，标志着我国绿色矿山建设在全国层面上迈向标准化阶段，并将会进一步提高中国采掘企业披露生物多样性信息的主动性和积极性。2019 年，为开展“5•22”国际生物多样性日科普宣传系列活动，在中国生态学学会、广西壮族自治区生态环境厅指导下，南宁市图书馆、北海市图书馆、钦州市图书馆等12家单位举办“奇趣生灵——广西生物多样性图片展”和“广西自然科普讲堂”，让读者初步了解生物多样性的概念，了解生物多样性对于人类的重要意义。2019年5月，自然资源部在三亚举行“2019年世界海洋日暨全国海洋宣传日”主场活动，旨在进一步提高公众节约利用海洋资源、保护海洋生物多样性的认识，为保护蓝色家园做出贡献。

此外，借助新媒体拓展宣传平台、创新宣传模式，如在全国范围内开展生物安全知识进校园、进社区、进机关、进手机、进客舱、进展馆的“六进”活动。2017年4月，广州市出入境检验检疫局走进广州市西关外国语学校，举办了主题为“共创国门生物安全未来，同绘美丽生态家园蓝图”的国门生物安全宣传教育活动，通过视频展板宣传、标本展示、检疫犬表演及互动游戏等全方位立体式的宣传方式，向学生展示了守护国门生物安全的重要性。2019年11月，湛江海关在湛江市第二十五小学为200多名师生上了一堂生动活泼的“国门生物安全知识微课堂”。2020年5月，山东省生态环境厅、安徽宿州市生态环境局、湖南省湘西土家族苗族自治州生态环境局等纷纷开展生物多样性保护宣传主题党日、进校园、进社区、进展馆等活动。

2. 企业参与

企业是开发和利用生物多样性资源的主体，也是实现全球生物多样性可持续发展的重要推动力量。2015年，中国加入了《生物多样性公约》秘书处发起的“企业与生物多样性全球伙伴关系”（GPBB）倡议，鼓励企业参与生物多样性领域工作。越来越多的中国企业开始重视生物多样性保护，伊利、百度、金蜜蜂等企业作为最早一批签署《生物多样性公约企业与生物多样性承诺书》的单位，积极加强生物多样性保护力度和履诺进展的信息披露。2011年12月，多家企业共同签署协议加入全球森林贸易网络（GFTN），承诺支持可持续的森林经营和负责任的林产品贸易，遏止非法采伐森林，推动可信赖的木材贸易认证。2015年，9家中国企业与6家非政府组织及行业协会共同发起“森林宣言”，呼吁中国相关企业承诺到2030年木制品供应链采购100%实现“零毁林”。此外，中国企业坚持在库布齐沙漠开展防沙治沙工作，经过不懈努力，库布齐沙漠森林覆盖率、植被覆盖率均大幅提升，生物种类从不足10种增加到530种，100多种绝迹多年的野生动植物再次出现。中国铝业集团有限公司建立了全过程生物多样性保护制度，加强资源开发与建设项目的生态管理。为履行《国际船舶压载水和沉积物控制与管理公约》要求，中海集装箱运输股份有限公司出台了《船舶压载水管理须知》《压载水管理计划》等制度文件，并通过压载水的操作、更换、安全检查与记录4个环节对压载水进行全面管理，防止外来物种入侵，保护海洋生物多样性（谭幸欣等，2019）。

此外，有关企业在基础设施建设中主动履行环境保护社会责任。负责乌东德水电站开发建设的企业将金沙江左岸一级支流黑水河作为鱼类栖息地进行保护，同时设立生态保护基金，用于流域生态环境保护和研究。负责叶巴滩水电站开发建设的企业将位于藏区的支流下游53km河段作为栖息地进行保护，减缓工程实施对水生生态环境的不利影响。

3. 公众参与

中国将生物多样性相关知识纳入中小学教育课程，并在全国普通高校开展生物多样性相关学位教育。截至2012年，中国共培养相关专业人才55.6万余人。各有关部门、各地加大生物多样性保护的宣传力度，特别是自开展了2010国际生物多样性年中国行动宣传活动以来，各类宣传活动影响受众9亿多人次，此后每年都开展媒体培训宣传和促进企业参与生物多样性保护的大型宣传活动，带动社会公众参与热情，其生物多样性保护意识有了明显提高。

近年来，中国民间环保组织蓬勃发展，社会公众环保意识显著提升，为生物多样性保护做出巨大贡献。2017年，23家中国民间机构共同发起成立了“社会公益自然保护地联盟”，致力于用民间的力量，通过协议保护、社区共管、委托保护、保护小区等创新模式，探索社区治理、公益治理、共同治理等全新治理模式，计划到 2030 年帮助中国保护至少 1%的国土面积。同时，民间环保组织在生物多样性政策制定、信息公开与公益诉讼中发挥着越来越大的作用。在《国家公园法》和《中华人民共和国野生动物保护法》制定修订过程中，政府相关部门专门组织公益组织和公众参与其中，为法律的修订建言献策，其提出诸多宝贵建议，推动法律更加完善。2017-2020 年中国企业和民间机构在内蒙古阿拉善、鄂尔多斯、巴彦淖尔、通辽和甘肃武威、敦煌等地区种植及养护了 1.2 亿棵树，种植总面积超过 140 万亩，预计控沙面积超百万亩。2020 年 4 月，三江源称多嘉塘保护地正式上线“蚂蚁森林”，目前已捐赠保护超过 1 亿 m^2。

第 6 章　城市生物多样性保护与和谐人居建设

找到一种与自然和谐相处的生活模式，几乎成为所有都市人的梦想。全世界 60%以上的人生活在城市里，城市里的鸟语花香代表着人与自然的和谐相处，城市生物多样性保护是满足居民优美生态环境需求、与自然亲密接触的渴望、增加城市灵气的重要手段。切实将生物多样性保护纳入城市规划、建设和管理全过程，通过调整、完善和重建生物多样性，可使城市生态系统稳定、协调发展，建立人与自然和谐共处的新型城市，既提升城市居民的生态福祉，也为城市建设提供新契机。

6.1　生物多样性保护纳入城市建设规划

随着全球化和城市化进程的加快，城市建设大多将经济建设作为主导，往往忽视了对城市生态环境的保护，破坏了城市的生物多样性，给城市生态系统的保护和发展带来了很大的压力。同时，服务于经济建设的城市规划过于单一，风格相似的建筑设计格局以及长时间观赏同样的景观设计和植被渐渐让人们产生视觉疲劳，这样的城市建设规划已经不能满足人们丰富多彩的生活环境需求和审美需求。因此，在当下的城市建设规划过程中，生物多样性元素作为重要内容得到了设计者越来越多的重视。设计者将生物多样性与城市建设规划设计相结合，充分合理利用城市生物多样性的多重价值，以此作为满足城市居民审美需求和推动城市更好更快绿色发展的手段。

6.1.1　生物多样性保护纳入城市建设规划的发展历程

1987 年国务院公布了中国第一部自然保护方面的纲领性文件《中国自然保护纲要》，把生物多样性保护问题纳入其中，规定了我国生物多样性保护的总体战略和基本原则，并提出了保护对策，为之后几十年我国生物多样性保护规划的制定奠定了基础。

1990～2000 年是我国生物多样性保护高速发展的阶段，一系列相关法规、城市建设规划相继发布并得以实施。我国于 1993 年加入《生物多样性公约》，成为较早获得批准加入该公约的缔约方之一，自此生物多样性保护工作全面展开。为更好地履行《生物多样性公约》，我国政府于 1994 年 6 月正式发布了《中国生物多样性保护行动计划》，标志着中国生物多样性保护事业开启新的篇章。自签署《生物多样性公约》，我国除加强自然生态系统中生物多样性的保护外，也开始重视城市生物多样性保护与建设，于 1993 年将城市建设规划和风景名胜区内的生物多样性保护工作正式列入《中国生物多样性保护行动计划》编制范围。国务院于 1996 年发布的《国务院关于环境保护若干问题的决定》，也明确提出积极保护生物多样性、发展自然保护区的要求。随后，我国政府又先后发布了《中国自然保护区发展规划纲要（1996-2010 年）》《全国生态环境建设规划》《全国生态环境保护纲要》。

进入 21 世纪后，我国开始意识到生物多样性保护与城市建设是相互结合、相辅相成的，在制定城市建设规划时越来越注意将生物多样性保护纳入其中。2002 年，原建设部印发了《城市绿地系统规划编制纲要（试行）》，其中对生物多样性规划的内容进行了概括，标志着我国已经将生物多样性保护纳入城市建设范畴。同年，建设部颁布了《关于加强城市生物多样性保护工作的通知》，要求各地建设（园林）部门要会同有关部门切实加强城市生物多样性保护工作。2005 年新修订的《国家园林城市标准》（国家标准）把“编制和实施城市规划区生物（植物）多样性保护规划”作为评选国家园林城市的重要标准，从政策导向上极大地提高了该项工作的实际效果。为提高生物多样性履约和管理能力，增强保护生物多样性工作的责任感、使命感和紧迫感，“十一五”期间，我国出台的《全国生态保护“十一五”规划》对生物多样性保护提出明确要求，强调要切实做好保护生物多样性工作。同时先后编制完成了《全国生物物种资源保护与利用规划纲要》《中国植物保护战略》《全国生物物种资源保护与利用规划纲要》(2006-2020年）等一系列有关生物多样性保护的政策规划。

在大力推进生态文明建设的要求下，各地区在制定地区发展规划时，都将生物多样性保护与城市绿色发展作为重要内容，凸显了生物多样性保护在城市绿色发展中的重要地位。例如，南京市政府在制定南京市生态文明建设规划时，将生物多样性保护纳入城市生态建设当中。在《南京市生态文明建设规划2018-2020》(修编）中，将全市 50%的国土面积划定为限制开发区，将全市 23.5%的国土面积划定为禁止开发区，用于生态保护修复、南京市动植物物种多样性保护、城市生态格局优化。2019 年 1 月 1 日起，《云南省生物多样性保护条例》正式施行，这是中国第一部生物多样性保护的地方性法规，标志着我国生物多样性保护体系建设日益完善。2020 年 5 月 22 日，云南省发布了我国第一部生物多样性方面的白皮书——《云南的生物多样性》。同时，还发布了《生物多样性保护倡议书》，为了应对土地利用改变、生物资源过度开发利用、气候变化、环境污染、外来物种入侵等方面的干扰和威胁，倡议书呼吁，保护生物多样性是全社会共同的责任，需要我们每个人付诸行动，从我做起，从现在做起，从身边的小事做起。

6.1.2　生物多样性保护纳入城市建设规划的案例

1. 中国雄安新区发展规划：实现城市的可持续发展

在城市化进程的规划、建设、管理三个阶段中，规划阶段的生物多样性保护主流化最为重要，因为其不仅可以避开城市建设过程中走对城市生物多样性“先破坏、后保护”的老路，也直接影响或决定后面两个阶段的实施措施与实施效果。但是当前城市建设规划中普遍面临着如何有效地在规划阶段考虑生物多样性这一技术难题。2018 年 4 月，中共中央、国务院做出对《河北雄安新区规划纲要》(以下简称《规划纲要》）的批复。《规划纲要》多次直接提到“生物多样性”，在指导思想、战略布局、土地利用、功能设置、基础设施等各个方面都始终贯穿着生物多样性保护与可持续利用的理念。

《规划纲要》提出的“以资源环境承载力为刚性约束条件”的理念，确保了未来城市生态系统服务的可持续性和城市的健康发展。《规划纲要》提出要将淀水林田草作为一个生命共同体进行统一保护、统一修复，确保新区生态系统的完整性。众所周知，生境破碎化是生物多样性丧失和生态系统服务功能下降的主要原因之一。《规划纲要》提出的“完整性”理念完全避免了过去“先破坏、后保护”的城市建设模式。《规划纲要》还提出要严守生态保护红线，而生态保护红线的主要功能包括重要生态系统服务维持和生物多样性保护等。这个空间布局原则确保了未来的城市建设中，将加强以白洋淀为核心的湿地和与之相关的生物多样性的保护。

生物多样性的经济价值体现在其为人类的生存与发展提供了极其丰富的自然资源，但是目前人类仅仅只是发现和利用了大自然所提供的一部分生物价值，还有相当大的一部分生物价值是人类尚未发现和加以利用的，随着科技的进步和时间的推移，人类将不断发现并利用这些未知的生物价值。保护好这些未被发现的价值，就为子孙后代提供了更多的可能，让他们能够更好地利用自然环境资源创造出更多的价值，最终让子孙后代可以在地球上更好地生存与发展。同时，丰富的生物种类和系统有利于产生新物种，庞大的基因库有利于生物进化以及对生物品种进行改良，从而创造出更高的价值。这都对可持续发展起到积极的促进作用。丰富的生物多样性有利于提高生态系统的稳定性、结构合理性。与之对应，生物多样性的减少会削弱生态系统的功能性，使其生产力下降，抵抗外界因素干扰的能力减弱，从而降低整个生态系统的稳定性。因此，为了实现人类的可持续发展，对生物多样性进行保护是必不可少的，将生物多样性与城市建设相结合也是社会发展进步的必经之路。

2. 中国成都科学投放野生动物：丰富城市的生态本底

城市应该是一个有机生命体，它不仅属于人类，也属于野生动物。但伴随着经济社会快速发展，城市人口迅速增加，用地规模不断扩张，加之各种交通路网建设，导致野生动物栖息地缩减、生存环境破碎化日益严重，严重影响了城市的可持续发展。

成都地形地貌丰富，市域内分布着山地、丘陵、平原、河流、湖库等，从最低海拔 339m 的简阳界牌村沱江边到最高海拔 5364m 的大邑县大雪塘（苗基岭），高差达 5000 多米，形成立体的自然地理垂直分布带，这在全国甚至全球特大城市中绝无仅有，拥有大熊猫国家公园（试点）、自然保护区，以及包括森林公园、地质公园、风景名胜区、湿地公园等在内的自然公园和 27 个县级以上的饮用水水源保护区，为孕育丰富的野生动物资源提供了优越的自然条件。

由于城市化进程、交通网络建设、人类活动干扰等，成都野生动物生态廊道遭到破坏，特别是兽类、两栖类、爬行类等无法迁徙和扩散至市内公园、绿道等栖息地，区域数量有限，导致近亲繁殖，遗传多样性持续走低，物种机体数值下降，罹患遗传疾病增加，最终导致生物种类数量不断减少，种群规模进一步缩减，极易造成生物链条缺失，影响城市的可持续发展。

近年来全市生态环境质量整体变好，虽然鸟类、鱼类尚可通过联通的空间和水系不断迁入繁衍，种类和数量都逐年增多，但兽类、爬行类、两栖类由于受人类活动干扰明显、分布范围窄且零散等，种群恢复速度缓慢。全市兽类种数由 2006 年的 114 种增加至 2020 年的 125 种，只占全国 673 种兽类总数的 18.57%；两栖类种数由 2006 年的 24 种增加至 2020 年的 27 种，近 13 年仅增加了 3 种；爬行类种数没有变化，一直保持 29 种。为更快更好地提高生物多样性，成都市将坚持“本地为主、丰富种群”的原则从诸多方面入手。一是在前期科学选种，通过生物多样性调查，为保护管理提供基础资料，选取市域内种类数量较少、对市民群众生产生活影响小、能促进生态系统物质循环和平衡、身体健康的野生动物。二是在野生动物投放后，通过采取分类制定保护方案及措施、配套建设野生动物生存空间、加大野生动物疫病防控工作、开展野生动物保护专项行动等措施保障野生动物的生存。三是加强宣传工作，吸引更多的群众加入到保护生物多样性的工作中来。经过不懈努力，成都市生物多样性将得到更大提升。

3. 巴塞罗那《2020 绿色基础设施和生物多样性计划》：国外经验

在城市中，生物多样性以与城市建设（建筑物、街道等）相同的方式并入城市网络中，除了绿色区域，另一个构成城市生物多样性的关键要素常被忽视：植物、种类繁多的鸟类、小型哺乳动物、两栖动物、昆虫和其他生物。绿色基础设施是城市生态重要的支撑系统，用于保障城市建设和其他基础设施的高效运营。当绿色区域实现连续性，将提高生态系统的流动性和完整性。城市中的动植物为公民带来了众多好处，但是它们遭受了众多的不良影响和重度的生存压力。虽就土壤和空气质量以及水环境而言，城市中的发展活动对生物多样性影响最大。但某些较严重的生态伤害还是源于我们自己的不当操作，如对绿地的不当种植和处理，滥用除虫剂，引入生物外来侵入者（如随意放生乌龟和鱼等小动物）等。同时，因为气候变化，城市还面临着高温、暴雨等诸多不利的自然影响。

2013 年 5 月，绿色基础设施战略被欧盟采用，并定义为“拥有公共或私人农业和景观自然植被的空间网络”，该概念已经根植于欧盟生物多样性战略中，西班牙的巴塞罗那作为欧洲战略领跑城市积极回应，制定了《2020 绿色基础设施和生物多样性计划》，列出了 70 多个项目和行动，其目标是：提供环境和社会服务，将自然引入城市，增加生物多样性，增强绿色基础设施之间的连通性以及使城市更具活力。采用绿色走廊连接城市绿地，如森林、公园和蔬菜园，绿地与经过战略布局的城市街道树木可以使气温降低 8℃，由此减少 30%的空调使用需求，这为城市绿色生态建设提供了值得借鉴的经验。

一是规则先行，为生物多样性保护提供强力支撑。纠正和预防有害的土地活动（如过度或入侵的动植物群），加强脊椎动物保护计划以保护生物多样性。最重要的是，对公共空间和私有绿地的主要物种分别制定保护生物多样性的协议。二是为自然界创造新鲜元素并增加绿色基础设施和生物多样性。在公共空间通过增加公园、花园和公共场所的树木灌木数量来增加城市的生物种类。通过设置绿化距离和慢行交通道路规划，减少公园外的机动交通噪声，使人们可以欣赏绿色生态的声景。在临时未使用的规划地块中建造绿色空间。三是发挥科学管理和文化传播功能，根植与生物多样性共同发展的价值理念。建立关于绿色基础设施和生物多样性的指标数据库与系统，对自然遗产的状况和发展进行监测。继续加大研究与绿色基础设施和生物多样性相关的环境利益课题，环境保护部门加强与研究机构合作，寻找并测试新的植物物种。与自然有关的知识概念主题通常会引起人们的兴趣，在这方面，学校必然发挥至关重要的作用。可设立培训中心和设定专门的宣传节日来教育公民根据养护标准处理其与动物共存的冲突。制定生态保护志愿者计划，以保护、宣传和传播生物多样性知识，推广绿色基础设施。设计并实施无障碍社区计划——运营花园和菜园。鼓励各个群体开放举办与绿色基础设施和生物多样性有关的竞赛。

通过对成功案例的学习，结合实际环境情况加以改进利用，在不久的将来，我国城市生态将得到极大改善，城市生态将更好地造福人类，城市建设将充满活力，绿色经济将高度繁荣，城市生活的幸福感将大大提升。

6.1.3　生物多样性保护纳入城市建设规划的意义

随着经济的发展，城市规模不断扩大，自然环境遭到了不同程度的破坏，而城市生物多样性保护和发展对于建设绿色城市具有重要意义。在城市空间规划体系中导入生物多样性视角，增加城市建设规划中生物多样性保护的相关内容，不仅有利于生物的生存与繁衍，还能为人类创造更宜居的人居环境，增强城市复杂生态系统的稳定性和其应对外界扰动的韧性。

1. 改善生态环境

伴随着社会经济的快速发展，人们的高质量物质生活需求也越来越高，但随之而来的就是城市人口大量增加。同时城市作为许多高消耗、高污染产业的聚集地，自然资源、生态环境在高速发展的城市建设中面临着巨大的压力。因此，环境问题成为我国现阶段乃至将来很长一段时间都需要面临的一个严重问题。在这样的发展大环境下，人们在发展经济社会的同时，也开始更多地关注生存环境，立志于打造更加优美舒适的宜居城市，因此改善城市生态环境显得尤为重要。只有城市生物多样性得以保证，城市发展才会和谐稳定。所以，对城市生物多样性进行保护是刻不容缓的。

2. 建设生态城市

随着人类社会的发展，建设森林城市、生态城市已成为一种必然趋势。生态城市建设水平不仅仅是一个城市综合实力的象征，更是影响城市发展的重要因素。生态城市建设对于促进城市可持续发展有着深远的历史意义以及重要的现实意义，良好的生态系统是生态城市建设的基础，而生物多样性保护是生态城市建设的重要基础。城市生物多样性是丰富的自然资源、良好的生态环境的有力保障。只有基于保护生物多样性来建设城市，才能更加有利于改善城市环境质量、提高城市文明度、提升城市居民的幸福感，才能将城市打造成为和谐稳定的生态系统。

3. 实现城市的可持续发展

生物多样性最大的经济价值体现在其为人类的生存与发展提供了极其丰富的自然资源。但是目前，人类仅仅利用了大自然所提供的一部分生物价值，还有相当大部分的生物价值是人类没有发现的，人类也将不断发现并利用这些未知的使用价值。丰富的生物种类和生态系统有利于产生新物种，庞大的基因库有利于生物进化以及对生物品种进行改良，创造出更高的价值。这都对可持续发展起到积极的促进作用。丰富的生物多样性有利于提高生态系统的稳定性、结构合理性。与之对应，生物多样性的减少会削弱生态系统的功能性，使其生产力下降，抵抗外界因素干扰的能力减弱，从而降低整个生态系统的稳定性。因此，为了实现人类的可持续发展，对生物多样性进行保护是必不可少的。

保护好城市生物多样性，就是保护了城市生态系统。保护好城市生物多样性，有助于城市生态系统的稳定发展，有助于改善城市的人文环境，进而有助于城市的可持续发展。

6.2 和谐人居与城市景观设计

自古以来，我国历代优秀的建筑设计者都秉承“师法自然”“虽由人作、宛自天开”“天人合一”的规划设计理念，无论过去、现在还是未来，人们总是不断地在改造环境，意图创造出实用、美观、舒适的宜居环境（王黎娜，2014）。随着时代的发展，以及人民生活水平的提高，自然元素开始频繁地被应用于城市建设规划中。自然元素是生态环境赋予人类的宝贵财富，在从人性化角度出发、改善生活环境、保持生态平衡的设计理念指导下，把自然元素运用在城市建设规划中，是创造和谐人居环境的重要举措。

6.2.1 自然景观元素与城市空间设计

自然景观元素是天然景观元素和人文景观元素在自然方面的总和。而自然是一个相对的概念，通常将人类活动的对立面作为自然要素与非自然要素的划分依据，人类的生存和活动势必会对自然造成影响，类似于森林公园，虽然它属于自然景观，但是受到了人为因素的影响。天然景观是指某些景观在人们比较轻微的影响下没有改变自己原有的样貌，类似于极地地区、大荒漠以及某些自然保护区。人文景观是指某些景观因长期受到人们的影响而发生了样貌上的变化，类似于城镇、乡村等。虽然说这些景观受到人们长期的影响作用，但是实质上它们依旧是在自然中发展，遵循着自然界的规律。景观包括人类生活中的方方面面，因此，自然景观存在于城市空间设计中，有着不可忽视的价值（王玥，2018）。

空间设计是一个建筑上的名词，是指一切装修完毕之后，利用一些可以移动的、不固定的物品来进行二度设计。通常这样的二度设计会将原始装修提高一个层次，并提高设计感与美感。在城市建设设计中运用领先的设计理念，通过空间设计，高水准地完成平面及三维的城市空间、城市环境以及建筑布局和建筑群体形象的设计，可为人们提供了富有创意、令人向往的建设蓝图（王玥，2018）。

6.2.2 城市景观设计中的自然要素

1. 上海辰山植物园矿坑公园建设

城市生态公园是城市生态系统的重要组成部分，也是人类与大自然在城市中最紧密的联系纽带（孙莎，2016）。在城市生态公园的近自然设计中，既可以发扬我国古代自然式园林的精髓，营造“虽由人作，宛自天开”的效果，注重景观的意境表达，又可以采用科学的设计方法，利用生态系统的自然力，降低人为影响，弥补了以往城市公园设计建设过程中管控投入大、人为痕迹重的不足，可自己生成自然生态系统而更新演替，使得城市生态公园的一些物质能量信息要素能够模拟自然且循环更新，从而发挥最好的生态效益。因此，在城市生态公园的近自然设计中要秉持自然保护优先、因地制宜、节约与可持续发展、减少人为干预、保护生物多样性和开放性原则。辰山位于上海市松江区松江镇北西面，自 1905 年伊始至 2000 年一直被用于开矿采石，经过长达近一个世纪的开采，辰山山体面貌遭到巨大破坏，并形成了东西两个矿坑，其中西侧采石场在山体开采完后，又向下纵深挖掘留下一处巨大的矿坑深潭，占地面积达 $1hm^2$，这就是后来上海辰山植物园矿坑公园的“前世”。采石工业剥离表层植被，剧烈改变地形，造成水土流失、景观破坏和生境破碎化，是矿坑改造面临的最大问题。

2004 年，上海市为保护矿山遗迹，加快生态矿山、美化环境建设，结合上海辰山植物园的建设，批准将辰山矿坑建设为一个精致的、有特色的修复式公园，工程于 2010 年建设完成。在矿坑公园的设计建设过程中，充分将近自然设计融入其中，按最小干预原则塑造后工业风格景观，提高景观的质感与层次感，即尽量保持其天然石的景观风貌，尽量避免人工痕迹过重的观景效果；同时，以中国古代“桃花源”隐逸思想为设计立意，采用因地制宜的原则，利用原有的自然山水环境，通过对深潭、坑体、地坪及山崖改造，营建瀑布、天堑、栈道等具有近自然内涵的景观内容，进行地质自然环境深层次整治，深化人对自然的体悟；在植物种植方面，以空间结构为基础，采用生物多样性保护的原则，层次丰富，生物多样性高，结构合理。现如今的辰山植物园矿坑公园已成为城市建设中不可或缺的内容，能够体现出人类在发展的过程中保护自然环境的客观需求。

2. 吴淞炮台湾国家湿地森林公园建设

城市绿化隔离带是保障城市生态功能的重要设施，是城市中具有生命力的重要基础设施，在城市的生态可持续发展中发挥着越来越重要的作用（王黎娜，2014）。伴随着我国城市化进程的加速推进，城市的面积和辐射范围日益扩大，市民加强城市生态环境建设的渴望和呼声也越来越高。在城市绿化隔离带的近自然设计中，通过注入合理的功能定位、创造异质性景观和营造人性化空间这些理念，达到城市可持续发展和人居舒适的要求。同时，城市绿化隔离带应该与生物多样性进行搭配设计，乔木、灌木及草本植物的布置要符合生态学原理，避免优势物种对某个区域和范围的绝对控制。

吴淞炮台湾国家湿地森林公园所在地宝山原本只是一块长江滩涂湿地。新中国成立初期，宝山是一个重工业基地，有上海钢铁总厂一厂、上海钢铁总厂五厂，炼钢产生了大量的废钢渣。为了减少对区域环境的污染，这些钢渣大都被堆在了长江边上，积年累月陆续回填，就形成公园的陆域部分。

从 21 世纪初开始，宝山区政府为改善区域生态环境，在吴淞口炮台湾规划建造了森林湿地公园，经过多年建设，公园于 2007 年正式落成。在公园设计建造伊始，就将“环境更新、生态恢复、文化重建”的理念牢牢地融入公园的建造中，不仅让原有的滩涂湿地在建设中得到有效保护，形成了一条别具特色的城市绿化隔离带，还在沿江岸线一侧通过大小生态岛的组合，利用潮起潮落的水位变化，营造出占地 $11hm^2$ 的迷人湿地景观，将人文景致与自然野趣充分结合，并最终成为沪上特色鲜明的靓丽风景线。2013 年 3 月，宝山区政府经过科学论证，决定在原基础上建设上海吴淞炮台湾国家湿地公园。公园自建成开放以来，深受市民喜爱，被评为“国家 4A 级旅游景区”“全国科普教育基地”“上海市五星级公园”，并先后获得“中国人居环境范例奖”“2010 年 IFLA 亚太区第七届风景园林管理类杰出奖”等奖项。公园内动植物种类丰富，有各类植物 359 种，鸟类超 60 种，常见鸟类有白鹭、斑嘴鸭、银鸥、家燕、乌鸫、白头鹎等。城市绿化隔离带不仅能全面提高城市的生态效益，维护城市的生态安全，也为人们提供了一个休闲游憩、陶冶情操、放松身心的场所。

6.2.3　在城市景观设计中融入自然要素的意义

近年来，随着经济的高速发展，人们的关注点不再局限于满足自身的物质需求和促进经济发展，开始注重自己的生活质量，追求与自然的和谐相处。直到此时人们才发现由于前期经济的快速、不计较成本的发展，城市环境遭到严重破坏，这是人们所不愿意看到的。在城市建设过程中，只有处理好人类与自然之间的关系，对自然资源进行科学合理的开发利用，才能够真正做到让人与自然和谐共处。自然景观在城市设计过程中的应用，为人类城市发展与资源的开发利用提供了新的方向。

1. 绿化环境

不知何时，刺耳的汽笛声开始充斥着一座城市的每一个角落，刺鼻的尾气弥漫在城市的大街小巷。

整个城市完全被工业化气息所笼罩，虽然经济以肉眼可见的速度正在快速发展着，但是人们开始察觉到身边仿佛缺少了什么。繁重的工作、压抑的气氛和身边单一重复的建筑设计与颜色让人们的心开始变得浮躁起来，而景观元素则成为这一片灰色中令人眼前一亮的那一抹绿色。绿色是充满生机的可以使人心情愉悦的颜色，增添了绿色的城市，又一次展现出勃勃生机。

2. 释放压力，缓解心情

生活在一个快节奏的城市里，无时无刻都面临着各种来自生活和社会方方面面的、形式各异的压力，这些压力常常使人无法喘气。人们迫切需要一个能释放压力、放松自己的地方，在这个时候，一个满眼绿色、空气清新、环境静谧的城市公园就显得尤为重要，它会无形当中减轻你的压力。

3. 丰富一个城市的层次感

试想一下，如果一个城市没有了自然景观，满眼只剩下千篇一律的高楼大厦、冒着黑烟的化工工厂，那这个城市该是多么的死气沉沉。正是因为有了自然景观，才使城市多了一些层次感，因此，在城市空间设计中，一定会将自然景观元素列入其中，为城市增添不一样的色彩。

通过对城市自然景观元素的研究，人们将更深刻地意识到身边被忽略的绿色。在全球呼吁保护环境的大趋势下，营造人居环境的同时，更应该注重人类行为与自然环境的融合交汇，探索保护自然环境基础之上的景观空间营造。同时，对于提升城市形象、营造城市特色也有着积极的推动作用。

6.3 城市生态廊道建设

城市生物多样性具有极高的价值，对于可持续发展极为重要，但在旧的城镇化模式中往往容易被忽略。德国柏林在 1994 年引入“生物小区用地因子”方案，在保留密度的同时建设城市绿色基础设施，构建生物栖息地网络，涵盖整个城市，在中心城区适当增加绿色生境面积，在转型区间建设连通型生境，在城区边缘地带则保障大型绿色生境以“指状”形态嵌入地区（Berlin Derpartment of Urban Development，1995）。目前，中国和各国面临着城镇化带来的生态挑战，土地利用方式的改变、自然资源的开发、外来物种的引进、社会经济活动的干扰以及污染物的排放都显著地改变了城镇自然生态格局，威胁着本地的生物多样性资源。生态廊道是一种重要的生态基础设施，是在规划区内优化生态安全格局的重要一环，通过廊道连接使生态斑块从岛屿式向网络式演进，帮助植物、昆虫、鸟类和小陆生动物传播与迁徙，连通森林、湿地、公园和保护区，提高生态过程的连续性，促进自然环境与人工环境的融合，有效维持城市生态安全格局，保护城市生物多样性。生态廊道建设，对于维护城市生物多样性、丰富我国自然资源保护体系具有重要意义。

6.3.1 生态廊道的概念与类型

1. 生态廊道的概念

美国的保护管理协会（Conservation Management Institute）从生物保护的角度出发，将生态廊道定义为“由植被、水体等生态性结构要素构成的，供野生动物使用的狭长带状廊道”。生态廊道具有保护生物多样性、过滤污染物、减少水土流失、防风固沙、调蓄洪水等多种生态服务功能。“生态廊道”融入景观生态学和城乡规划领域后（齐欣和杨威，2013），产生了“城市生态廊道”的概念。城市生态廊道是指城市生态环境中以植物绿化为主、基于自然或人工走廊形成的线状或带状景观，是具有生态功能的城市绿色景观空间（王琛等，2010）。城市生态廊道不仅是城市内部物质能量流通和生物扩散迁徙的通道，也是维护城市空间结构、防止城市无序蔓延的绿色隔离带（韩西丽，2004）。

2. 生态廊道的类型

有关生态廊道类型的研究一直是国内学者关注的一个重点，因为廊道的“结构、类型与功能”有相互影响的关系。通过分析廊道的类型可以反映其内部构成的内容、空间的结构形态以及功能。例如，线状廊道和带状廊道不仅结构形态有差别，内部构成也有差别，线状廊道是包含大量边缘物种的狭长地带，而带状廊道包含丰富的内部物种，线状廊道和带状廊道对生物物种的保护程度具有较大的差别。还有一种常见的分类是以组成内容为划分依据，分为森林廊道、河流廊道和道路廊道（蔡婵静，2005），这三种廊道体现了不同的内部主体，前两种又常称为自然廊道，后者为人工廊道，在城市环境中这两种类型的廊道具有很大的功能差别，自然廊道具有维持城市自然环境效益的功能，而人工廊道更多的是为城市的空间服务。随着廊道研究领域的不断拓展，廊道的功能也不断延伸，诸如遗产廊道、游憩观光型廊道、生态环保廊道等新的类型不断出现。

但无论是以何种方式对廊道进行分类，都体现了“结构、功能、类型”相协调的关系。从各廊道的功能角度考虑，大致具有三类功能，分别为生态、游憩和社会功能。从组成内容来分，则大致分为陆域的植被带和水域的河流廊道。

6.3.2　城市生态廊道的功能

城市生态廊道不仅是城市内部物质能量流通和生物扩散迁徙的通道，也是维护城市空间结构、防止城市无序蔓延的绿色隔离带，其功能主要表现为生态功能、空间功能、游憩功能、文化教育功能、经济功能、防灾功能等（蒙倩彬，2016）。

1. 生态功能

Forman（1995）将生态廊道的功能总结为栖息地、通道、过滤或隔离、源和汇 5 种。栖息地功能主要是指城市生态廊道的建立能够为生物提供合适的栖息地环境，避免外界的干扰和人类的意外伤害；通道功能主要是指城市生态廊道是城市内部物质能量流通和生物扩散迁徙的通道，能够为斑块间物种、物质及能量交流提供传输通道，将各生境斑块连接起来，可以减少甚至消除生境破碎化对生物多样性的不利影响；过滤或隔离功能主要是指生态廊道可以分隔开其两侧的斑块或区域，由于不同动植物的渗透率不同，廊道选择性通过物种，使得一些种类不能穿越，因而具有过滤作用；“源”功能指的是城市生态廊道能够为各物种提供栖息地，可以保存本地物种和种质资源，作为城市生态系统的基础和供给源，廊道中移动的物质，无论是生物还是非生物都可以通过边缘扩散到周围的基质环境中，廊道规模越大、越宽，其源的作用越强：“汇”功能指的是城市生态廊道可以从周围基质中吸收物质，储存在廊道之中，起到汇聚作用，但这种功能常常是暂时性的。

城市生态廊道作为城市外部和内部的绿色屏障，还具有各种生态系统服务功能，如净化空气、降低噪声、防止水土流失、清洁水源等，能够促进城市生态环境的改善。城市生态廊道中的许多植物拥有吸收污染物的能力，其中的林带和水生植物群落在一定程度上净化了空气、地下水与河流水体，河流两侧的植被缓冲带可以有效过滤农药、污染物等，植物的净化杀菌功能同样在土壤的净化和抑制空气中细菌方面起着重要作用。Lena 等（1995）发现，10m 宽的草地缓冲带可减少 95%的磷元素随沉积物一起运动，同时可有效降低环境温度 5～10℃。

另外，城市廊道能联系起城市中碎片化的生境，为动植物提供足够大的生存空间和运动通道，增加物种基因交流，防止种群隔离，以适应全球气候变化，对于保护城市生物多样性具有重要作用。

2. 空间功能

空间功能指的是城市生态廊道对城市空间无限扩张的限制和引导功能，解决了绿地斑块导致的生物因素“孤岛效应”,有效地提供了保护城市内部生物多样性的手段。早在1919年,埃比尼泽•霍华德(2010)就提出用绿带来分隔城市的各功能组团的主张。城市生态廊道中包括自然群落、半人工群落、湿地、农田等重要的生态系统，其所提供的生态栖居和生态导管功能增强了城市内不同生境区域间的关联度，对物种的交流、迁移起到了促进作用，提高了种群间基因交换的可能性，在很大程度上避免了由绿地间缺乏连接导致的地方种群困于孤岛而发生的种群衰退，对城市生境及其生物多样性进行了较好的保护与利用。

城市生态廊道相互交织组成的生态廊道网络是城市绿地系统的重要组成部分，完善的城市生态廊道网络既能有效地分隔城市空间、限制城市无节制扩张，又能加强城乡生态系统之间的联系，增加物种交流和物质、能量流动。

3. *游憩功能*

城市生态廊道是城市绿地网络的重要组成部分，不仅能改善城市环境，还能将生态与城市相串联，成为市民可休闲游憩、享受慢生活的幸福廊道。作为城市居民的都市绿色生活轴线，城市生态廊道内部的生态环境为市民提供了不出城市便可接触自然的机会。一些城市生态廊道还能将城市不同的功能区联系在一起，减少城市交通噪声的干扰，为居民的日常生活和工作提供了安全便捷的通道。

4. *文化教育功能*

城市生态廊道是基于城市原有的自然本底而建立的，其中所包含的古树名木、城市肌理、文物古迹等能反映城市特有的文化，达到展示当地文化的作用。更重要的是城市生态廊道是城市生物多样性的展示空间，具有宣传、教育的功能，有利于人们直观地认识城市生物多样性，从精神层面培育了市民保护自然的意识，为生态教育、科研提供了良好的场所。

5. *经济功能*

城市生态廊道的建设提高了建设地段的环境质量，带动了周边土地升值。同时，生态廊道本身的景观和游憩功能也带动了当地商业、服务业的发展，带来了巨大的经济效益。

6. *防灾功能*

城市生态廊道具有防灾避险的功能，在目前城市用地紧张的条件下，合理利用城市生态廊道的避灾通道和临时避难空间，能最大限度地保证居民的生命财产安全。不过需要注意的是，生态廊道也会引入天敌和病虫害，增加火灾等非生物干扰的扩散机会，威胁本地生物的生存（俞孔坚等，1998）。

6.3.3 城市生态廊道的实践

生态廊道建设对于改善生态环境、建设美丽家园有着重要意义。1998年1月，全国绿化委员会、国家林业局、交通运输部、铁道部联合下发了《关于在全国范围内大力开展绿色通道工程建设的通知》（全绿字[1998]1号），要求开展以公路、铁路和江河沿线绿化为主要内容的绿色通道工程建设。《国务院关于进一步推进全国绿色通道建设的通知》（国发[2000]31号）指出，绿色通道建设是我国国土绿化的重要组成部分，要纳入全国生态环境建设规划、全国造林绿化规划和城市总体规划。《全国生态保护“十二五”规划》（环发[2013]13号）也将“提出自然保护区空间整合方案、生态廊道建设方案，建设1～2个跨国界自然保护区”列为“十二五”生态保护重点工程。《国民经济和社会发展第十三个五年规划纲要（2016-2020年）》也明确指出，“坚持保护优先、自然恢复为主，推进自然生态系统保护与修复，构建生态廊道和生物多样性保护网络，全面提升各类自然生态系统稳定性和生态服务功能，筑牢生态安全屏障”。习近平总书记在党的十九大报告中指出，“优化生态安全屏障体系，构建生态廊道和生物多样性保护网络”。

1. 珠江三角洲绿道网络建设

近年来，我国各地区高度重视生态廊道建设，取得了丰硕的成果。2010 年以来，我国部分地区开始跳出城市层面，开展区域尺度绿道网络规划和建设，珠三角率先在全国开展生态廊道建设。2010 年 2 月，广东省出台了《珠江三角洲地区绿道网总体规划纲要》，计划用 3 年时间在珠三角地区 9 个城市率先建成 6 条区域绿道。该绿道网络由省级绿道、城市绿道和社区绿道三级组成，初步构建起了省立-城市两级绿道有机衔接的网络系统。规划形成由 6 条主线、4 条连接线、22 条支线、18 处城际交界面和 $4410km^2$ 绿化缓冲区组成的绿道网络总体布局。其中 6 条主线连接广佛肇、深莞惠、珠中江三大都市区，串联 200 多处森林公园、自然保护区、风景名胜区、郊野公园、滨水公园和历史文化遗迹等发展节点，全长约 1690km，直接服务人口 2565 万人，实现珠三角城市与城市、城市与市郊、市郊与农村以及山林、滨水等生态资源与历史文化资源的连接，对于改善沿线的人居环境质量具有重要作用。2013 年，珠三角总共建成绿道 7350km，包括 2372km 省立绿道和 4978km 城市绿道，并逐步向粤东西北地区延伸。珠三角绿道网络的建设打破了城市界限，在大区域尺度下由多市共同构建生态型、网络化、多功能的绿色廊道工程，是全国首例。

2. 成都天府绿道建设

天府绿道建设是绿化全川的成都实践，是成都筑巢引凤的重大支撑工程、城市绿色发展的靓丽名片、重大的惠民民生工程，在生态建设、环境保护、形态优化、产业发展、解决城市拥堵等方面具有“纲举目张”的重大牵引意义。成都市按照建设大生态、构筑新格局的思路，梳理 $14\,334km^2$ 市域的 $11\,534km^2$ 生态基底和 $2800km^2$ 城乡建设用地情况，以“可进入、可参与、景观化、景区化”的规划理念，以人民为中心，以绿道为主线，以生态为本底，以田园为基调，以文化为特色，全域规划构建区域、城区、社区三级慢行系统，城区级绿道在城市各组团内部成网，与区域级绿道衔接；社区级绿道与城区级绿道相衔接，串联社区内幼儿园、卫生服务中心、文化活动中心、健身场馆、社区养老等设施，体现“绿满蓉城”的宜居品质，厚植城市自然人文环境，提升市民宜居生活品质。

2017 年成都市出台了《成都市天府绿道规划建设方案》，提出未来成都将打造覆盖成都全域的区域、城区、社区三级绿道体系，在全域形成以“一轴两山三环七道”为主体骨架的绿网，构筑“绿道环”、串联“公园链”、连通“河湖网”，将碎片、隔离、零散的生态板块整合为相对完整的绿色空间系统，串联生态区、公园、小游园、微绿地，形成全域绿化体系，建成区域级绿道 1920km，城区级绿道 5000km 以上，社区级绿道 1 万 km 以上。其中，“一轴”指沿锦江从都江堰紫坪铺至双流黄龙溪总长 200km 的锦江绿道。“两山”分别指沿龙门山东侧，长度约 350km 的龙门山森林绿道；沿龙泉山西侧，长度约 200km 的龙泉山森林绿道。“三环”分别指沿三环路总长 100km 的熊猫绿道；依托环城生态带，主线总长 200km 的锦城绿道；沿第二绕城高速路，总长约 300km 的田园绿道。还有包含走马河、江安河、金马河、杨柳河-斜江河-出江河-临溪河、东风渠、沱江-绛溪河、毗河等河段，总长度约 570km 的由 7 条滨河绿道共同组成的“七道”。

其中，锦江绿道，沿锦江从都江堰紫坪铺至双流黄龙溪，总长度约 200km，串联 10 个区（市）县；龙门山森林绿道，沿龙门山东侧，长度约 350km，串联 6 个区（市）县；龙泉山森林绿道，沿龙泉山西侧，长度约 200km，串联了 5 个区（市）县；熊猫绿道，沿三环路总长 100km，以慢行交通为主，兼具生态、休闲、体育、文化等功能；锦城绿道，依托环城生态带，主线总长度 200km（次线 300km），串联 11 个中心城区；田园绿道，沿第二绕城高速路，总长度约 300km，串联 10 个区（市）县；滨河绿道，包含走马河、江安河、金马河、杨柳河-斜江河-江河-临溪河、东风渠、沱江-绛溪河、毗河等河段，总长度约 570km，串联 15 个区（市）县。

截至 2018 年底，成都市已累计建成天府绿道 2607km，其中，2018 年新建各级绿道 1914km。锦江绿道累计建成 63km；熊猫绿道基本建成；锦城绿道建成 180km，锦城湖至青龙湖 24km 城市自行车专用道贯通。“一轴两山三环七带”规划总长近 1.7 万 km 的天府绿道正在逐步展现。按照分级分类推动实施的步骤，到 2020 年基本建成“两环一轴”绿道（锦江绿道、锦城绿道、熊猫绿道），共约 750km，到 2025 年初步建成 1920km 市域主干绿道体系，到 2040 年市域绿道体系全面成网。

天府绿道的建设带动了周边绿道及周边区域的旅游发展，推动了天府文化的传播，提升了成都市的软实力，现成都中心城区绿化廊道密度为 0.41，规划廊道密度达 1.18，远超北京、上海。同时，随着绿道的建设，提升了空间的可达性和景观条件，改善了周边的居住环境，动植物种类及数量有所增加，生态景观更加丰富，生态保障功能突出。

6.4 绿色城镇化的提出与内涵

6.4.1 绿色城镇化的提出

改革开放以来，我国经济社会发展迅速，经历了世界历史上规模最大、速度最快的城镇化进程，城镇化率由 1978 年的 17.9%上升至 2018 年的 59.82%，已经由“乡村中国”快速迈向“城镇中国”，取得了举世瞩目的成就。但在城镇化过程中，由于片面追求城镇化率、城市规模和城镇化速度，忽视了城镇化的空间布局、生态环境质量，城镇化建设质量不高，出现了人口过多、资源短缺、生态环境脆弱、城乡发展不协调，进而阻碍城镇化的可持续发展（Yuan et al.，2013）。为了防治城镇化进程中出现的严重生态环境问题，我国提出要大力推进绿色城镇化建设。

2012 年 11 月，党的十八大报告明确指出“要坚持走中国特色新型城镇化道路”，提出的“新型”城镇化道路本质是绿色城镇化，这是由生态文明建设已经成为新时期国家奋斗目标决定的。其“新”是相对以往的城镇化发展来讲的，无论是在思路、观念、模式、行为方面，还是在体制、技术、产业等方面，均需用生态文明的“绿色”之线进行创新、变革、转型。

2012 年 12 月，党的十八大闭幕不久，中央召开经济工作会议，提出积极稳妥推进城镇化，“着力提高城镇化发展质量”，因势利导、趋利避害、积极引导城镇化健康发展。“要把生态文明理念和原则全面融入城镇化全过程，走集约、智能、绿色、低碳的新型城镇化道路”。在发展过程中，不仅仅要重视“量”的扩大，更要重视“质”的提高，要由重数量的外延式扩张转变为重品质的内涵式发展，建设“幸福城市”“智慧城市”“和谐城市”。

2013 年 11 月，党的十八届三中全会强调，坚持走中国特色新型城镇化道路，推进以人为核心的城镇化。实施新型城镇化战略要以建设生态城镇为突破口，“生态城市”主要是从系统科学的视角采用生态学基本观点对城镇进行设计，力求建立有序、高效、和谐、健康的市民聚居环境。当然生态城市中的“生态”，已不仅仅是指传统的自然生态，而是一个内蕴经济、社会、文化、自然等诸多内容的综合概念。因此，在实施新型城镇化战略过程中，应把建设生态城镇作为切入点，使之成为解决城镇化与生态环境矛盾的突破口。

2013 年 12 月，习近平总书记主持召开中央城镇化工作会议，这是改革开放以来中央召开的第一次城镇化工作会议，为城镇化谋篇布局，会议提出，要“以人为本，推进以人为核心的城镇化，提高城镇化发展质量”，新型城镇化建设须高度重视生态安全，扩大森林、湖泊、湿地等绿色生态空间比重，坚持生态文明，着力推进绿色发展、循环发展。由此可以看出，中国城镇化发展模式开始出现不同以往的积极变化：一是强调注重城镇化发展质量；二是强化“以人为本”“坚持以人的城镇化为核心”；三是突出布局优化和生态文明建设。以此为标志，我国城镇化建设方针和推进模式开始全面注重以人为本与绿色发展建设模式。

2014 年 3 月，中共中央、国务院印发了《国家新型城镇化规划（2014-2020 年）》，着重强调了加快绿色城市建设，正式提出要“走以人为本、四化同步、优化布局、生态文明、传承文化的中国特色新型城镇化道路”，对未来城镇化的发展路径、主要目标和战略任务做了具体部署。该规划最大的亮点在于正视传统城镇化路径的不足，致力于发展“人的城镇化”，其中的一项建设目标是“城市生活和谐宜人，自然景观和文化特色得到有效保护”。从中可以看出，国家城市发展战略已从过去的经济型城市转型为现在的生态型城市。

2014 年 3 月，李克强总理在《政府工作报告中》也提出推进以人为核心的新型城镇化，坚持走以人为本、四化同步、优化布局、生态文明、传承文化的新型城镇化道路。由此可见，新型城镇化对于国家发展具有重要的意义。

2014 年 12 月，中央经济工作会议上，习近平同志指出：“现在我国环境承载能力已经达到或接近上限，必须顺应人民群众对良好生态环境的期待，推动形成绿色低碳循环发展新方式”。

2015 年 4 月，中共中央、国务院出台了《关于加快推进生态文明建设的意见》，该意见在第二章第五节首次提出要“大力推进绿色城镇化”。即：要“保护自然景观，传承历史文化，提倡城镇形态多样性，保持特色风貌，防止‘千城一面’”；“强化城镇化过程中的节能理念，大力发展绿色建筑和低碳、便捷的交通体系，推进绿色生态城区建设，提高城镇供排水、防涝、雨水收集利用、供热、供气、环境等基础设施建设水平。所有县城和重点镇都要具备污水、垃圾处理能力，提高建设、运行、管理水平。加强城乡规划‘三区四线’（禁建区、限建区和适建区，绿线、蓝线、紫线和黄线）管理，维护城乡规划的权威性、严肃性，杜绝大拆大建”。

2015 年 10 月，党的十八届五中全会正式提出要树立和贯彻绿色发展理念与提升城市绿色化发展水平，呈现的不仅仅是发展理念的新定位、新高度，更是有的放矢、务实可行的发展手段与工具，也是从一纸蓝图到人与自然和谐发展的方案化、项目化、具体化。坚持绿色发展，就是在中国发起一次生态革命，解决人与自然和谐发展中的问题，要求将绿色发展摆在更加突出的位置。

2015 年 12 月，中央城市工作会议上，习近平同志进一步指出：“城市发展要把握好生产空间、生活空间、生态空间的内在联系，实现生产空间集约高效、生活空间宜居适度、生态空间山清水秀。城市工作要把创造优良人居环境作为中心目标，努力把城市建设成为人与人、人与自然和谐共处的美丽家园”；“要坚持集约发展，树立‘精明增长’‘紧凑城市’理念，科学划定城市开发边界，推动城市发展由外延扩张式向内涵提升式转变。城市交通、能源、供排水、供热、污水、垃圾处理等基础设施，要按照绿色循环低碳的理念进行规划建设”。

2017 年 8 月，由上海合作组织环境保护合作中心和中国环境与发展国际合作委员会联合主办的绿色城镇化国际研讨会暨中国环境与发展国际合作委员会，向世界传达了绿色发展的理念，提供了绿色发展的技术，展现了绿色发展的力量，更突出了绿色城镇化的重要性和现实性，强调要把绿色贯穿于城镇化建设的全过程。

2017 年 10 月，党的十九大报告指出中国经济已由高速增长阶段转向高质量发展阶段，城镇化是迈向高质量发展的必由之路。推动城镇化绿色高质量发展，提升城镇化发展水平，创新城镇化发展模式，走绿色、人文、智慧城市发展之路，成为中国城镇化主动适应新常态、顺应新时代的必然选择。城镇化是推动质量、效率和动力三大变革的重要抓手，实现高质量的发展对城镇化提出新的更高要求，其中一点是建设智慧、人文、生态、宜居的城市。

2019 年，全国两会提出用改革的办法解决城镇化难点问题。其中强调要将生态文明理念融入新型城镇化进程中，新型城镇化进程中要注意生态保护，着力推进绿色发展、循环发展、低碳发展，节约集约利用土地、水、能源等资源，强化环境保护和生态修复，减少对自然的干扰和损害，推动形成绿色低碳的生产生活方式和城市建设运营管理模式。

2020 年 4 月，国家发展和改革委员会印发了《2020 年新型城镇化建设和城乡融合发展重点任务》，明确指出要“加快实施以促进人的城镇化为核心，提高质量为导向的新型城镇化战略，增强中心城市和城市群综合承载、资源优化配置能力，提升城市治理水平，推进城乡融合发展”。绿色城镇化作为我国最新的城镇化发展模式，在城镇化进程中绿色将发挥主导作用。

随着社会主义现代化的实践和城镇化发展迅速，党和国家对我国城镇化发展规律的认识逐步全面与深化，城镇化发展开始逐渐进入科学有序和健康发展的绿色高质量轨道，新型城镇化迈入以生态文明为导向的新时代。城市的可持续发展要把生态理念贯彻到生产、经济运行和人文行为中去，以绿色发展促进新型城镇化建设。从城市发展的角度，需要创新城市发展模式，统筹城市规划、建设、管理、运营等各个方面，推动生态建设、产业建设积极融合，真正实现一个城市的可持续发展。

6.4.2 绿色城镇化的内涵

绿色城镇化是新型城镇化建设的重要内容之一，也是我国现代化建设的必经之路。在总体思路上，习近平总书记指出，推进城镇化必须从我国社会主义初级阶段基本国情出发，遵循规律，因势利导，使城镇化成为一个顺势而为、水到渠成的发展过程。在发展主线上，习近平总书记提出，要以人为本，推进以人为核心的城镇化，提高城镇人口素质和居民生活质量。在城市建设上，习近平总书记告诫，要依托现有山水脉络等独特风光，让城市融入大自然，让居民望得见山、看得见水、记得住乡愁；要融入现代元素，更要保护和弘扬传统优秀文化，延续城市历史文脉；要融入让群众生活更舒适的理念，体现在每一个细节中。

1. 绿色城镇化以人的需要为核心

人们对美好生活的向往，是中国共产党念兹在兹的执政目标和努力方向，而生态美好是人民群众心目中“美好生活”的重要内容。以人为核心的新型城镇化，是党的十八大以来党中央提出的一个城镇化战略新理念，强调新型城镇化的根本目的是满足人民群众的美好生活需要。这一新理念是在总结和反思国内外城镇化的成功经验与存在问题的基础上形成的，不仅仅具有高屋建瓴的理论高度，更适应我国经济发展进入新常态的现实国情。走绿色城镇化道路是实现可持续发展战略和“美丽中国”的着力点，是新时代实现绿色发展的重要抓手，顺应了人类急需解决生态环境危机的时代要求。

新型城镇化必须是人的城镇化，这既是城市发展的理念，也是人民群众的夙愿。习近平同志指出：“以人民为中心的发展思想，不是一个抽象的、玄奥的概念，不能只停留在口头上、止步于思想环节，而要体现在经济社会发展各个环节。”城镇化是推进我国经济社会长期可持续发展的重要环节和重要抓手。因此，新型城镇化更加强调以人的城镇化为核心，更加注重城乡基本公共服务均等化，更加注重环境宜居和历史文脉传承，更加注重提升人民群众获得感和幸福感。坚持以人为本，即从更多关注物质生产转变为更多关注人本身的需求，以提高居民生活品质为核心。坚持目标导向与问题导向相结合，推进以人为核心的新型城镇化，是践行创新、协调、绿色、开放、共享发展理念的重要一环。只有以人民为中心、顺应发展规律的城镇化，才能提高发展的共享性和可持续性。

人是新型城镇化建设的核心和根本，以人民为中心是新型城镇化的根本宗旨，以人为本的新型城镇化能够实现人与城和谐、人与自然和谐共生。为推进绿色城镇化建设，我国及各地政府积极贯彻绿色发展理念，以生态文明理念为引领，按照以人民为中心的发展思想，推进以人为核心的城镇化，把环境保护作为一项基本国策，实行“生态保护与生态建设并举”“污染防治与生态保护并重”的方针，致力于城市的可持续发展，大力推进绿色城镇化建设，努力改善生态环境，积极开展生物多样性的保护和持续利用行动，不断满足城市居民的优美生态环境需要。

2. 绿色城镇化以绿色发展理念为支撑

新型城镇化建设作为人类社会发展的客观趋势，是国家现代化的重要标志，推进绿色城镇化是新时代实现绿色发展的重要抓手，也是当前新型城镇化的新趋势，顺应了人类急需解决生态环境危机的时代要求，贯彻了党和国家的绿色发展理念重要指示。让城市融入大自然，最根本的就是让绿色技术创新融入城镇化建设中，通过绿色技术创新探索出一条集约高效、资源节约、低碳环保的城镇化之路。绿色城镇化是新时代实现绿色发展的重要抓手，要从绿色产业、绿色技术、优化城镇空间布局等方面推动绿色城镇化建设。

绿色产业是城镇化进行绿色转型发展的重要基础。发展绿色产业不仅有利于转变经济发展方式，调整产业结构，优化产业布局，缓解就业压力，还有助于拉动经济增长，助力脱贫攻坚。新型城镇化离不开绿色经济发展的支撑，其也是绿色城镇化发展的内生动力、实现产城融合的根本途径和手段。为使绿色产业有效推进新型城镇化建设，实现可持续发展，应该将“绿色”充分融入传统产业，壮大绿色新兴产业，树立绿色发展理念。将绿色城镇化发展理念深入贯彻到城镇产业的规划、建设、管理全过程，以及城镇发展的各个领域、各个层面，大力推行绿色生产生活方式。例如，根据产业发展的空间布局和绿色低碳循环的定位，规范生态工业园区和高新技术产业园区的绿色发展，真正起到绿色低碳发展模式的示范带动效应。倡导绿色消费，并创新相关体制机制，将绿色政绩作为考核重点。

绿色技术创新是最大限度地减少城镇化过程中环境问题的最佳选择。绿色技术创新是绿色的生产方式、绿色的生活方式以及日益增强的绿色价值理念共同作用的结果。过去的粗放型生产方式需向以“科技含量高、资源消耗低、环境污染少”为特点的集约高效型生产方式转型，推进绿色技术创新，建立绿色技术创新系统，通过技术创新、循环经济、低碳经济提高资源利用效率，使有限的资源能源发挥成倍的产业效果，在全社会推广一批比较成熟、能够产生明显经济社会效益的重大绿色技术，将这些技术列入绿色发展的手段。研发污染防治、生态环境保护等领域的修复技术，防止和治理污染，改善生态环境，为动物及人类提供良好的栖息地，实现人与自然的和谐。

将绿色发展理念融入新型城镇化建设是一个长期的发展过程，不可能一蹴而就，也不是各个发展方面的简单组合，应该顺应绿色城镇化建设的大趋势，把握机遇，迎接挑战，从全局出发，促进人与自然和谐共生，探索一条具有中国特色的绿色城镇化高质量发展道路。

3. 绿色城镇化以生态文明思想为引领

“保护自然景观，传承历史文化，提倡城镇形态多样性，保持特色风貌”为走绿色城镇化道路的前提和约束。这里的“自然景观”不仅包括城市建设不应当对其自身和周边原生态的环境构成负面影响，还包括能源资源的高效、清洁和循环利用，以及区域生物多样性保护等方面。

生态文明建设是以自然环境和经济可持续发展为基础的，前提是强调人与自然和谐相处。新型城镇化就是要践行生态文明理念，改变原来的以牺牲资源环境来获取高增长率的发展模式，走人与自然协调发展的道路，不仅仅要注重提高居民的生活质量和幸福指数，更要考虑城镇的资源承载能力和生态环境压力，协调人口、资源、环境与经济发展的关系，实现城镇的可持续发展。

新型城镇化建设要依托现有山水脉络等独特风光，让城市融入大自然，让居民望得见山、看得见水、记得住乡愁。为了建设新型生态文明城镇，实现可持续发展，要坚持以创新、协调、绿色、开放、共享的发展理念为引领，有效布局生态空间，划定生态保护红线。增加森林、湖泊、湿地面积，确保城镇范围内的自然保护区、风景名胜区、森林公园等重要生态功能区以及湿地、重要水源地没有受损，有效提升生物多样性保护水平。将自然山水、交通干线和城镇建设融为一体，依托已有的山水资源风光，打造生态宜居城镇。将生态文明理念全面融入新型城镇化发展，构建绿色生产方式、生活方式和消费模式。把环境资源转化为发展资源，把生态优势转化为经济优势，走出一条科技含量高、资源消耗低、环境污染少的新路，形成新型工业化、城镇化、信息化、农业现代化和绿色化协同推进的发展新路径。

用生态文明理念引领新型城镇化建设，在践行新时代生态文明建设的进程中，坚持以生态文明理念指导城镇可持续发展，以生态建设引领新型城镇化建设，是顺应人与自然和谐共生的客观规律、符合新时代发展要求的积极尝试。

6.5 城市推进绿色发展与生物多样性保护行动案例

随着城市化进程的加快和人类的盲目建设，城市生物多样性正急剧减少，影响了城市的可持续发展。鉴于生物多样性面临的严峻形势，各地持续致力于生物多样性的保护与可持续利用工作，制定了一系列保护和持续利用生物多样性的政策、法律、法规、计划与措施。

6.5.1 京津冀协同发展坚持使“绿色”成为发展底色

2014 年，国家新型城镇化规划提出，京津冀城市群“要以建设世界级城市群为目标”。2018 年 11 月，中国中央、国务院明确要求推动京津冀协同发展、有效治理“大城市病”的优化开发模式。京津冀协同发展已经上升为国家重大发展战略。京津冀地区全面贯彻落实五大发展理念和生态文明建设要求，以生态环境共建共治为核心，以生态环境空间为抓手，以生态保护红线为约束，以最严格的生态环保制度为保障，坚持区域统筹、流域统筹、陆海统筹、城乡统筹、环境与发展统筹，坚持使“绿色”成为发展底色，从“花开三朵，各表一枝”到“瓣瓣不同，却瓣瓣同心”，京津冀协同发展迈出实质性步伐。

1. 推动生态环境共建共治，促进人与自然和谐共生

习近平总书记对京津冀协同发展提出了 7 点要求，其中一条是要着力扩大环境容量生态空间，加强生态环境保护合作。习近平总书记在主持召开京津冀协同发展座谈会时提出新要求：“坚持绿水青山就是金山银山的理念，强化生态环境联建联防联治”。生态环境保护是京津冀协同发展战略需要率先突破的重点领域之一，京津冀逐渐跳出自己的“一亩三分地”，不断深化污染防治协作机制，不断推进生态治理之力聚合，努力推进区域生态环境持续改善。

以顶层设计引领生态环境协同治理。2015 年 4 月，中共中央政治局审议通过了《京津冀协同发展规划纲要》（以下简称《纲要》），明确了区域协同发展的顶层设计，对包括水环境在内的生态环境保护协同治理提出了明确要求：“打破行政区域限制”“加强生态环境保护和治理”“加强环境污染治理，实施清洁水行动”，推进“六河五湖”（即滦河、潮白河、北运河、永定河、大清河、南运河、白洋淀、衡水湖、七里海、北大港、南大港）综合治理与生态修复。2015 年 12 月，国家发展和改革委员会发布了我国首个跨区域综合性环保专项规划《京津冀协同发展生态环境保护规划》（以下简称《规划》），明确了区域环境质量总体目标。

为贯彻落实《纲要》和《规划》，京津冀三地环保部门于 2015 年 12 月正式签署《京津冀区域环境保护率先突破合作框架协议》（以下简称《协议》），明确以大气、水、土壤污染防治为重点，共同改善区域生态环境质量。《协议》突出三个层面：一是共同编制《京津冀区域环境污染防治条例》，实现立法突破；二是以《规划》为统领，共同制订大气、水、土壤、固体废弃物领域专项规划，统筹治污；三是统一环境准入门槛，共同建立区域协同的污染物排放体系，针对永定河、北运河、潮白河等重点河流水污染问题制定了《京津冀协同发展六河五湖综合治理与生态修复总体方案》，旨在共同改善流域生态环境。《纲要》《规划》《协议》的出台明确了京津冀生态环境协同治理的方向，成为引领京津冀生态环境协同治理行动的指南。

通过近几年的生态环境综合治理，京津冀地区生态环境质量持续改善。《2019 中国生态环境状况公报》

显示，2019 年海河流域为轻度污染，2018 年海河流域为中度污染，一至三类水质断面占 51.9%，比 2018 年上升 5.6 个百分点，劣五类水质断面占 7.5%，比 2018 年下降 12.5 个百分点。《大气环境气象公报（2019 年）》指出，京津冀等区域 2019 年霾日数继续减少，细颗粒物（$PM_{2.5}$）浓度持续下降，2019 年京津冀地区 $PM_{2.5}$ 平均浓度为 50μg/m^3，比 2018 年降低 5.7%。良好的生态环境是最普惠的民生福祉，京津冀地区生态环境质量的持续改善，创造了优良的人居环境，为实现人与自然和谐共生奠定了坚实的基础。

2. 强化生态空间管控，促进区域生物多样性保护

习近平总书记强调划定生态保护红线，为可持续发展留足空间，为子孙后代留下天蓝地绿水清的家园。中共中央办公厅、国务院办公厅 2017 年 2 月公布了《关于划定并严守生态保护红线的若干意见》，明确提出到 2020 年，全面完成全国生态保护红线划定、勘界定标，基本建立生态保护红线制度。

划定京津冀区域生态保护红线是促进区域协同发展的重要途径，有利于在区域层面实现京津冀生态空间的统一管控。2017 年，京津冀区域依据《生态保护红线划定指南》，率先划定生态保护红线，生态保护红线面积共计 4.63 万 km^2，占国土面积 20.48%，其中，北京市生态保护红线占市域国土面积的 40.6%，天津市生态保护红线占市域国土面积的 20.9%，河北省生态保护红线占省域国土面积的 31.4%；陆域生态保护红线面积为 4.42 万 km^2，占京津冀陆域国土面积的 20.39%；海域生态保护红线面积为 0.21 万 km^2，占管辖海域面积的 22.58%；京津冀区域生态保护红线包括水源涵养、生物多样性维护、水土保持、防风固沙、水土流失控制、土地沙化控制、海岸生态稳定七大类 37 个片区，构成了以燕山生态屏障、太行山生态屏障、坝上高原防风固沙带、沿海生态防护带为主体的“两屏两带”生态保护红线空间分布格局。目前，京津冀区域生态保护红线暂不包括雄安新区。生态保护红线的划定为区域内森林生态系统、珍稀野生动植物栖息地与集中分布区、流域内珍稀濒危野生动植物栖息地及海岸海域区域内水产种质资源栖息地的保护和恢复提供了重要的生态空间，对于维护国家和区域生态安全将发挥重要作用。

截至 2017 年 12 月，京津冀地区共有自然保护区 59 处，总面积 8594.03km^2，其中，国家级自然保护区 18 处，省（市）级自然保护区 41 处；风景名胜区共有 59 处，总面积 9359.33km^2，其中，国家级风景名胜区 13 处，省（市）级风景名胜区 46 处；共有森林公园 118 处，总面积 5886.95km^2，其中，国家级森林公园 43 处，省（市）级森林公园 75 处；共有地质公园 21 处，总面积 4604.1km^2，其中，世界级地质公园 2 处，国家级地质公园 15 处，省（市）级地质公园 4 处；共有湿地公园 20 处，总面积 511.79km^2，其中，国家级湿地公园 9 处，省级湿地公园 11 处；共有自然文化遗产 500 处，其中，世界级自然文化遗产 7 处，国家级自然遗产 134 处，省级自然遗产 359 处；共有国家级水产种质资源保护区 17 处，均位于河北省，总面积 712.22km^2。

通过划定生态保护红线，可提升区域生态系统服务功能，不断改善生态环境，为野生动植物创造了更好的栖息地。截至 2018 年，河北全省有植物 204 科 940 属 2800 多种；有陆生脊椎动物 530 多种，约占全国的 1/4，其中国家和省重点保护陆生野生动物 216 种。北京市野生动物已达 600 多种，被称为“鸟中大熊猫”的震旦鸦雀等珍稀野生动物品种陆续被发现。截至 2020 年，天津市共记录陆生野生动物 485 种，包括国家一级重点保护鸟类遗鸥、东方白鹳、大鸨、中华秋沙鸭等 11 种，国家二级重点保护鸟类白琵鹭、黑脸琵鹭、疣鼻天鹅、大天鹅、小天鹅等 59 种，国家一级重点保护动物有豹，国家二级重点保护动物有黄喉貂、斑羚；植物以菊科、禾本科、豆科和蔷薇科种类最多，有维管植物约 1049 种，其中包括国家二级保护植物核桃楸、紫椴，以及中国特有濒危保护植物黄檗。因此，生态保护红线的划定在保护物种基因和维护生态平衡等方面发挥着重要作用。

3. 探索形成京津冀生态环境保护联动立法机制，保障协同治理成效

京津冀地区在明确属地管理责任的基础上，开展联防检查、联合执法等行动，制定生物多样保护相关法律、条例、决定等，保障区域生态环境协同治理成效，促进生物多样性保护。

（1）以联动机制保障协同治理成效

建立水污染协同治理机制，国家有关部委牵头成立京津冀及周边地区水污染防治协作小组，三地签署《京津冀水污染突发事件联防联控机制合作协议》，建立环境执法联动工作机制，发布《京津冀重点流域突发水环境污染事件应急预案》，开展水污染防治联合督导检查和渔政联合执法行动。大力推进联合执法机制，联合执法检查一直是京津冀水环境协同治理实践中的"重头戏"，2015 年 11 月三地正式启动"京津冀环境执法联动工作机制"，2019 年 7 月三地生态环境部门联合印发《2019-2020 年京津冀生态环境执法联动重点工作通知》，提出京津冀三地将建立相邻的区、市、县生态环境执法联合工作机制，丰富联合执法内容，实现全要素、多领域的联合执法。建立应急联动机制，《2018 年京津冀水污染突发事件联防联控工作方案》提出健全联络员制度，深化信息化建设，三省（直辖市）一致同意建立京津冀突发环境事件应急联动指挥会商平台，并签订《京津冀突发环境事件应急联动指挥平台数据共享协议》。系列协议、联合执法机制的制定为区域环境质量持续改善提供了坚强有力的执法保障。

（2）多项环境法、条例、决定强化出台保障区域生物多样性

为了加强京津冀三地林业有害生物联合防治，2015 年，三地林业厅（局）签订了《京津冀协同发展林业有害生物防治框架协议》，并制定了《京津冀协同发展林业有害生物防治总体方案》。近年来，三地林业部门在森林病虫害防治方面积极开展联防共治，尤其在防治美国白蛾等重大森林病虫害方面成果显著。2016 年，京津冀地区建立"京津冀边界地区野生动物保护联席会议制度"，三地相关部门将共享野生动物保护的信息资源，建立信息沟通平台，在候鸟迁徙期加大信息沟通力度和频率，为建立保护野生动物的长效机制奠定了基础。2019 年 4 月，北京市园林绿化局印发了《北京市 2019 年野生动植物和湿地保护工作要点》，以加强野生动植物及其栖息地保护为核心，以提升保护管理能力和管护水平为目标，不断加强湿地保护与修复，稳步推进湿地、野生动植物保护各项工作。天津市相继出台了《天津市湿地保护条例》《天津市生态环境保护条例》，修改了《天津市野生动物保护条例》《天津市海洋环境保护条例》。河北省相继出台了《河北省绿化条例》《河北省实施〈中华人民共和国森林法〉办法》等，修改了《河北省生态环境保护条例》《河北省陆生野生动物保护条例》等。2020 年 2 月 14 日，天津市人大在全国各省（自治区、直辖市）率先制定出台了《天津市人民代表大会常务委员会关于禁止食用野生动物的决定》，以地方立法的形式对禁止食用野生动物、防止疫情传播做出了规定，2 月 19 日，天津市政府出台了《关于加强野生动物管理的若干规定》，以政府规章的形式，明确了 16 个区政府的属地责任和相关市级部门的监管责任。

4. 积极构建环首都国家公园体系，共建京津冀区域生态屏障

京津冀地区以三地连接部分的相关国家自然保护区为试点，建立国家公园和湿地带，形成环首都国家公园体系，同时三地将构造绿色生态廊道，形成世界级城市群生态体系。

（1）构架国家公园环

通过整合京津冀现有的自然保护区、风景名胜区、森林公园等各类自然保护地，构建环首都国家公园体系。例如，雾灵山区域可依托河北雾灵山国家级自然保护区、北京雾灵山市级自然保护区建立国家公园，海坨山区域可依托河北大海坨国家级自然保护区、北京松山国家级自然保护区建立国家公园，百花山区域可依托河北野三坡、北京百花山国家级自然保护区建立国家公园，形成环首都国家公园环。

（2）构建京津冀湿地带

根据《京津冀协同发展规划纲要》，北京将以大兴机场、2022 年冬奥会举办地等重要区域为重点，在与燕郊、香河、廊坊、固安、涿州相接壤的通州、大兴、房山等相关区域，进一步加大造林力度，形成

京津冀大规模生态过渡带。到 2020 年，使北京平原地区森林湿地与天津、廊坊、保定三市规划建设的森林湿地有机连接，形成京津保地区大尺度绿色板块和森林湿地群。开展永定河、北运河、大清河、潮白河沿线湿地保护与恢复工程。到 2020 年，在张承生态功能区范围内的永定河、潮白河、官厅水库区域恢复湿地 8000hm^2，在与天津、保定毗邻的房山长沟、琉璃河、大兴长子营、青云店，通州马驹桥、张家湾、西集、漷县及北运河通州区域，新建湿地 3000hm^2，使全市湿地保有量达到 5.44 万 hm^2，占国土面积的比例提升到 3.31%。新增大兴长子营、北运河 2 处国家湿地公园，使全市国家湿地公园总数达到 5 个，60%以上湿地受到有效保护和管理。

（3）构建平原生态廊道骨架

绿色生态廊道是一个城市或区域良好生态环境的基本框架，是城市重要的绿色通风廊道和生物多样性通道。北京市将重点对贯穿全境并通向津冀的 30 余条交通干线和永定河、北运河、潮白河、拒马河 4 条重要水系进行绿化建设。通过加宽加厚、改造提高河道和干线道路两侧绿化带，使交通干线每侧形成宽度 50m 以上的永久绿化带，重要水系每侧形成宽度 200m 以上的永久绿化带，并构建 1000～2000m 宽的绿化控制范围，同时与津冀绿色廊道实现跨区域互联互通，共同构建平原生态廊道骨架。

2018 年天津七里海、北大港、大黄堡、团泊四大湿地类型自然保护区总面积已达 8.75 万 hm^2，占到全市国土面积的 7.4%，已成为京津冀地区的绿色之“肾”。按照规划，到 2020 年，天津湿地面积将达到 2956km^2。截至 2019 年，北京市 1hm^2 以上湿地总面积已达到 5.14 万 hm^2，全市已建立包括翠湖国家城市湿地公园、野鸭湖和长沟泉水国家湿地公园在内的国家与市级湿地公园 11 个，总面积超过 2500hm^2。湿地为各类野生动植物提供了舒适的栖息环境，对于提高生态质量、保护生物多样性发挥着重要的作用。

6.5.2　雄安新区建设采取“先植绿、后建城”的新理念

2017 年 4 月，中共中央、国务院决定设立国家级新区——雄安新区，是疏解北京非首都功能的集中承载地、京津冀协同发展的新增长极。雄安新区的生态建设、生态环境保护理念、战略和做法，对未来整个雄安新区的发展起到了支撑作用，也将成为京津冀地区发挥生态修复环境改善示范区作用的重要力量。

1. 致力于将生态环境保护理念贯穿于新城建设全过程

习近平总书记强调指出，雄安新区建设要充分体现生态文明建设的要求，成为生态标杆。将雄安新区建设定位为绿色生态宜居新城区，要坚持生态优先、绿色发展，要坚持绿水青山就是金山银山。雄安新区在发展过程中推行的是覆盖全员、全要素、全过程的全面生态环境保护战略，将生态环境保护贯穿于发展的各个主体、各个要素和各个环节之中，而不仅仅是整体层面。从过程来看，对于雄安，生态环境保护不仅贯彻于规划设计建设之中，而且延伸到运行、营销、管理的全过程。

2018 年 4 月，中共中央、国务院批复的《河北雄安新区规划纲要》提到，确保新区生态系统完整，坚持以资源环境承载力为刚性约束条件，统筹生产、生活、生态三大空间，严守生态保护红线，严格保护永久基本农田，严控城镇规模和城镇开发边界，实现多规合一，蓝绿空间占比稳定在 70%；严格控制开发强度，新区远景开发强度控制在 30%。在雄安新区的生态格局构建中，最先确定的是蓝绿空间的比例，其意义十分重大。一个区域在开发时，需要界定生态、农业、城镇三个空间的比例范围。过去，通常先划定农业和城镇空间，再将有限的山水规划为生态空间，因此生态环境保护工作十分被动。而在雄安新区各项规划的制定中，为了落实生态优先、绿色发展理念，将生态空间的划定工作提前了。未来，雄安新区将实施全域分区分类管控生态空间、高效集约建设城镇空间、高标准建设示范农业空间。特别是对于具有自然属性、以提供生态服务或生态产品为主体功能的国土空间，包括白洋淀湿地自然保护区，环新区、环新城、环白洋淀生态林带和沿河生态廊道区，将进行分区分类的特殊保护。这个空间布局确保了在未来的城市建设中，将加强以白洋淀为核心的湿地和与之相关的生物多样性的保护。

2. 将生物多样性保护理念贯穿规划的各个领域

生物多样性保护主流化在国际上被认为是最有效的生物多样性保护与可持续利用措施之一，即将生物多样性保护纳入政府和部门的法律法规、政策、战略、规划、科技创新、脱贫、文化建设、环境保护以及机构建设等主流行动中。将生物多样性保护纳入城市化进程中是城市生物多样性保护的有效手段，可有效避免城市生物多样性“先破坏、后保护”的传统模式，也将直接影响或决定城市建设和管理的措施与效果。《河北雄安新区规划纲要》多次直接提到“生物多样性”，从指导思想、战略布局、土地利用、功能设施等各个方面都始终贯穿着生物多样性保护与可持续发展利用的理念。

在生态环境领域，《河北雄安新区规划纲要》提出要通过退耕还淀，恢复退化区域的原生水生植被，从而促进水生动物当地物种增殖和种类增加，恢复和保护鸟类栖息地，提高生物多样性。而远景规划还将建设白洋淀国家公园，保持淀区生态系统完整性。这些理念和行动都将对未来城市生物多样性起到三个层次的直接保护作用。在生态安全领域，采用海绵城市构建设计思路，强调尊重自然本底，构建河湖水系生态缓冲带，将提升城市生态系统在雨洪调蓄、雨水径流净化、生物多样性保护等方面的服务。在生态系统服务提升方面，提出要围绕绿地公园来提升城市生态系统服务功能，将有助于发掘城市生态系统的服务功能，提供优质公共服务、构建宜居宜业的高品质生活环境。在交通领域，《河北雄安新区规划纲要》提出要打造便捷、安全、绿色、智能交通体系，其中的“绿色”交通是指通过构建内外衔接的绿道网络，布局区域绿道、城市绿道、社区绿道三级网络，进而由城市绿道串联各综合公园、社区公园，形成城乡一体、区域联动的城市绿道体系，构建城市生物多样性廊道。

雄安新区“千年秀林”项目于 2017 年 11 月启动，将打造以近自然林为主的森林体系，是未来雄安新区城市组团和版块之间的重要生态缓冲区，以增强碳汇能力和生物多样性保护功能，锚固新区生态格局、稳定城镇开发边界，发挥生态涵养功能，大大地促进了区域生态环境改善。截至 2020 年 4 月，雄安新区总造林面积扩展至 32.5 万亩，累计植树 1789.5 万余株。2018 年，在雄安新区范围内发现的脊椎动物有 310 余种，在雄安新区白洋淀发现世界极危物种——青头潜鸭，全世界仅存不足千只。

3. 持续加强野生动植物的保护

（1）及时成立全国首个“生态环境局”

2018 年 5 月，雄安新区在全国范围内成立首个地方“生态环境局”，其中一条职责是指导、协调和监督自然保护区的环境保护，监管野生动植物、珍稀濒危物种保护及白洋淀湿地环境保护，组织指导农村生态环境综合整治，组织协调生物多样性保护。河北雄安新区生态环境局的成立将为生物多样性保护提供重要支撑。

（2）强化野生动植物保护专项行动

2016 年 10 月，雄安新区安新县印发了《安新县严厉打击乱捕滥猎和非法经营鸟类等野生动物违法犯罪专项“清网”行动实施方案》，2017 年 9 月，印发了《安新县严厉打击乱捕滥猎和非法经营鸟类等野生动物违法犯罪和治理白洋淀区域乱挖芦根采摘荷叶荷花行为实施方案》，主要就白洋淀湿地自然保护区及周边野生动物集中栖息和繁衍地、候鸟迁飞停歇重点区域和重点路线的乱捕滥猎野生动物违法犯罪行为，城乡集贸市场、花鸟市场、餐饮饭店等重点场所非法出售、购买、利用珍贵濒危野生动物及其制品的违法犯罪行为等进行重点打击，努力为鸟类等野生动物创造更加稳定安全的栖息繁衍和迁徙环境，长期有效地维护野生动物种群安全。2019 年 10 月，安新县发布了《安新县人民政府关于严厉打击乱捕滥猎和非法经营候鸟等野生动物的通告》，强化对白洋淀景区水域及淀中村周边水域开展巡查，严查非法捕杀野生鸟类、电鱼、炸鱼、毒鱼、地笼捕鱼及私挖乱采野生藕芽、芦根等违法行为，全力开展野生动物植物保护专项整治行动，保障野生动物安全。

6.5.3 上海大力实施园林绿化建设促进城市生物多样性保护

上海作为一个快速发展中的特大型城市，人为干扰剧烈，自然生境破碎，严重影响物种的生存和生物资源的可持续利用。自 20 世纪 90 年代开始，城市大规模建设的同时，大力推动城市园林绿化建设，尤其是 2000 年以后的超大城市绿化和林业融合发展。《上海市生态空间专项规划（2018-2035 年）》提出了建设与卓越全球城市总目标相匹配的“城在园中、林廊环绕、蓝绿交织”生态空间的目标愿景。上海充分利用绿地、林地、湿地等城乡绿色基础设施，实施长江河口自然保护体系建设、崇明世界级生态岛建设，以及崇明东滩互花米草生态控制与鸟类栖息地优化工程等，对城市生物多样性保护发挥了重要支撑作用。

1. 积极开展野生动植物调查监测与重要栖息地保护

自 1994 年《中国生物多样性保护行动计划》实施以来，上海市生态环境局定期组织开展了全市生态环境调查，上海市绿化和市容管理局组织开展了全市水鸟同步调查以及公园绿地野生动物多样性调查与监测等，上海市农业农村委员会依据《中国水生生物资源养护行动纲要》开展了大量的渔业资源保护和增殖放流工作，各保护区也开展了系列生物监测工作，科研机构和高校开展了系列科研工作，对上海市生物多样性特征以及发生、发展机制等进行了研究，形成了《上海维管植物名录》《上海维管植物检索表》《上海植物图鉴》《上海数字植物志》《上海陆生野生动物资源调查》《上海湿地资源调查》《上海东部沿海地区鸟类资料及生态环境调查》等成果，进一步摸清了上海城市的自然本底。

目前上海市已建立崇明东滩鸟类国家级自然保护区、九段沙湿地国家级自然保护区、长江口中华鲟自然保护区和金山三岛海洋生态自然保护区 4 处，建立国家级森林公园 4 处、国家湿地公园 2 处、动物园 2 座、植物园 2 座，野生动植物迁地保护和种质资源保存得到较快发展。

2. 组织编制生物多样性保护领域专项规划

上海市认真落实《中华人民共和国野生动物保护法》《中华人民共和国森林法》《中华人民共和国进出境动植物检疫法》《中华人民共和国自然保护区条例》《中华人民共和国野生植物保护条例》《农业转基因生物安全管理条例》《中华人民共和国濒危野生动植物进出口管理条例》《中华人民共和国野生药材资源保护管理条例》等一系列生物多样性保护法律法规，完善制定了一系列有关生物多样性保护的地方条例、规章和管理办法，开展了一系列生物监测工作，初步摸清了上海市生物多样性现状及动态，建立了相关物种数据库，编著了《上海植物志》《上海鱼类志》《长江口鱼类志》《上海维管植物名录》等物种编目志书。

为了构建林业生态建设体系，上海市政府积极将生物多样性纳入专项规划，编制的生物多样性保护规划和计划主要有：《崇明东滩鸟类自然保护区建设规划》《上海市<中国湿地保护行动计划>优先项目》《上海市崇明东滩自然保护区总体规划》《崇明东滩国家级湿地生态示范区建设项目可行性研究报告》《上海市野生动植物保护及自然保护区建设工程总体规划》等。《上海市生物多样性保护战略与行动计划》（2012-2030 年）明确了 2 个生物多样性保护优先区及其保护重点：近海河口区和陆域河网区。上海市确定了六大优先领域及 17 项优先行动、22 项优先项目；完善了市级各相关部门、各区县的生物多样性保护和生物资源管理工作协作机制；提升了重要区域与重点物种的监控水平，定期发布上海市重点保护野生动物名录；重点加强外来入侵物种监测预警及风险管理机制建设，实施完成了“上海崇明东滩鸟类国家级自然保护区互花米草控制和鸟类栖息地优化工程”，工程总面积 24.19km^2，其中 8.98km^2 位于保护区核心区、5.33km^2 位于缓冲区、9.88km^2 位于实验区，整个保护区的生态系统质量得到了明显改善，鸟类栖息地得到了较好恢复，鸟类物种数和种群数量显著增加。

《上海市环境保护和生态建设“十三五”规划》明确要求加强自然生态系统保护，以自然保护区为重点，提升管理水平，有效保护生物栖息地，修复、恢复受损湿地。按照生态保护红线的要求，强化长江口水源地、自然保护区、野生动植物重要栖息地、野生动物禁猎区、湿地公园、重要海岛及其他生态保护红线区域的保护和管理，拓展生物多样性保护基础空间。

3. 构建大型城市绿地系统布局结构及生态网络

城市绿地为城市生物多样性保护提供了重要的空间保障，改善与提高城市绿地生态网络的连接对于保护城市生物多样性具有重要意义。

为促进生态资源约束条件下的城市发展转型，实现城乡一体化健康发展，上海市于 2012 年 5 月批复《上海市基本生态网络规划》（沪府 53 号），建立了城市生态网络多规合一的实施路径。在“统一数据底版、统一技术口径”的基础上，整体把握生态资源的总量、布局、结构和功能，系统构建了上海城乡生态空间网络，保障了生物多样性保护利用的土地空间资源。通过在基础生态空间、郊野生态空间、中心城周边以及城市化地区绿化空间 4 个层面实施空间管控，初步建成了依托大江大河、高速公路、快速干道的生态廊道及其网络系统。结合自然保护区、重要栖息地、片林廊道等重要生态空间，结合生态保护红线划定，陆续形成了崇明东滩国际重要湿地、外环林带、青浦西部环淀山湖湿地、黄浦江中上游水源地等一批物种多样性丰富的生物多样性基础设施。

2020 年 4 月，由上海市绿化和市容管理局、上海市规划和自然资源局编制的《上海市生态空间专项规划（2018-2035）》公示了草案稿，该规划提出以公园城市理念满足市民对城市美好生活的向往，以森林城市理念构建超大城市韧性生态系统，以湿地城市理念促进人与自然和谐共生，通过“公园体系、森林体系、湿地体系”三大体系和“廊道网络、绿道网络”两大网络建设，完善体系构建与品质提升，保障城市生态安全、提升城市环境品质、满足居民休闲需求。

《上海市生态空间专项规划（2018-2035）》主要从长三角一体化生态格局、网络化的市域生态格局等方面完善城市绿色生态空间，提升城市环境。长三角一体化生态格局强化“江海交汇，水绿交融，文韵相承”的生态网络建设，完善长江口、东海海域、环太湖、环淀山湖、环杭州湾等生态区域的保护，严格控制滨江沿海及杭州湾沿岸的产业岸线，加强长江生态廊道、滨海生态保护带、黄浦江生态廊道、吴淞江生态廊道等区域生态廊道的相互衔接。网络化的市域生态格局主要是注重四大片生态区域的保护和提升，包括崇明岛、淀山湖、杭州湾、近海湿地四大片生态区域，构建“双环、九廊、十区”多层次、成网络、功能复合的市域生态空间格局，双环锚固城市组团间隔，防止城市蔓延，九廊构建市域生态骨架，形成风道与动物迁徙通道，十区保障市域生态基底空间。

4. 积极履行国际公约

近年来，上海市绿化和市容管理局积极与湿地国际（Wetlands International，WIB）、国际野生生物保护学会（Wildlife Conservation Society，WCS）、世界自然基金会（WWF）和国际爱护动物基金会（International Fund for Animal Welfare，IFWA）等非政府组织（non governmental organization，NGO）在科学研究、宣传教育、能力建设方面开展了多项合作，推动了上海履约能力的建设。

积极履行《生物多样性公约》，加强与相关国际组织的合作与交流，与联合国开发计划署、联合国环境规划署及联合国教育、科学及文化组织、世界银行、全球环境基金和世界自然基金会等进行了一系列项目合作，参加了中国与欧盟、东盟等地区性组织关于生物多样性保护与可持续发展的战略对话，就生物多样性保护政策与相关技术等主题开展了一系列交流。在国际湿地保护领域取得显著成效，崇明东滩鸟类国家级自然保护区和长江口中华鲟自然保护区被《湿地公约》秘书处列入《国际重要湿地名录》。崇明东滩鸟类国家级自然保护区还被湿地国际亚太组织接纳为东亚-澳大利西亚迁飞区水鸟湿地网络成员。

第 7 章　生物多样性保护与乡村绿色发展实践

乡村是具有自然、社会、经济特征的地域综合体，兼具生产、生活、生态、文化等多重功能，与城镇互促互进、共生共存，共同构成人类活动的主要空间。实施乡村振兴战略，全面建成小康社会和全面建设社会主义现代化强国，最艰巨最繁重的任务在农村，最广泛最深厚的基础在农村，最大的潜力和后劲也在农村，统筹生物多样性保护与乡村绿色发展尤为重要。生物多样性为乡村绿色发展奠定了坚实的绿色基础，而生物多样性资源的保护也离不开乡村绿色发展的支持，二者相互支撑、密不可分。加强生物多样性保护，推进乡村绿色发展，有助于全面提升区域的生态产品供给能力，拓展生物多样性保护的广度和深度，培育区域新的经济增长点，也有利于丰富人们的物质和精神生活。随着生态文明建设的稳步推进，国内不断涌现出生物多样性保护与乡村绿色发展协同并进的典型案例，为全面推进生态环境保护与社会经济协调发展提供了借鉴和参考。

7.1　生物多样性保护与乡村绿色发展的主要路径

7.1.1　绿色发展应立足本底特色生物资源优势

随着我国社会主要矛盾转变为人民日益增长的美好生活需要和不平衡不充分的发展之间的矛盾，人民群众对优美生态环境的需要已成为这一矛盾的重要方面。习近平总书记多次强调绿水青山就是金山银山，绿水青山既是自然财富，又是社会财富、经济财富，要提供更多优质生态产品以满足人民日益增长的优美生态环境需要。丰富的生物多样性是绿水青山的主要组成部分。首先，生物多样性是绿色发展的资源库。生物多样性蕴含着丰富的动植物资源，通过挖掘、培育具有经济价值的动植物品种，可以提升区域生态产品竞争力，为绿色发展提供多种路径。例如，围场县基于丰富的生物多样性发展以金莲花为代表的中药产业，五峰县和平武县依托丰富的花粉种质资源发展中华蜜蜂（以下简称中蜂）养殖产业，不仅取得了良好的经济效益，还为保护当地生物多样性提供了内生动力，化被动保护为主动保护。其次，生物多样性是绿色发展的增色剂。丰富的生物多样性是良好生态环境的反映，保护生物多样性就是保护生态环境。良好的生态环境能提升区域吸引投资、人才和发展旅游方面的竞争力。同时，独特的生物资源能为区域绿色发展提供品牌优势，提升绿色产品的竞争力。例如，国家地理标志保护产品往往具有更高的经济效益和市场竞争力；大熊猫为四川平武县发展生态旅游提供了天然优势；丰富的生物多样性让福建武夷山成为旅游胜地。绿色发展就是要遵循自然规律，充分发挥生物多样性提供生态产品、生态服务的多重功能，实现经济效益、社会效益和生态效益的多赢。

7.1.2　生物多样性保护与绿色发展需多方参与保障

持续推动生态文明建设，加强生物多样性保护，是实现“产业生态化，生态产业化”的现实需要。《中国生物多样性保护战略与行动计划》（2011-2030 年）明确指出：加强生物多样性保护宣传教育，积极引导社会团体和基层群众广泛参与，强化信息公开和舆论监督，建立全社会共同参与生物多样性保护的有效机制；在战略任务上，要充分发挥民间公益性组织和慈善机构作用，共同推进生物多样性保护和可持续发展利用。多方参与、共建共享的生物多样性保护方式，是坚持和完善生态文明制度体系的具体实践，也是实现产业绿色转型的关键。政府、企业、公益组织和公众是生物多样性保护与绿色发展的参与主体，单纯依靠单一主体很难实现生物多样性持续稳定保护和绿色发展。但在我国很多地方还是单纯依靠政府的力量推进生物多样性保护和绿色发展，民众和企业参与的程度很低，增加了地方财政的压力，且取得的效果还不理想。推动多方参与，提高企业等市场力量在生物多样性保护和绿色发展方面的参与程度，有利于发挥各方优势，凝聚合力，既能保证经济效益，又能实现生物多样性保护，从而形成健康持续的内生动力。例如，平武县在自然保护区建设过程中，整合政府、农民以及阿里巴巴集团等大型互联网电商，既实现了生态环境的保护，又打开了当地农产品的销售渠道，成为贫困地区特色农产品通过网络走向世界的成功范例。

7.1.3 生态旅游是推进生态资源向生态资产转变的有效途径

探索生态资源向生态资产的转变，实现生态资源保护与经济发展双赢的局面，是落实“绿水青山就是金山银山”理念的具体实践，也是建设美丽中国的现实需要。生态旅游是保护自然和持续发展的重要手段，其最终目标是资源保护与经济发展相协调。我国生物多样性保护较好的区域多集中在人口稀少、交通不便的贫困地区，但这些地方往往守着优质的生态资源而无法获得较高的经济效益。有些地方为推动经济发展，往往会引入一些对环境破坏较大的产业。生态旅游则为这些地区摆脱贫困提供了有效途径。旅游业具有“低排放”“低污染”的特征，被公认为是绿色产业。面对大众旅游新时代，旅游业已经成为一个对国民经济贡献越来越大的产业，除了经济功能外，其社会、文化、生态等功能也越来越重要。发展旅游业要推动以抓点为特征的景点旅游发展模式向区域资源整合、产业融合、共建共享的全域旅游发展模式加速转变，推动旅游业与农业、林业、水利、工业、科技、文化、体育、健康医疗等产业深度融合。通过整合旅游资源，发挥地区生态优势，使生态旅游能够产生较大的生态效益。同时旅游产业的发展，能够带动农业和工业的发展，实现生态资源向生态资产的转变。例如，安吉县在“绿水青山就是金山银山”理念的指引下，推动全域旅游高质量发展，让“绿水青山”生态优势转化为全域旅游发展的产业优势，让“生态旅游+”得到全面发展，群众有了更多的获得感、幸福感、安全感。武夷山市认真做好“旅游+”文章，大力发展旅游+茶叶、+文化、+赛事、+节日、+会议会展、+研学，打造独具特色的旅游品牌，生态旅游给武夷山旅游业带来效益的同时，也给武夷山旅游贴上了“绿色”标签。

7.1.4 改革创新是生物多样性保护和绿色发展协同并进的助推器

党的十九届四中全会明确提出：坚持和完善生态文明制度体系，实行最严格的生态环境保护制度，全面建立资源高效利用制度，健全生态保护和修复制度，严明生态环境保护责任制度，促进人与自然和谐共生。改革创新就是要不断转变工作思路，打破固有观念的限制，在体制机制领域进行不断探索尝试，推动生物多样性保护和绿色发展开创新局面。安吉、五峰、平武等 6 个地区在发展思路、运作模式和体制机制三个方面不断创新，很好地实现了生物多样性保护与绿色发展协同并进。其中，发展思路创新就是转变靠高污染、高排放发展经济的方式，通过“生态+”，实现公共产品的市场交易。例如，安吉县通过“腾笼换鸟”和生态+旅游，成功地实现了从“卖资源”到“卖风景”的华丽转变。运作模式创新主要是通过建立合作社，探索合作社与政府、农户、龙头企业合作的运作模式创新。例如，五峰县通过成立中蜂养殖保护合作社，针对因生物多样性保护需求而异地搬迁的农户，采取“合作社托管分成”“合作社+互助组+搬迁贫困户”和“合作社+搬迁贫困户分段式养殖”三种不同帮扶模式，分类施策，确保极贫户每年有稳定的产业收入。体制机制创新主要表现在林权改革、土地流转和生态银行试点方面。例如，福建武夷山市通过探索林权改革、土地流转和生态银行试点，实现生态资源向生态资产、生态资本转变，以及生态资源的优化配置和高效利用，实现综合效益提升。

7.1.5　三产融合有益于减少农业生产对生物多样性的破坏

目前，虽然农业生产活动如耕作、放牧、农药化肥的使用以及农业动植物遗传改良（包括国外优良品种引入）提高了农业生产力，但对生态系统平衡产生了较大影响，如土地资源的开发利用易导致生态环境受损，生物多样性减少；大规模的机械耕作导致土壤动植物区系的变化，生物种群减少；农药的大规模使用，在杀死害虫的同时，也消灭了其他关联性动植物；品种改良、外来品种的引入导致区域农作物类型和品种的简单化，具有地方特色的优良品质传统资源丢失等。

新时期下，急需调整农民和土地的关系，提升农业现代化水平，解放农村生产力，实现农村三产融合是以习近平同志为核心的党中央针对新时期的“三农”形势做出的重要部署。三产融合能够通过产业优化重组、整合集成、交叉互渗，延伸产业链条，拓展产业范围，培育农业农村发展新动能的突出亮点，解决了农产品附加值低的问题，提升了农民的收入。三产融合应满足广大人民群众吃农家饭、住乡村房、享受绿水青山、体验农耕文化的消费需求，积极开发农业多种功能，利用“旅游+”“生态+”等模式，推进农业、林业与旅游、教育、文化、康养等产业深度融合，大力发展休闲农业、乡村旅游、创意农业、农耕体验等。例如，留坝县打生态牌、做绿色文章，农民从传统农产品的“生产者”转变成为旅游服务产品的“供货商”，山村农夫变身成了“农”老板，自觉保护生态已成为留坝百姓的共识，实现了绿色发展与富民惠民。通过挖掘和利用农业农村资源优势，选择绿色产业，使三产融合成为推动绿水青山变成百姓致富的金山银山的重要手段。

7.2　生物多样性保护与脱贫攻坚

在我国，保护生物多样性与顺利实现全面建成小康社会紧密相关，因为贫困县分布与生物多样性资源丰富性呈一定的正相关性，生物多样性资源较好的地区经济发展相对落后，但是贫困地区的生物资源诸如森林、野生动植物等具有直接、间接、生态价值和巨大的潜在价值，合理引导开发其资源潜力，发展绿色经济，对于实现生态环境保护和脱贫攻坚的双重目标有着重要作用。党的十九大报告明确提出，加快全面脱贫和生态文明体制建设，构建生态廊道和生物多样性保护网络。我国自加入《生物多样性公约》以来，实施生物多样性保护战略，持续加强多边和双边合作。生物多样性保护和脱贫攻坚协同发展的首要任务就是生物资源的保护，通过技术和资金等要素的投入使生物资源转换为绿色资本，从而驱动整个区域的综合发展。

当前，全国范围内在开展生物多样性保护与优势产业培育协同发展方面已经形成了良好局面，取得了众多成效，形成了一大批具有典型代表的优秀案例。绿色本底较为优良、农业特色较为突出，但经济发展水平相对落后、贫困发生率较高的地区，以资源循环利用和生态环境保护为重要前提，将“生物多样性保护”举措融合到生产发展的全过程，筑牢生态屏障，发展绿色经济，全力推进资源全面节约和循环利用。探索生物多样性保护与减贫模式，延伸生态链条，推动生态优势转化为区域经济发展优势，大力发展大健康、大旅游和大数据三大首位度产业，发展绿色有机农业，实现经济高质量发展，不断为人民群众带来物质财富，助力当地群众摆脱贫困，持续提升群众的获得感和幸福感。

7.2.1　案例一：湖北五峰县——特色“蜂药”产业助力脱贫攻坚

五峰县隶属湖北省宜昌市，位于湖北省西南部，邻近长江干流和湖南省。其东邻宜都市和松滋市，南抵湖南省石门县，西与鹤峰县、巴东县接壤，北与长阳县毗连。国土面积 2372km^2，辖 5 个镇、3 个乡，总人口 20.8 万人，其中以土家族为主的少数民族人口占 84.8%。五峰县长期坚持习近平总书记提出的“绿水青山就是金山银山”和“共抓大保护、不搞大开发”理念，坚定不移地将生态立县战略作为首位战略，持续推动生物多样性保护，加快建设现代化生态经济体系，走出了一条生态优先、绿色发展之路，创造了国家主体功能区试点示范县建设的全国经验。

1. 背景

五峰县为中亚热带季风性湿润气候，境内山地气候显著，垂直气候带谱明显，四季分明。五峰县全境皆为山区，属武陵山支脉，系云贵高原东延部分的尾部地带，系喀斯特地貌，溶洞伏流遍布全境。五峰县不仅拥有丰富的动植物区系成分多样性，而且具有高度的群落物种多样性和经济类型多样性（王业清等，2017）。五峰县是享誉中外的动植物基因库和自然地质博物馆，属东经 110° 与北纬 30° 交汇的“神秘交叉区域”，是中国三大特有现象之一“川东-鄂西特有现象”的核心地带，是我国具有全球保护意义的 17 个生物多样性关键地区之一，也是联合国自然和生物多样性保护机构重点关注区域。县内长乐坪镇、五峰镇、傅家堰乡、采花乡、牛庄乡、湾潭镇和后河国家级自然保护区被划入武陵山生物多样性保护优先区域，其中后河国家级自然保护区内的国家特有、珍稀濒危或重点保护植物珙桐、红豆杉等植物有 70 余种，据第三次植物中药资源普查记载，境内生长的中药材达 195 科 812 种，其中植物类中药材达 749 种，有五倍子、独活、续断、贝母、黄连、玄参、牛膝等多种道地药材，绝大多数植物类中药材都是具有药用保健价值的优质蜜源植物。

2. 主要做法

五峰县依托生物资源优势，发展了中蜂、中医药等产业，成功走出了一条依托生物多样性优势实现农民脱贫的道路。

（1）发展中蜂养殖，让农民享受到生态红利

五峰县森林覆盖率高达 80%以上，拥有盐肤木、七叶树、拐枣、乌桕等优质蜜源植物，发展中蜂产业有着得天独厚的优势。在可持续利用原则指导下，五峰县科学计量环境承载能力，扬长避短，开发地域特色鲜明的中蜂产业，用绿色发展理念指导行动，在行动中巩固、提升理念并形成发展共识，在行动中创新运行机制、激励机制、监督机制，让当地居民在参与生物多样性资源保护和开发的过程中增加收入、改善生活环境，走出“甜蜜脱贫路”（图 7-1）。

图 7-1　五峰县中蜂产业（郝海广拍摄）

五峰县依托武陵山区，面向华中地区，借鉴国内外先进经验，为产业发展注入新引擎，科学制定中蜂产业综合发展规划，以后河国家级自然保护区为重点，划定并建立中蜂保护区。根据中蜂生物学特性和全县蜜源植物分布情况，科学划定适养区和限养区，合理进行中蜂保种、育种、生产、加工等科学布局，同时，优化蜜源基地建设规划，以科学规划统领中蜂产业发展。

另外，依托中蜂保护区建立中蜂种群核心保护区、中蜂保种场，加大中蜂种质资源保护力度。成立中蜂科研所，建立中蜂产业发展基金，重点支持优质种群保种、选育、疫病防治和优质蜜源基地建设。在搞好生态和生物多样性保护的前提下，积极开展蜜源植物资源普查，科学制定蜜源基地建设规划，每年新增优质蜜源基地 2 万亩以上，“十三五”期间新增优质蜜源基地 10 万亩以上。加大优质蜜源植物选育力度，以优质木本蜜源植物为主，以优质草本蜜源植物为辅，以优质药用蜜源植物为特色，根据不同海拔、气候和季节，优化时间、空间布局，确保全县全域一年四季蜜源丰富充足，切实提高全县蜜源基地承载量。

为带动贫困户脱贫，五峰县积极推动成立中蜂专业合作社，引导当地居民进行中蜂养殖，开展中蜂养殖技术培训及种群优化，结合贫困户的养殖能力、资源状况等实际，针对因生物多样性保护需求而异地搬迁的农户，采取“合作社托管分成”“合作社+互助组+搬迁贫困户”和“合作社+搬迁贫困户分段式养殖”三种不同帮扶模式，分类施策，按不同比例进行收益分成，针对既无人力又无资金的极贫户，政府出台专项扶持政策，按每户 10 群、每群 600 元的标准给予蜂种扶持，一次投到中蜂专业合作社，由当地村委会监督专业合作社与贫困户签订委托代管或合作分成协议，明确中蜂产权属贫困户，经营管理风险由合作社承担，实行保底并按比例分成，确保极贫户每年有稳定的产业收入。

（2）自然生态和资源优势的结合，让中药材种出“致富良方”

湖北省是国内第五大道地中药材产地，鄂西地区有“中药资源库”的美称，其中国家一二级重点保护药用植物有 31 种，道地药材有 100 多种。目前，五峰县中药材总面积超过 20 万亩，其中人工种植中药材达 9.4 万亩，收购品种达 60 多种，年收购量达 3 万多吨。中药材作为五峰县当地农民的传统经济作物，在农民家庭收入中占较大的比例。近年来五峰县各级政府积极引导，保护、发挥本地区良好的生态环境、独特的冷凉气候、丰富的道地药材资源等核心竞争力，坚持绿色种植、绿色生产，发展中药材产业，使中药材种植成为当地的富民、富县绿色产业，也促进了当地优良中药材的基因传承（图 7-2）。

图 7-2　五峰县五倍子富民产业（郝海广拍摄）

合作社推动品牌建设，提升基地产品市场核心竞争力。五峰县按照高质量发展要求，立足良好的生态环境，以农业供给侧结构性改革为主线，在全县建设道地中药材生产基地，打造了一批知名药材品牌，有效保护了当地丰富的中药材资源。五峰赤诚生物科技股份有限公司以“公司+科研所+基地+协会+林农”的林业产业化发展模式，与当地农户签订产销合同，建立相对稳定的购销关系，带动开展“倍林改造”，利用荒山荒坡、林间闲地广泛发展倍林。五峰富众中药材种植专业合作社探索建立中药材科技园，集中药材资源保护利用与科研、中药材种苗繁育与标准化种植示范为一体，通过与科研院校开展合作，年产优质中药材种苗达 1.2 亿株，有效地保护了道地药材资源，促进了中药材产业可持续发展。兴农专业合作社积极与农户签订产业发展合同，实行“统一品种、统一购药、统一标准、统一检测、统一标识、统一销售”的“六统一管理”，组织专家传授中药种植技术，有效助力精准扶贫。通过中药材种植规划、中药材产业政策支持等方面的建设，五峰县奋力开创了中药材产业发展的新局面。

3. 进展成效

为改变生物多样性可持续利用水平，五峰县扎实推进生物多样性保护工作，县域内的后河自然保护区从 1984 年开始建立，1988 年 2 月经湖北省人民政府批建省级自然保护区，2000 年 4 月经国务院批建国家级自然保护区，经历了两次升级和两次面积扩充，现保护区面积已达 10 340hm^2，保护级别从最初的县级上升到国家级，不仅带动了生态旅游业（图 7-3），生物多样性保护与研究也逐步完成了从低级粗放型到高级科学型的过渡（李作洲等，2006；赵蓓，2015）。

图 7-3　五峰县茶产业和生态旅游业发展（郝海广拍摄）

五峰县充分认识到生态是其最大的优势和最宝贵的财富，坚持转型升级闯新路，让绿色发展深入人心。生物多样性友好型的中蜂养殖业逐渐代替了传统养殖业等生态破坏型经济活动，助推贫困户走上了生态化、集约化、规模化的健康高效养蜂路子，为可持续发展奠定了良好的基础。截至 2018 年，五峰县已累计向贫困户发放中蜂产业奖补资金近 1000 万元，预计有 3500 户贫困户通过养蜂脱贫。五峰县将自身丰富的中药材资源优势与自然生态相结合，努力做到山乡因药材而美，山民因药材而富。2018 年，五峰县中药材农业产值达 3.2 亿元，占当年全县农业总产值的 9.6%，中药材综合产值达 7.46 亿元，占全县 GDP 的 11.8%。

7.2.2　案例二：四川平武县——挖掘生物资源带动生态扶贫

平武县生物资源丰富，有“天下大熊猫第一县”的美誉。全国第四次大熊猫调查结果显示，平武县境内现有大熊猫 335 只，全县近 56%的国土面积被纳入大熊猫国家公园。平武县立足自身自然保护区面积占比高的特点，积极创新绿色发展途径，凝聚多方合力，与四川自然保护基金会、阿里巴巴集团等合作，探索出了生态公益扶贫模式。同时，平武县依托生态环境优势，拓展品牌，发展出了平武蜂蜜等优质生态产品，提高了农民收入，建设了“天下大熊猫第一县”民俗特色熊猫城，带动了全域旅游，实现了生物多样性保护与绿色发展的双赢，引领当地百姓走上脱贫攻坚的康庄大道。

1. 背景

平武县位于中国西南部，地处四川盆地西北部，属四川省绵阳市。全县面积 5974km^2，辖 7 个镇、13 个乡、248 个村，有汉、藏、羌、回等 20 个民族，总人口 18.6 万人。平武县是秦巴山区集中连片特困区、“5•12”汶川特大地震极重灾区、少数民族地区、革命老区、边远山区和国家重点生态功能区“六区合一”的贫困县。由于地处偏远、自然灾害频发、发展滞后等因素叠加，平武县一直面临着基础设施差、产业发展慢、民生保障弱、增收渠道少等特殊困难，是典型的灾害多、条件差、底子薄、欠发达的贫困县。2011 年 7 月其被纳入秦巴山区集中连片特困区扶贫开发重点县。2014 年全县识别建档立卡贫困人口 6896 户 19 543 人，贫困村 73 个，贫困发生率 12.8%。

平武县位于涪江上游，森林资源异常丰富，森林覆盖率 74.58%，属于川滇森林及生物多样性生态功能区，是长江上游重要的生态屏障区域。平武县生物资源极其丰富，位于岷山-横断山北段生物多样性保护优先区域，属全球 25 个生物多样性最丰富的热点地区之一，县内建有王朗、雪宝顶 2 个国家级自然保护区，小河沟省级自然保护区，余家山和老河沟 2 个县级保护区，受保护区域的总面积达 1460km^2，占全县国土面积的 24.4%。

2. 主要做法

平武县立足其独特的生物资源优势，重点探索生物多样性保护与减贫“双赢”模式，走出了一条“不挖山、不砍树、能致富”的生态环保扶贫之路。

（1）凝聚多方合力，创新自然保护区保护与绿色发展新路径

平武县境内自然保护区面积较大，已建立王朗、雪宝顶 2 个国家级自然保护区，小河沟省级自然保护区，余家山、老河沟 2 个县级保护区，受保护面积占全县国土面积的 24.4%。平武大熊猫国家公园规划面积达 2700km^2，占全县国土面积的比例高达 41.35%。为协调自然保护区建设与经济发展，平武县创新工作思路，坚持“党委政府主导、龙头企业引领、经营主体组织、贫困群众参与”的原则，集合政府、企业、农民专业合作组织、农户多方力量形成利益连接机制，合力推进生态扶贫发展，保障贫困群众增收和集体经济增加。在政府组织、农户参与的基础上，依托国内科研机构开展生态价值评估，寻求山水自然保护中心等生态保护组织的支持和引导，开展自然保护地、社区共管互赢的尝试，借助阿里巴巴集团，通过电商拓展销售渠道，走出了生态保护区内居民增收与脱贫的道路。

1）自然保护小区“123+”生态扶贫

依托良好的生态优势，2009 年以来，平武县委、县政府引进山水自然保护中心在木皮藏族乡关坝村开展生态扶贫试点，建成全省首个自然保护小区（图 7-4）；引进四川西部自然保护基金会，建成全国首个公益型保护地——老河沟自然保护区。坚持以生态保护与扶贫发展良性互动为目标，以带动周边社区经济发展为切入点，通过开展共建共管，成立村民议事会、专业合作社，共同参与生态保护和生态扶贫，探索出“坚持 1 个绿色发展理念，平衡经济、生态 2 个关系，凝聚政府、社会、村民三方力量，促进生态产业发展”的“123+”生态扶贫发展模式。

老河沟自然保护区带动周边社区发展订单农业，从 2013 年 9 户农户参与，定制农产品 7 万多元，发展到 2018 年共 113 户参与，定制农产品达 80 万，户均增收 7000 余元；设立教育基金，2015 年以来共发放教育基金 33.06 万元，受益学生 382 人次。关坝村发展中蜂生态产业，推出“熊猫蜂蜜”生态产品，年产值约 15 万元。2013 年以来，累计分红 16.61 万元，户均每年增收 700 元。贫困户在享受全村分红的基础上，2017 年单独分红 200 元/户，2018 年分得价值约 400 元的蜂蜜产品。通过生态扶贫模式，让大熊猫等珍稀野生动植物的重要栖息地和庇护所带动当地经济发展，同时提升村民的家乡自豪感和生态环境保护意识，促进人与人、人与自然的和谐相处。

图 7-4　关坝沟流域自然保护小区（平武县提供）

2）阿里生态公益扶贫

平武县基于优良的生态环境资源，主动与国内具有强大经济实力和具有从事生态保护公益事业意愿的社会组织、企业进行合作，探索生态公益扶贫模式。2018 年 3 月，著名电子商务品牌阿里巴巴集团选择平武县作为阿里扶贫模式首个试点县。阿里巴巴脱贫基金会以“蚂蚁森林”为基础平台，通过科技平台链接，整合原有试点，帮助平武县推进生态脱贫。

2018 年 5 月，关坝自然保护地在支付宝“蚂蚁森林”平台上线（图 7-5），用“绿色能量”兑换 $1m^2$ 保护地 10 年保护权的活动如火如荼地进行，阿里巴巴脱贫基金会、中国科学院生态环境研究中心、山水

图 7-5　关坝自然保护地在支付宝“蚂蚁森林”平台上线（平武县提供）

自然保护中心和桃花源生态保护基金会联合推出关坝自然保护地 2.7 万余亩，被 1179 万网友认领，网友通过绿色能量兑换，成为关坝生态扶贫的支持者。同时，依托农村淘宝的淘乡甜官方旗舰店、“蚂蚁森林”“聚划算”等平台，积极构建“生态农产品网络预售模式”。2018 年 8 月、9 月，关坝自然保护地两批次 2 万斤（1 斤＝500g）蜂蜜分别用了 1h、1min 全部售罄，开创了平武县生态扶贫的新起点，成为贫困地区特色农产品通过网络走向世界的成功范例。该模式在高村乡福寿村、木座乡新驿村等地得到进一步推广。

（2）挖潜中蜂等生物资源价值，点燃生态农业脱贫新引擎

平武县特色农业资源丰富，但长期以来存在效益低、产业链条短等问题。为充分发挥平武县特色农业资源优势，在反复调研与充分论证的基础上，平武县委、县政府决定立足资源优势，发展“原生原种”生态信息农业，打造特色农业产业，通过产业选择、模式创新、品牌建设、科技服务、销路拓展等方式，走出了一条山区农业增产、农民增收、农村繁荣的特色农业发展新路子。

在产业选择方面，平武县注重“原生原种”产业培育，形成了以“平武中蜂+”扶贫产业为主导，以绿茶、核桃、中药材为三大区域支柱产业，和生猪、黄牛、大红公鸡、果梅、食用菌五大特色优势产业协同发展的“135N”农业产业模式。在模式创新方面，平武县采用龙头企业+科研+基地+专业合作社的模式，目前，已启动了特色农业示范点 4 个，新增专业合作社 44 个、家庭农场 10 家、市级龙头企业 3 个，建成产业基地 30 万亩。在品牌建设方面，平武县启动“平武原生原种”品牌体系、标准制定建设，持有“三品一标”认证产品 102 个，尤其是平武中蜂被授予四川“一城一品品牌”、四川省十大农产品优秀区域公用品牌，平武中蜂——“大山老槽”蜂蜜获第 16 届中国国际农产品交易会金奖，并取得欧盟认证和清真认证。在科技服务方面，平武县加大新型农民的培训，通过“县级专家大院”、乡村科技扶贫服务站、专业技术人员田间地头培训等方式，向农民讲解作物栽培、病虫害防治、畜禽养殖等方面的先进技术，推动特色农业产业生产方式科技化、规范化。在销路拓展方面，平武县积极利用各类展销会、网络销售平台等线上线下方式，宣传推广特色农产品。在政府主导下，龙头企业、专业合作社与农户充分利用“天网”“地网”和“人网”，展示和展销平武蜂蜜与其他农业特色产品，积极做好产品市场开拓。一是“天网”，主要发展电子商务及“互联网+”，先后与阿里巴巴集团、蚂蚁科技集团股份有限公司合作，建立全国首个“生态扶贫”基地，加入天猫、京东等大型电商平台，成功创建“平武一点通”“平武生态农特馆”“润生众品”等网络商城。二是“地网”，引导和扶持龙头企业在北京、上海、广州等一线城市建立平武生态农产品展示展销厅，在全国一、二、三线城市建立生态农产品实体体验店。三是“人网”，积极组织县域企业参与“川货北京行”“新春购物节”“糖酒会”等各种活动，在“北上广”建立生态农产品展示厅 18 个。建立农产品网络销售平台 5 个，入驻 3 个，80 余种农特产品线上销售，“大山老槽”蜂蜜先后创造 40min 销售 1 万斤和 1min 销售 1 万斤的奇迹。

（3）结合大熊猫保护，打造全域生态旅游减贫新格局

良好的生态与独特的文化资源是平武县发展生态旅游的基础和核心竞争力。平武县历来重视生态保护和生态旅游发展，深入实施“生态立县、旅游兴县”战略，把生态旅游作为县域经济发展的重要产业统筹推进，把生态旅游扶贫作为贫困乡村农民脱贫致富的重要抓手，相继制定和出台了《平武县精品民宿建设管理办法》等引导政策，成立了由县长担任组长，分管县长任副组长，各相关部门为成员的平武县生态旅游发展领导小组，推动全县生态旅游发展。同时，平武县委立足平武的“绿水青山”，提出实施“全域旅游行动”、建设美丽平武和全省旅游生态强县的战略构想。

平武县被誉为“天下大熊猫第一县”“熊猫故乡”，距九寨沟 177km，距黄龙寺 124km，是九寨沟、黄龙寺风景区的东线门户。应加快建设以大熊猫为主体的森林秘境体验旅游，围绕“生态城市、产业城市、民俗城市、幸福城市”的定位，建设“天下大熊猫第一县”民俗特色熊猫城，在城镇建设中将生态环保理念和民俗旅游文化、幸福美丽、大熊猫公园目标贯穿于设计、施工、养护等全过程，将城镇建成

“开窗见绿、出门见熊”的生态民俗城镇。积极探索“特色小镇（村落）+景区”“特色小镇（村落）+产业”等民俗生态旅游发展模式，形成充满活力、富有魅力、特色鲜明的民俗小镇、森林康氧小镇、与大熊猫共生小镇等特色小镇。同时，以大熊猫国家公园建设为契机，加快基础设施建设与投入，完善和改造通往各生态旅游区的道路，推动九绵、广平高速公路开工建设，基本形成“二高二横三纵两环”的交通骨架。结合美丽乡村建设，改善乡村生态环境，提升“村庄美”“生活美”。积极鼓励本地社会资本参与建设接待设施，不断拓展融合历史访古、民俗采风、红色洗礼、自然风貌、乡村景观等不同特色的旅游资源，将平武县打造成九环线上的一个重要旅游目的地。

3. 进展成效

在“绿色打底、生态先行”发展思路的指导下，平武县统筹推进生态保护与经济发展，依托生态与文化优势，通过打造生态农业、生态旅游，实现了生物多样性保护、经济发展、脱贫攻坚等多项目标。

在生物多样性保护方面，通过蜜蜂养殖，倒逼除草剂、化肥、化学农药等退出农业生产领域，遏制农村面源污染。以关坝沟流域自然保护小区为例，项目实施后，区内金丝猴、扭角羚等珍稀动物数量明显增加，丰富了物种资源，牛羊数量下降了 83%，环境质量、生态功能得到了提升。通过电商平台等互联网时代新技术，让公众了解丰富的平武产品及自然资源，让每一个消费者都有机会参与到生态治理和保护工作中，从而提高生态环境的保护成效。生态农业和生态旅游的发展降低了经济活动对生态环境的干扰。特别是，“平武中蜂+”扶贫模式既能有效利用自然保护地内的自然资源，又能促进自然生态系统中种子植物物种多样性的形成、珍稀植物的保护、生态平衡的维持以及生态系统的恢复。

在经济发展和脱贫攻坚方面，平武县连续 6 年在四川省县域经济发展大会上被表彰为“县域经济发展先进县”，成功从贫困县转变为绿色发展示范县，人民收入得到大幅提升。老河沟自然保护区周边社区 113 户参与订单农业，农户户均增收 7000 余元。“平武中蜂+”生态产业项目实施后，有效带动贫困户户均增收 8000 元、贫困村集体经济年均增长 1 万余元。配套栽植的 2 万亩草本蜜源作物、4 万亩毛叶山桐子，投产后将为贫困人口带来稳定的收入来源，促进贫困户可持续增收。在带动农村社区综合发展、帮助贫困地区实现增收的同时，提升当地整体经济发展水平。全县“三品一标”认证产品不断增加，产品推销渠道与电子商务紧密结合，“平武中蜂+”产业链条进一步延伸，促进加工业、饮食业的发展，全县产业经济实现由粗放型发展转变为资源节约型和环境友好型发展。平武县生态扶贫的经验做法和成功模式先后被《人民日报》《人民政协报》《中国青年报》《南方周末》《四川日报》《华西都市报》《南风窗》等报纸、杂志以及人民网、新华网、中国社会扶贫网、中国新闻网等网络媒体刊载。平武关坝生态扶贫的实践被纳入四川省精准扶贫重大课题案例、四川省重要试点改革经验清单，推动了四川省自然保护小区管理办法和实施指南的出台，吸引了中国浦东干部学院、四川省社会科学院等科研院所专家实地调研总结经验。“平武中蜂”入选 2018 年四川省公开推介的十大优秀农产品区域公用品牌，成为平武县生态扶贫的新名片。此外，平武县白马民俗旅游，将白马藏乡的刀切加、祥述加、扒昔加等村寨通过“景区带村”，变“民宅”为“客栈”，使得农民人均纯收入较 2012 年翻了一番，率先脱贫摘帽，被新华社誉为“四川文旅产业扶贫新样本”，该案例入选《中国扶贫开发年鉴 2016》，并被新华社《国内动态清样》采编。

7.3 生物多样性保护与乡村振兴

乡村是具有自然、社会、经济特征的地域综合体，兼具生产、生活、生态、文化等多重功能，与城镇互促互进、共生共存，共同构成人类活动的主要空间。传统意义上的乡村以农业生产为主，产业门类少、生产规模小、产业层次浅、产业链条短、生产效率低、特色产业弱、品牌产业缺、产业环境差、产品质量低和缺乏竞争力。新时代下中国，乡村兴则国家兴，乡村衰则国家衰，乡村要发展，振兴是关键，开展乡村振兴是符合生态文明建设要求、践行习近平“绿水青山就是金山银山”理念的集中体现，开启乡村振兴之路迫在眉睫，必须坚持走乡村振兴发展道路，促进城乡和谐协调发展，满足人民群众的美好生活需要。

开展生物多样性保护是实施乡村振兴战略的重要驱动力，乡村振兴要实现突破，必须按照党的十八大提出的“产业兴旺，生态宜居，乡风文明，治理有效，生活富裕”总要求，开展生物资源保护。当前，不少乡村传统经济发展势态疲软，经济活力欠缺，必须依托其生物资源禀赋、较好的产业基础，集聚创新要素，淘汰落后产能，构建以“生物多样性保护+产业振兴”为主的融合业态，延伸特色生物产业链条，推动农业转型升级，推动生物资本加快增值，筑牢生态产业根基。生物多样性的保护应该结合乡村绿色农业、生态观光休闲旅游等生态产业的发展，加强乡村生物多样性保护文化建设，促进发展理念绿色化转型；壮大乡村的绿色生物产业，夯实绿色发展的生物基础；加强乡村产业振兴的制度创新，形成生物多样性产业发展的持久动力，让生物资源成为“钱袋子”，源源不断地“生金生银”，实现生物多样性保护与经济社会的可持续发展，最终实现乡村振兴。

7.3.1　案例一：河北围场县——生物多样性恢复筑起金山银山

围场县是生态环境部定点帮扶对象。近 30 年来，围场县以生态环境部生态环保扶贫为契机，加强生物多样性保护，推进京津冀水源涵养功能区建设和国家森林城市创建，统筹实施“山水林田湖草”综合治理，积极培育农村特色产业，通过“内外兼修”，走出了一条生物多样性保护与乡村振兴协同的绿色发展之路。在生物多样性恢复过程中形成了“牢记使命、艰苦创业、绿色发展”的塞罕坝精神，鼓舞和激励全党、全国人民为推进绿色发展、建设生态文明不断奋斗（图 7-6）。

图 7-6　“牢记使命、艰苦创业、绿色发展”的塞罕坝精神（刘煜杰摄）

1. 背景

围场县隶属河北省承德市，位于河北省最北部，县域总面积 9219.7km^2，辖 12 个镇、25 个乡、1 个林场、1 个牧场、312 个行政村，总人口 54.4 万，其中，以满族、蒙古族为主的少数民族人口 33.8 万。围场县是承德市人口最多的县、河北省面积最大的县、全国唯一一个满族蒙古族自治县。2018 年，围场县实现地区生产总值（GDP）140 亿元，财政收入 11.7 亿元，城市和农村居民人均可支配收入分别达到 24700 元和 9002 元。围场县先后被确定为中国马铃薯之乡、国家级无公害蔬菜生产基地、全国商品牛基地县、中国旅游明星县、第一批国家农业可持续发展实验示范区等。围场县属北（寒）温带-中温带、半湿润-半干旱、大陆性季风型、高原-山地气候，冬长夏短，坝上、坝下不同区域气候条件变化较大，小气候差异明显。

过去由于乱垦滥伐、过度放牧、弃耕及滥挖野生药材等，围场县生态环境遭到严重破坏，生物多样性受到威胁。经过半个多世纪的植树造林，围场县已成为京津冀和华北地区的一颗绿色生态明珠，同时，担负起为北京阻沙源、为天津蓄水源、为河北增资源、为地方拓财源的重要生态功能。围场县高度重视生物多样性保护工作。目前，围场县植物有 170 余科 470 余属 1100 余种及变种，已查明的脊椎动物达 5 纲 28 目 78 科 183 属 323 种，包括国家一级重点保护动物大鸨、白鹳、黑鹳、白头鹤、金钱豹等。其中，塞罕坝机械林场经过三代人近 60 年的接续努力，森林覆盖率提高到 80%以上，成为世界上最大的人工林场。1998 年 8 月，建立以塞罕坝曼甸山地草甸生态系统及珍稀野生动植物多样性和滦河、西辽河河源湿地景观生境为主要保护对象的综合性草地类红松洼国家级自然保护区。2002 年 6 月，建立以滦河上游自然生态环境、森林生态系统及其生物多样性和珍稀濒危野生动植物物种为主要保护对象的滦河上游自然保护区，并于 2008 年 1 月晋升为国家级自然保护区。此外，围场县还建立了御道口省级自然保护区。

2. 主要做法

多年来，围场县坚持改善生态环境质量，弘扬塞罕坝精神，积极探索生态产业，已取得了较好的成效。

（1）重建森林生态系统，推动生态经济飞跃发展

围场县不断推进森林生态系统重建，相继实施了京津风沙源治理、退耕还林、中德合作造林、国有林场合作造林等生态建设项目。此外，围场县强化与北京林业大学、河北农业大学的技术合作，针对“干旱阳坡治理”“沙地造林”“网格治沙”等课题研究、试验、推广、应用造林新技术。同时，围场县引进抗寒耐旱的红松、银中杨、俄罗斯大果沙棘、锦绣海棠等治沙树种及栽培繁育技术，完成新树种造林 19 万亩。2000～2019 年，全县累计完成造林 359.7 万亩，有林面积由 423 万亩增加到 784.2 万亩，森林覆盖率由 43.6%提高到 58.8%，境内有林面积达 784.2 万亩、天然草地 982 万亩，林草覆盖率达 95%，成为京津地区重要的生态屏障。

围场县在绿化荒山、强化生物多样性保护的同时，积极转变林业发展模式，调整林业产业结构，充分利用多年来植树造林产生的生态优势发展绿色经济，突出发展林下经济、森林旅游等绿色产业，形成了“五区、两环、八大基地”的发展格局。在绿色发展的引领下，围场县塞罕坝机械林场积极提升森林质量，恢复森林生物多样性，同时坚持向绿色要发展、向绿色要未来，实现了年旅游直接收入 6200 多万元，每年带动周边地区 2.5 万人就业，实现社会总收入达 6 亿多元，有效地拉动了周边乡村和县域经济的发展。塞罕坝机械林场先后获得国家级森林公园、“绿水青山就是金山银山”实践创新基地等荣誉称号。2017 年，塞罕坝机械林场建设者获联合国“地球卫士奖”，成为全球环境治理的“中国榜样”（图 7-7）。

图 7-7　塞罕坝机械林场（围场县提供）

（2）挖掘金莲花等生物资源，打造现代绿色农业新高地

丰富的生物多样性为围场县发展绿色农业提供了天然的优势。油松、杜松、云杉、核桃楸、冷海棠、黄檗、五角枫等可以作为园林绿化植物。沙棘、山杏、胡枝子、小叶锦鸡儿、刺五加等是珍贵的可以制作饮料的植物或药用植物。另外，围场县地域广阔，昼夜温差大，特殊的地理和气候条件，为绿色、有机、功能农业提供了得天独厚的条件。

在生态环境部定点帮扶的支持下，围场县成功发展了以金莲花种植为代表的重要产业，并以八顷村为试点，开展了生物多样性保护与减贫实践，已取得了显著的成果。随着金莲花种植规模的扩大，村民上山采摘野生药材的现象越来越少，对野生物种的干扰越来越小，生物多样性保护与脱贫增收齐头并进（图 7-8）。

图 7-8 围场县金莲花种植产业（围场县提供）

同时，围场县发展了马铃薯、蔬菜两大主导产业，率先启动国内首个“十万亩功能农业（有机富硒马铃薯）示范区”建设，建设高标准农业示范园区 25 个，新增设施蔬菜 1000 亩以上，打造 4 个省级现代设施蔬菜产业园区。全年蔬菜种植面积 30 万亩（设施蔬菜 4.6 万亩），总产量达到 95 万 t。围场县被评为“国家级现代农业示范区”“国家有机产品认证示范创建区”“国家农产品质量安全县”“国家农业可持续发展试验示范区”（图 7-9）。

图 7-9 围场县马铃薯种植产业（围场县提供）

另外，围场县还注重发挥龙头企业的带动作用。以承德木兰林业集团有限责任公司为龙头，投资 3000 万元建设现代苗木繁育中心，同时组建苗木产业协会，拉动全县苗木产业圃发展到 1000 家，逐步形成造林用苗产业基地、城市绿化园林用苗产业基地和苗木一体化产业基地。

（3）加强环境治理，发展乡村旅游、全域旅游

围场县深入推进京津冀水源涵养功能区建设和国家森林城市创建，统筹实施“山水林田湖草”综合治理、生态脆弱区综合治理等重点生态工程，结合农村面貌改造提升工作，着力改善农村人居环境。按照“12+1”专项整治行动部署，围场县实施了省级重点村和市级精品片区改造，共完成居民改造示范户6550户、农村危房改造建设1000户，完成重点村庄绿化27个，完成绿化面积5850亩，栽植绿化树木43.6万株、草木花卉25.2万丛，精品村全部完成生活污水处理设施建设。全面建好32个省级重点村、8个县级重点村，全力打造好猎苑小镇、庙宫满蒙风情小镇、柳塘人家3个精品片区，加快推进塞罕坝森林小镇、御道口草原风情小镇、甘沟门马铃薯王国小镇和热水汤温泉小镇等6个特色小镇建设。在大唤起乡、哈里哈乡、朝阳地镇、郭家湾乡和围场镇5个乡镇10个行政村实施坡耕地水土流失综合治理工程，共改造坡耕地1555hm^2。封山育林5.4万亩，综合治理水土流失30km^2，新增节水灌溉面积1万亩。总投资10 469万元，实施山水林田湖草生态河道项目。治理伊逊河上游哈里哈至棋盘山的两段河道7.3km，绿化面积56.15hm^2。同时，环境保护部从2017年开始，每年向围场县安排农村环境综合整治资金3000万元，对50个贫困村进行环境治理。自2011年以来，生态环境部已累计实施污水处理、垃圾处理、环境监测站等环境基础设施类项目108个，支持资金3.87亿元，撬动社会资金26亿元。

乡村环境的改善为围场县发展乡村旅游和全域旅游奠定了基础。经过多年培育，目前全县旅游产业已初步形成了六大景区、三条环线相互贯通的发展格局，乡村旅游业从无到有快速发展，荣获“自驾车十大提名县”，被评为“2008品牌中国十大最佳旅游景区”和“2008品牌中国十大最佳旅游目的地”。近年来，围场县成功举办了中国围棋甲级联赛木兰围场专场比赛、国际模特大赛、环中国自行车赛及河北省第三届旅游产业发展大会等活动，推出了国家“一号风景大道”旅游品牌。

3. 进展成效

经过多年的努力和生态环境部的帮扶，围场县在生物多样性保护和绿色发展方面取得扎实的成效。

（1）区域生物资源得到明显恢复与保护

围场县为天津的主要水源涵养地，起到了为京津阻沙蓄水的重要作用。全县森林植被已有效恢复，林草覆盖率达95%，森林生物多样性逐渐显现，生态状况明显改善。其中，经过几十年的经营和保护，塞罕坝从“黄沙遮天日、飞鸟无栖树”的荒僻苦寒之地，变成了林的海洋、河的源头、花的世界、鸟的乐园。目前，塞罕坝森林覆盖率达80%，拥有维管束植物81科303属618种，陆生脊椎动物66科261种，鱼类5科32种，昆虫114科660，包括白头鹤、大鸨、小天鹅等国家一二级重点保护动物。

（2）强县富民能力显著增强

全县果树面积已达10万亩，初步形成了以四道沟、张家湾、棋盘山为核心辐射带动周边乡镇的“时差果品”生产基地，年产果品6100万kg，产值达7600万元，果树产业已成为推动县域经济发展的主导产业。围场县组建了含近千人的果品经纪人协会，构建起了较稳固的销售网络。四道沟乡实现了人均3亩果树，人均年增收3000余元。全县新发展沙棘35万亩，沙棘总面积已达50万亩，群众仅采摘沙棘果年可增收千元以上。全县新增山杏12万亩，山杏总面积达60万亩，年产杏仁1500万kg，产值达7500万元，农民人均增收150元。

（3）农业生产条件得到优化

生态环境的改善，优化了农业产业条件，为生产无公害绿色食品提供了先决条件，使围场县成为全国著名马铃薯之乡、河北省“时差菜”基地，其奶制品也打入京、津等地。生态环境的根本改善，还蕴蓄了山杏、蕨、蘑菇、黄花菜、金莲花等20多种山野资源，群众年增收近亿元。为推动牛产业发展，近年来围场县创新造林观念，大力推广灌草混交、草田林网等造林模式，积极发展柠条饲料林 6 万余亩，为牛产业发展提供了后续饲草，目前，以牛产业为主的牧业年产值已达 9 亿元。

（4）生态景观效益日益显现

围场县以森林草原观光、避暑度假、狩猎、漂流为主要内容的生态旅游声名远扬，成为京北黄金旅游线的重要景区，年接待国内外游客超过 60 万人次，旅游收入 2 亿余元，成为拉动县域经济的支柱产业。

7.3.2 案例二：陕西留坝县——道地中药材筑起乡村产业基石

留坝县地处秦岭南麓腹地，天然植物类中药材品类繁多，被称为“天然药库”。多年来，留坝县以生态文明建设为抓手，坚持“生态立县、药菌兴县、旅游强县”的发展战略，大力发展以西洋参、猪苓、天麻等为代表的道地药材，把绿水青山变成金山银山，走出了一条民富县强，科学、可持续的留坝特色发展道路。

1. 背景

留坝县位于陕西省西南，汉中市北部，汉江上游，面巴蜀而背秦川。全县总面积 1970km^2，辖 7 个镇、1 个街道、75 个行政村、1 个社区，总人口 4.7 万，属国家级扶贫开发工作重点县、革命老区县和秦巴山区集中连片特困区。留坝县城距西安 367km，距汉中 85km，其林业用地 272.5 万亩，农用地 8.9 万亩，为陕西省林业县之一。留坝县夏无酷暑，冬无严寒，四季分明，属亚热带季风性湿润气候区。

留坝县是国家重点生态功能区、水源涵养地和秦岭生态保护限制开发区，森林覆盖率达 91.23%，林木绿化率达 92.97%，隶属于“秦巴生物多样性生态功能区”、秦岭生物多样性保护优先区域，生物多样性丰富，为生物多样性维护型重点生态功能区。野生动物达 410 余种，更有大熊猫、羚牛、金钱豹等国家一级重点保护动物。其中地处留坝县东北角的桑园自然保护区，总面积达 13 806hm^2，在 2009 年 9 月晋升为以大熊猫及其栖息地为保护对象的野生动物类型国家级自然保护区。留坝县药用动植物有 1320 种，其中西洋参、猪苓等中药材品质最为纯正，是全国三大西洋参规范化种植基地县之一、全国最大的猪苓栽培基地和种源基地。

2. 主要做法

留坝县立足自身生态、地域等资源优势，坚持以绿色发展为导向、农业增效为基础、农民增收为核心，全力推进特色农业持续快速发展，全力破解群众增收这一难题，既保护了当地特色生物资源的优良基因，又促进了城乡居民收入快速增长，实现了生态保护与富民的双赢。

（1）依托香菇、土蜂等特色生物资源，激发农村经济活力

留坝县积极推进“四养一林”特色农业产业发展，留坝香菇、木耳、土蜂蜜等 5 个产品先后取得国家地理标志保护产品认证，数量位居全省前列；建立健全农产品质量追溯体系，实现了从农田到餐桌全过程的安全保障，西洋参被列入国家药食同源目录，留坝蜂蜜成功登录央视《源味中国》栏目；大力推行“政府+龙头企业+扶贫社+农户”的订单农业模式，推出了留坝棒棒蜜、留坝土鸡等一批优质商品，形成了“以销定产”的完整产业链，有效助推群众增收脱贫。陕西省市县镇 4 级现代农业园区协调快速发展，带动全县新发展食用菌 728 万筒，已建成食用菌产业基地 52 个，江口镇磨坪村、小川子村等 7 个生产示范基地建成标准化食用菌大棚 1503 个，新发展食用菌 687 万袋，带动贫困户 527 户、非贫困户 207 户，预计产值达到 5300 万元，3 年内可实现收入 2.5 亿元；带动全县新发展中药材 2160 亩，建成全国最大的猪苓种源基地和高江省级现代农业园区；全县建设种蜂繁育示范场 12 个，发展中蜂养殖大户 360 户，规范土鸡养殖示范场 16 个，带动养殖中蜂 2.85 万桶、土鸡 7 万只；留坝县积极与西北农林科技大学等科研院所及企业合作，引进试养太香猪，建成生猪养殖示范场 9 个。通过生产、生态、生活互动推进，留坝县农业经济活力迸发，真正实现了百姓共享生态红利。

（2）壮大西洋参等中药材产业，拓宽群众致富路

近年来，留坝县立足自身生态环境优良、气候条件适宜、中药材资源丰富等有利条件，大力扶持引导企业、扶贫社、种植大户及散农发展中药材种植产业，保护了道地药材优良种质，维护了生态系统多样性，降低了野生中药材的濒危程度。

留坝县在中药材产业发展过程中，加大科技服务力度，建立健全县、镇、村三级科技服务网络，选派中药材科技特派员到乡镇、企业进行技术指导。先后多次开展现场技术培训及现场指导，累计培训农民 9000 余人次，发放实用技术资料、书籍等 1 万余份（册）。同时积极与西北农林科技大学、陕西理工大学、陕西师范大学、河南大学、汉中市植物研究所等科研院所进行技术协作，先后开展了西洋参重茬地修复利用、西洋参离土栽培、白芨组培苗移栽和重楼人工繁殖等技术试验研究，为留坝县中药材产业持续健康发展奠定了基础（图 7-10）。

图 7-10　留坝县西洋参种植产业（留坝县提供）

2019 年，留坝县在全力打好疫情防控阻击战的同时，抢抓春耕备耕有利时节，吹响中药材产业复工复产集结号。通过线上编写《留坝县中药材》等技术简报、图集，规范西洋参、猪苓、天麻等特色中药材种植技术标准；通过微信群、QQ 群、公众号发布中药材春播春栽技术要点，以直观、形象的方式，指导农户规范化种植。同时，线下积极组织技术指导人员深入村组、田间地头开展技术服务，手把手进行现场教学指导，有效提高了种植水平和效益（图 7-11）。2018 年，留坝县西洋参、天麻、白芨、乌药、重楼等中药材品种种植面积达 8095 亩，有效带动了地方产业发展和农民增收。

（3）保护利用生态资源，推进全域旅游高质量发展

留坝县依托得天独厚的绿水青山资源禀赋，统筹推进生态文明建设与旅游产业发展，打生态牌、做绿色文章，以旅游“一业兴”，带动“百业旺”，探索出了一条以全域旅游引领县域经济社会协调快速发展的新路子。

1）乡村成风景，美丽变财源

留坝县持续开展城乡环境综合整治，坚持把全县作为一个大景区来建设，倾力打造生态宜居、主客共享的美丽家园。从 2012 年起，留坝县连续 7 年投入 7 亿元，持续推进以城区、镇村、道路沿线、河流水系、景区景点环境整治和绿化提升为主要内容的“精美留坝”城乡环境综合整治六大工程，不断完善基础设施，打造美丽乡村。

图 7-11　留坝县西洋参栽培与管理培训（留坝县提供）

2）“精准扶贫”与“全域旅游”相结合

在留坝县境内的主要景区，直接的从业人员都是当地的贫困人群，景区周边的农家乐、民宿从业人员也都是周边的村民。在政府的帮助下，留坝县 70%的人口从事着与“全域旅游”相关的产业。随着全域旅游的不断深化，留坝县群众的生活也随之一点一点地被改变，传统的乱砍滥伐、乱采滥挖、乱捕滥猎现象基本消失，农民从传统农产品的“生产者”转变成为旅游服务产品的“供货商”，山村农夫变身成了“农”老板，实现了发展经济的同时不但没有破坏生态，反而森林覆盖率逐年提升，动植物种群数量不断增加，野生动植物生存空间持续加大，人居生态状况日益好转的生态立业、点绿成金之路。2018 年，留坝县“乡村复兴论坛•留坝峰会”圆满举行，“双节”品牌效应日益彰显，旅游市场持续火爆，全年接待游客 343.67 万人次，实现旅游综合收入 16.55 亿元，分别年增长 22.63%和 35.66%，实现由过境游向目的地游的华丽转身。

3. 进展成效

留坝县坚决担起“守住青山绿水”的责任和担当，否决了一大批重大资源开发性项目，关停了 11 家影响生态环境的工矿企业，从源头上斩断了破坏环境的行为。实施最严格的生态保护政策，筑牢县域环境安全屏障，积极开展生态保护红线划定和生物多样性保护工作，杜绝不符合生态功能定位的一切开发利用活动，坚决保护留坝县的青山绿水。

留坝县立足自身特有生态优势，以市场运作为导向，构建“四养一林一游”的绿色产业发展新格局，基本形成以生态蜂蜜、生态土鸡等为代表的短线产业、以林下中药材种植等为代表的中线产业、以全域旅游为代表的长线产业协调发展的大好局面，农民人均收入 7 年内翻了一番。坚定全域旅游方向，围绕打造中国山地度假旅游示范区目标，加快旅游产业转型升级，先后推出紫柏山滑雪场、栈道水世界、留侯老集、青少年自然成长营、木工学堂、青少年足球研训基地、精品名宿等旅游产品，形成了以休闲度假、养生养老、研学旅游为主的覆盖留坝县全境、贯穿一年四季的全域旅游产品体系。坚定农旅融合方向，大力发展“四养一林”特色主导产业，留坝香菇、木耳、土蜂蜜等 5 个产品先后取得国家地理标志保护产品认证，数量位居全省前列。2018 年，留坝县人均可支配收入超过 9800 元，其中旅游收入占比达 34.5%。全县贫困发生率从 2013 年底的 36.5%下降到 2018 年底的 1.08%。2018 年 5 月，陕西省人民政府批准留坝县退出贫困县序列。

7.4 生物多样性保护与乡村绿色发展

随着我国进入新时代，乡村长期以来“先污染、后治理”的传统发展道路难以为继，发展道路绿色转型迫在眉睫。党的十九大报告提出，要“实施乡村振兴战略”，而乡村绿色振兴是实施乡村振兴战略的重要推动力，乡村振兴战略要实现突破，必须以绿色发展为导向。2018 年的《中共中央 国务院关于实施乡村振兴战略的意见》中明确提出，要推进乡村绿色发展，打造人与自然和谐共生的发展新格局，推动乡村自然资本加快增值。探索乡村绿色发展的新路径新模式，对于推动“绿水青山”向“金山银山”转化具有重要的意义。

良好的生态环境是农村最大的优势和宝贵的财富。推进乡村绿色发展就是要在人与自然和谐共生的绿色发展理念指导下，追求乡村生态环境改善、农民生活质量提高和乡村经济可持续发展三者有机统一。

（1）以美丽乡村建设为导向提升生态宜居水平

党的十六届五中全会提出要按照“生产发展、生活宽裕、乡风文明、村容整洁、管理民主”的要求，扎实推进社会主义新农村建设。党的十九大报告提出“按照产业兴旺、生态宜居、乡风文明、治理有效、生活富裕的总要求，建立健全城乡融合发展体制机制和政策体系，加快推进农业农村现代化”。经过十余年的发展，生态宜居替代了村容整洁，这不仅仅是对农村阶段性发展的延续与继承，更是为顺应时代发展需要而提出的更高要求。2015 年习近平在大理市湾桥镇古生村考察工作时强调，新农村建设一定要走符合农村实际的路子，遵循乡村自身发展规律，充分体现农村特点，注意乡土味道，保留乡村风貌，留得住青山绿水，记得住乡愁，因此，推进农村人居环境整治要因地制宜、因地而异，让宜居宜业的美丽乡村成为美丽中国的有力支撑。

（2）以生态产业化和产业生态化为重点促进产业兴旺

2018 年 3 月，习近平在参加十三届全国人大第一次会议山东代表团审议时强调，要推动乡村产业振兴，紧紧围绕发展现代农业，围绕农村一二三产业融合发展，构建乡村产业体系，实现产业兴旺。推动乡村产业兴旺，培育乡村发展新动能，就要牢固树立和践行“绿水青山就是金山银山”的理念，坚持质量兴农、绿色兴农，以农业供给侧结构性改革为主线，运用现代科技和管理手段，将乡村生态优势转化为发展生态经济的优势，加快构建节约资源和保护环境的乡村产业结构，提供更多更好的绿色生态产品和服务，促进生态和经济良性循环，让“绿水青山”真正变成的“金山银山”，实现生态美、产业兴的更好统一。

（3）以绿色惠民共享为目标实现村民生活富裕

围绕拓宽农民增收渠道，促进农民持续增收，构建政府引导，企业、社会组织和民众共同参与的美丽乡村建设体系，让村民在享受生态环境改善带来的惠益的同时，也切实感受到参与乡村绿色发展带来的生活质量的提升，让良好的生态环境成为民众生活质量的重要增长点，进而实现经济社会发展反哺生态环境保护的良性循环。构建绿色惠民共享的乡村绿色发展模式，要以完善产权制度为重点，巩固和完善农村基本经营制度，整合、转移、盘活农村闲置房屋、农田、农业技术、资金等资源的使用权，激活主体、激活要素、激活市场，发展观光农业、民宿、游赏体验、健康养生等服务业，满足投资者投资需求、消费者享乐诉求，实现多方共赢。

生物多样性保护与乡村绿色发展紧密联系，当前，我国生物多样性保护与产业发展的互促共进取得了显著成效。生物多样性资源较好、生态优势较为突出的地区，以资源循环利用和生态环境保护为重要前提，将“绿色发展”举措融合到生产发展的全过程，大力发展绿色有机农业，推进生物多样性保护与减贫，探索生态延伸，大力培育生态旅游与生态工业，发展绿色经济，推动生态优势转化为区域经济发展优势，实现经济高质量发展，不断提升民众的获得感和幸福感。

7.4.1　案例一：浙江安吉县——两片“叶子”助推绿色发展

安吉县是习近平总书记“绿水青山就是金山银山”重要理念的诞生地。在“绿水青山就是金山银山”理念的指引下，安吉县率先转变发展方式，关闭污染严重的企业，充分发挥生物多样性带来的物质和生态环境优势，“腾笼换鸟”，大力探索绿色发展之路。以竹产业、白茶产业、全域旅游和乡村旅游为代表的生态产业蓬勃发展，为安吉县发展注入了活力。

1. 背景

安吉县位于长三角腹地，是浙江省湖州市的市属县，与浙江省的长兴县、湖州市吴兴区、德清县、杭州市余杭区、临安区和安徽省的宁国市、广德县为邻。地处东经 119°14′～119°53′，北纬 30°23′～30°53′，面积 1885.71km^2，辖 15 个乡镇（街道），2018 年户籍人口 47.07 万人。安吉县光照充足、气候温和、雨量充沛、四季分明，地形起伏高差大，有明显的垂直气候特征，为典型亚热带海洋性季风气候。

安吉县属于太湖流域西部丘陵水生态区（高永年和高俊峰，2010）。特殊的地理条件和气候因子，造就了安吉县丰富的生物资源。县境内的安吉小鲵国家级自然保护区是中国东部中亚热带北缘和长三角地区生物多样性最丰富的地区之一，有植物 1400 多种，野生动物 269 种，包括鹅掌楸、香果、红豆杉等国家重点保护树种，小鲵、东方蝾螈、金钱豹等珍稀动物。安吉县最大宗的生物资源是竹林资源，毛竹蓄积量达 1.4 亿支，竹类有 6 属 44 种。

安吉县是习近平总书记“绿水青山就是金山银山”理论的诞生地，通过多年的发展，在保护绿水青山、实现金山银山方面取得了巨大成效（图 7-12）。

图 7-12　安吉县余村——习近平总书记“绿水青山就是金山银山”理念发源地（林青霞拍摄）

2. 主要做法

近年来，安吉县先后投入大量资金治理和关闭污染严重的企业，通过对动植物栖息地进行保护、创建、连接和管理，维护和培育生态环境，保障生物多样性，并充分利用当地良好的生态资源优势，努力把生态优势转化为产业优势，在生态产业发展、生态文明建设等方面进行了有益的探索。

（1）“腾笼换鸟”，推动全域旅游高质量发展

安吉县山上石灰岩资源丰富，长期以来很多地方都是开山凿石，发展“石头经济”。但随之而来的是粉尘蔽日、竹林失色、河水变浊、生物多样性锐减，人民群众深受其害。2005年的8月15日，时任浙江省委书记的习近平同志来到了处于转型发展中的安吉县余村调研，提出了“绿水青山就是金山银山”的科学论断，给当地指出了一条绿色发展之路。面对困境，余村人痛定思痛，重新思考金山银山获取方式，果断地关停年创经济收入达300万元的石灰矿3个，并重新调整发展规划，把全村划分为生态旅游区、美丽宜居区、田园观光区三个区块，对村庄进行了合理的布局，陆续完成污水处理、垃圾清理、山塘水库修复、节点景观改造、厂区拆迁、道路三化、河道整治等工作。昔日的余村是矿山和小水泥厂的世界，如今，“废水有了家，垃圾有人拉，村头有树荫，河里有鱼虾”，实现了从“卖资源”到“卖风景”的华丽转变，逐步走出一条产业兴、生态美、百姓富的可持续发展路子（图7-13）。2018年，余村接待游客近80万人，旅游收入达1000万元，村民人均收入4.46万元。2020年3月，习近平总书记再次来到安吉县考察时指出：余村现在取得的成绩证明，绿色发展的路子是正确的，路子选对了就要坚持走下去。

图7-13 生态安吉（安吉县提供）

如今，余村的经验模式已在全县生根发芽。安吉县在“绿水青山就是金山银山”理念的指引下，先后实施创建国家级生态县、建设“中国美丽乡村”、建设“三级联动”县域大景区等一系列载体举措，引领全域旅游示范性发展，并成功打造成国家乡村旅游度假试验区、全国旅游标准化试点县等，让“绿水青山”的生态优势转化为全域旅游发展的产业优势，安吉县通过预评估机制，精准化布局，遴选好中更优的项目，使之更加匹配绿水青山。同时，“旅游+”和“+旅游”正在更广泛、更深度地融入各行各业、各个领域，全面提升生态旅游、工业旅游、农业旅游、文化旅游、红色旅游、水上旅游等重点产业。Hello Kitty乐园、欢乐风暴、田园嘉乐比乐园等一批精品景区相继落户运营；JW万豪、悦榕庄、地中海俱乐部等品牌酒店一个个“落地开花”；众多特色精品民宿镶嵌山水间，为全域旅游添彩加分；通过深入挖掘本土文化，让“生态旅游+”得到全面发展。

（2）推动“两片叶子”发展，实现生物多样性保护与生态产业发展的有机结合

素有中国白茶之乡、中国第一竹乡之称的安吉县近年来通过发展“竹叶”“茶叶”，推动竹产业、白茶产业转型升级，由“卖资源”向“做产业”转变，形成了安吉县现在特有的竹子、白茶产业体系，美丽乡村进入村强民富新阶段（图 7-14）。

图 7-14　安吉白茶园（安吉县提供）

1）一根翠竹撑起一方绿色经济

安吉县竹林资源丰富，位居全国 30 个“中国竹乡”综合排名之首，素有“中国竹子看浙江，浙江竹子看安吉”之说。安吉县内丰富的森林植被尤其是竹林，不仅对于维持森林生态系统涵养水源、保持水土的生态服务功能有重要意义，而且对于控制土壤中氮磷流失及其向水体迁移有重要作用（杨艳刚等，2011）。安吉县在推广竹林栽培技术的同时，也重视竹子科技园区的建设与发展，将科学研究、林改示范、旅游观光、休闲体验功能集于一体，自 1999 年以来，先后在山川、昆铜、杭垓、章村等乡镇开展竹林现代科技园区建设。现已建成毛竹现代园区 26 个，总面积超过 1.33 万 hm^2，启动 FSC 竹林国际认证，制定竹林可持续经营方案，通过国际森林认证竹林面积达到 1 万 hm^2、蓄积量 2750 万株，有效促进了毛竹种群生物多样性的发展。成立各类毛竹合作社 59 家，其中毛竹股份制合作社模式为全国首创，得到了各界高度认可。同时，安吉县与外省以多种形式合作发展竹产业，直接建立原料基地 33.33 万 hm^2，带动全国 200 万 hm^2 竹林资源的开发（张健等，2016）。积极发展竹木资源深加工产业，安吉县以竹代木、竹木并举，实现了从卖原竹到进原竹、从用竹竿到用全竹、从物理利用到生化利用、从单纯加工到链式经营的 4 次跨越，实现全竹利用和高效利用。加快推动产业转型升级，淘汰落后产能，提升产品质量，促进资源合理应用，减少环境污染，对“低、小、散”竹制品经济组织限期整顿治理，全面提升产业质量。坚持把竹林旅游与乡村休闲旅游发展紧密结合，实现林下旅游与乡村旅游良性互动、互促发展，形成“生态得绿、农民得利”的森林旅游产业（甘萍，2015；张建等，2016）。已建成黄浦江源龙王山景区、竹子博览园、中国大竹海、中南百草园、藏龙百瀑、大汉七十二峰等特色竹林景区，成为长三角地区旅游的特色品牌，竹林生态旅游经济为安吉县经济又好又快发展提供了厚重的支撑。2018 年安吉县竹产业总产值达 225 亿元，从业人员近 5 万人，竹产品涉及竹装饰材料、竹日用品等八大系列 3000 余个品种，真正实现了森林生物多样性保护与生态产业发展的有机结合，充分印证了“绿水青山就是金山银山”的理念。

2）一片叶子富一方百姓

20 世纪 70 年代末，研究人员在安吉县大溪村山崖发现白茶祖，经过扦插繁育白茶苗，逐步壮大白茶产业，有效带动了人民增收（白艳等，2018），实现了“一片叶子富了一方百姓”。首先，高标准建设标准化生态茶园。安吉县编制白茶标准化生产技术管理操作手册和生产模式图，组织技术人员深入田间地头，将标准化生产技术推广普及到人、到户、到园。全面推进茶园生态化改造，制定《安吉白茶生态茶园建设标准》，鼓励以退茶还林、退茶还耕和在茶园套种经济树种等方式进行茶园生态修复，开展茶园生态化改造。安吉县出台《关于原产地安吉白茶茶园保护区域划分的通知》，划定安吉县白茶永久保护区、核心保护区和重点保护区，实施分级保护管理，保护白茶遗传多样性。其次，多举措提升白茶产业价值链。安吉县积极推动白茶深加工企业发展，通过科技引领，研发安吉白茶产品系列，实现茶产业的提升，让精深加工成为产业融合的“孵化器”。大力推进“机器换人”，提升安吉白茶加工水平，全县已有 8 家茶厂获“省级标准化示范名茶厂”称号。深度开发安吉白茶保健功能，成功研制推广茶饮料、茶含片、茶酒、茶糕点、茶餐饮等安吉白茶系列衍生产品，利用茶叶提取氨基酸、茶多酚，利用茶园废弃物种植食用菌，开发白茶花精油、白茶花面膜等，使安吉白茶得到更为广泛的应用（白艳等，2018）。最后，大力推动白茶产业与乡村旅游产业的深度融合。安吉县着力打造集观光、体验、休闲为一体的茶旅结合新业态，让茶园变景区，茶农变导游。通过深入挖掘茶文化，先后建成了白茶街、白茶仙子广场、白茶主题公园、白茶生态博物馆等文旅设施。引进了中国第一野奢精品度假酒店帐篷客落户白茶园区，进一步拓展了安吉白茶的产业价值和特色带动功能，实现了“茶园”向“景区”的转变。2018 年，安吉白茶总产量达到 1890t，一产产值达 25.3 亿元，一二三产综合产值达到 38 亿元，安吉白茶产业成为绿色发展的实践者。

（3）全力打造“美丽乡村”安吉样板

自 2008 年以来，安吉县积极践行“绿水青山就是金山银山”的理念，以“中国美丽乡村”建设为纲领，走出了一条“生态美、产业兴、百姓富”的可持续发展之路，不断推动安吉县乡村美起来、富起来、强起来。

1）坚持规划先行，精心绘制美丽乡村蓝图

安吉县结合县域实际，统一整合，坚持不规划不设计、不设计不施工的原则，始终把高标准、全覆盖的建设理念融入规划中，以规划设计提升建设水平。先后编制了《安吉县建设“中国美丽乡村”行动纲要》《安吉县“中国美丽乡村”建设总体规划》等一系列县域空间规划和产业布局规划，形成了横向到边、纵向到底的建设规划体系，有效解决了农村私搭乱建、挖山砍树破坏生态环境的问题。在相关规划文件编制过程中，安吉县充分考虑自然、半自然及人工土地利用的分布格局，系统分析现有乡村景观要素及相互之间的空间、实践联系或障碍，经专家论证，提出优化方案，充分利用现有的农田、湿地、林地、池塘、茶园等景观斑块，合理规划农业种植园、林地、村落的分布，增加防护林带、河流、农田林网等景观要素面积，提高景观功能的连接性，增强景观的多样性和异质性，为多种生物创造适宜的生存条件，进而实现生态系统的持续发展。此外，安吉县十分注重对特色建筑的保护和对地方特色文化内涵的挖掘，并将其与乡村氛围很好地结合，贯穿于规划、设计、建设的各阶段。按山区、平原、丘陵等不同地理位置和产业布局状况，逐镇逐村编制个性规划，完善功能集聚，突出个性特色。

2）实施标准化建设，推进美丽乡村生态价值转化

在美丽乡村建设中，安吉县努力确保整个建设过程协调有序、科学有效，形成了一套具备安吉元素的“中国美丽乡村”标准化建设体系。此外，安吉县着眼于城乡一体、融合发展的新格局，以中心城区为核心，以乡镇为链接，以村为节点，统筹打造优雅竹城—风情小镇—美丽乡村，三级联动、互促共进，推进城、镇、村深度融合发展，通过美丽乡村建设有效带动了高端民宿、农业体验等乡村旅游的发展（图 7-15）。安吉县通过美丽乡村建设，涌现出了以高家堂村、鲁家村等为代表的一大批美丽乡村经营典范。

图 7-15　安吉县皈山乡（安吉县提供）

3. 进展成效

多年来，安吉县持续推动生物多样性保护和绿色发展。先后制定了有关生态农业建设、生态环境保护和野生动植物保护等的一系列规划、政策、措施，对县境内自然保护区、生物种质资源实行就地、移地保护。其中，就地建立的龙王山自然保护区，在 2017 年成功晋升为安吉小鲵国家级自然保护区，是浙江唯一以动物命名的国家级自然保护区，提升了亚热带北缘和长三角地区生物多样性保护的完整性，促进了区内安吉小鲵、银缕梅等珍稀濒危物种和落叶阔叶林等植被的有效保护。

安吉县从曾经的采矿加工到如今依山傍水的绿色经济，从过去的靠山吃山到现在的养山富山，以全域旅游、乡村旅游产业为主体的“绿水青山就是金山银山”的转化成果让群众有了更高的获得感。2018 年，安吉县城市和农村居民可支配收入分别达到 52 617 元和 30 541 元，城乡收入之比为 1.72∶1。2008～2018 年，安吉县直接用于美丽乡村建设的县级财政奖补资金达到 15.33 亿元，全县 188 个行政村全部完成了美丽乡村创建，其中，44 个村成为“精品示范村”。以美丽乡村建设为基础，安吉县 18 个村成为 3A 级景区，一个乡镇成为全国首个全乡域 4A 级景区。

安吉县积极推动生物多样性保护与绿色发展有机结合，扩大了生物多样性保护的内涵与外延，筑牢了生态经济基础，促进了一二三产业融合发展。基于竹林生态系统服务功能，积极推动竹林生物多样性保护，夯实竹林产业发展本底，助推生态经济化和经济生态化，走出了一条生态美、产业兴、百姓富的科学发展之路，实现了经济发展与生态建设的互促共进。2018 年，安吉县竹产业总产值达 225 亿元，从业人员近 5 万人。2018 年，安吉县‘白叶一号’品种规模种植面积达 17 万亩，年产量 1890t，产值达 25.31 亿元，成为安吉县农业的主导产业，创造了一个用品牌带动产业的传奇。

7.4.2　案例二：福建武夷山——生物多样性保护关键区经济绿色转型

武夷山市位于福建省西北部，福建省与江西省交界地区，东邻蒲城县，南与建阳区相连，西接光泽县，北与江西省铅山县、上饶市接壤，生物资源丰富，是珍稀特有野生动物的基因库。武夷山市坚持绿色发展理念，充分挖掘发挥武夷山生态、资源、品牌等方面优势，大力发展旅游、现代绿色农业、健康养生、文化创意等绿色产业，构建以国家级田园综合体试点、全国绿色农业产业示范基地、国家全域旅游示范区、国际医疗旅游先行区等为核心的武夷山特色现代化经济体系，积极开展生态银行创新探索，全面推动武夷山市绿色产业高质量发展。

1. 背景

武夷山市隶属福建省南平市，下辖 3 个镇、4 个乡、3 个街道、4 个国有农茶厂、115 个行政村，土地面积 2803km^2。2019 年常住人口 24.16 万人，地区生产总值 2 071 161 万元，同比增长 7.8%。武夷山市四季分明，光照充足，雨量丰沛，属中亚热带季风性湿润气候区。

武夷山市是国家重点生态功能区，承担着涵养水源、保持水土和维护生物多样性等重要生态功能。全市除五夫镇和兴田镇外，全部位于武夷山生物多样性保护优先区域。其中，区域内的武夷山国家级自然保护区保存了地球同纬度最完整、最典型、面积最大的中亚热带原生性森林生态系统，能够为许多动植物提供“天然的避难场所”。《中国生物多样性国情研究报告》指出，武夷山地区是全国陆地 11 个具有全球意义的生物多样性保护关键区之一，而且是整个中国东南部唯一的一个关键区（陈昌笃，1999）。1987 年其被联合国教育、科学及文化组织列为“人与生物圈”世界自然保护网成员，1992 年被联合国列为全球生物多样性 A 级自然保护区，1999 年又被联合国教育、科学及文化组织列入世界文化与自然双遗产。已知植物种类 3782 种，几乎囊括了中国中亚热带所有的植被类型，有中国特有属 27 属 31 种，鹅掌楸、银杏树王、南方铁杉等 28 种珍稀濒危物种被列入《中国植物红皮书》。武夷山还是珍稀特有野生动物的基因库，已知的动物种类有 5110 种，尤以两栖类、爬行类和昆虫类分布众多而闻名，被中外生物学者称为“研究两栖、爬行动物的钥匙”“鸟的天堂”“蛇的王国”“昆虫的世界”和“世界生物之窗”（图 7-16）。

图 7-16　武夷山野生动物基因库之灰林䳭（武夷山市提供）

2. 主要做法

良好的生态环境是武夷山市最大的优势，也为其后续发展提供了强大的后劲。长期以来，武夷山市高度重视生态环境保护，始终把生态环境保护作为立市之本，坚持生态保护优先，对破坏生态环境的行为零容忍，开展生态银行实践探索，构建生态经济体系，对全国生物多样性保护和绿色发展起到了示范引领作用。

（1）强化国土空间用途管制，扩大物种生存空间

1）积极推进国家公园试点，保护生物多样性

党的十八届三中全会提出了建立国家公园体制的重点任务。武夷山国家公园是我国首批开展国家公园体制试点的 10 个区域之一，由原来的武夷山国家级自然保护区、武夷山国家级风景名胜区和九曲溪上

游保护地带组成，对于保护武夷山独有的生物多样性及自然地理和人文资源具有极为重要的意义。按照中共中央办公厅、国务院办公厅印发的《建立国家公园体制总体方案》和国家发展和改革委员会批复的《武夷山国家公园体制试点区试点实施方案》，武夷山市完成试点任务 8 项，有序推进实施 4 项。同时，为保护国家公园自然生态系统原真性和完整性，将武夷山国家公园划分为核心保护区和一般控制区 2 个管控区，特别保护区、严格保护区、生态修复区和传统利用区 4 个功能区，对国家公园实施差别化管理。

2）划定生态保护红线，严格国土空间管控

武夷山市高度重视生态保护红线划定对于武夷山市全局和长远发展的重要意义，建立了生态保护红线划定工作联席会议制度，市长任组长，市政府及各部门主要领导参与，保证生态保护红线划定工作顺利完成。共划定生态保护红线 1302.46km^2，占国土面积 46.43%，为全省第一，自然生态空间用途管控工作成为全国典型经验。

3）持续开展茶山整治行动

武夷山茶叶具有较高的市场知名度，种植茶叶可以获得较高的经济收益。因此，破坏山体自然生态系统，违规开垦茶山的现象时有发生。为了保护好武夷山自然系统的原真性和完整性，减少农业种植带来的面源污染和水土流失，武夷山市自 2008 年以来坚持重拳整治违规茶山不手软，持续保持高压态势。2013 年开始全面禁止新开垦茶山，开展集中整治违法开垦茶山行动。截至 2018 年 11 月，全市共完成拔除整治违规违法茶山 28 234 亩，完成复绿造林 13 394 亩，已插责任牌 402 块。

4）探索生态林保护机制

武夷山市在全国率先建立县级生态公益林，由市本级财政参照省级以上生态公益林标准予以补偿。截至目前，建立县级生态公益林 20.2 万亩，生态公益林比例在全国县级市中排名第一。开展重点生态区位商品林赎买改革试点项目，实施国家储备林质量精准提升工程，持续在全市进行商品林赎买工作。目前已累计完成商品林赎买 95 360 亩，租赁 350 亩，生态补偿 4607 亩，集约人工林栽培 4411 亩，林改培 2.26 万亩，资金拨付 4.19 亿元。2018 年投资 2.64 亿元完成林改培 1.48 万亩，商品林赎买林权面积 4.04 万亩。新增植树造林 1.38 万亩，完成林业有害生物防治 8.45 万亩，获得“福建省森林城市”称号。

（2）开展生态银行试点，加强生物多样性对经济发展的支撑

“生态银行”是借鉴银行“分散化输入、集中式输出”的运营模式，通过搭建运营平台，对碎片化、分散化的生态资源进行管理、整合、转换、提升、市场化和可持续运营，实现生态资源向生态资产、生态资本转变，以及生态资源的优化配置和高效利用，实现综合效益提升。2017 年，福建省南平市出台了《南平市“生态银行”试点实施方案》，武夷山市五夫镇被选为试点，积极开展了“生态银行”创新探索。

1）开展生态系统服务价值核算和自然资源确权工作，为生态资源的收储和流转奠定基础

2016 年 12 月按照《国家生态文明试验区（福建）实施方案》要求，武夷山市率先开展了生态系统价值核算试点。从生物多样性物种保育服务、文化服务、气候调节服务、供给服务、环境质量调节服务、流动调节服务、养分调节服务 7 个方面构建了包含 9 个一级指标、18 个二级指标的核算指标体系，并利用遥感影像、实地调查、资料收集、问卷调查等方法收集数据，重点对森林、湿地、农田等生态系统服务价值进行核算。2018 年 10 月 28 日，项目通过专家评审验收。通过试点，武夷山市把原本分散在林业、水利等市级各部门的 16 万多条生态数据整合到一起，形成一张图、一套数，不仅算出了自然资源的实物价值，还算出了生态系统的服务价值，为整合区域生态资源、实现生态产品价值提供了依据。同时，对五夫镇内包括文化、文物、古街、古村落、山、水、林、田、湖、茶及集体土地等资源开展了精细化的自然资源摸底调查和确权工作，为推动优质文化、生态资源对接市场需求和市场主体提供了基础条件。

2）搭建运营平台，推进全类型资源开发

武夷山市通过构建“专委会+政府+平台公司+市场主体+村集体+农户”六位一体的运作体系，将五夫镇“生态银行”打造为一个生态资源可持续运营的市场化平台。武夷山市五夫镇通过朱子生态农业公司、

朱子文化旅游开发有限公司两个运作平台，围绕山、水、林、田、湖、古民居等资源，进行了全类型资源开发。策划实施的万亩荷塘、葡萄园、朱子文化园等一批示范项目，进一步释放了资源优势，逐步形成了当地村民群众生产、生活、生态同步发展的体系。

3）激发干部活力

“生态银行”模式的成功，与县市、乡镇以及村集体各级领导干部的积极协作和探索创新密不可分。武夷山市在选人用人方面积极向一线、基层倾斜，把基层干部的考察组下派到工作第一线，让重点一线有作为的干部脱颖而出；出台了《南平市党员干部容错纠错实施办法（试行）》，以问责问效划明底线，宽容“探索性失误”，给改革创新者“撑腰鼓劲”。武夷山市出台的《关于进一步健全完善村干部队伍激励保障机制的实施意见》，设立村干部业绩考核奖励，完善村干部激励机制，为“生态银行”模式打通“最后一千米”。

（3）依托生物资源优势，构建生态经济体系

武夷山丰富的生物多样性、优美的生态环境以及“世界文化与自然双遗产”的称号是武夷山市的一张“王牌”，为武夷山市打造品牌优势提供了强大的支持。武夷山国家重点风景名胜区的品牌强度和品牌价值在全国数一数二；武夷岩茶品牌价值继续雄踞全国茶叶类第二位；武夷山市旅游品牌价值在全国名列前茅，获得“十佳魅力城市”殊荣。品牌优势为武夷山市构建生态经济体系奠定了基础。

1）构建生态农业体系

积极推动一二三产融合发展，积极培育壮大茶叶、白鹅、蔬菜、白莲、大米等特色产业，初步形成“农业+旅游”“农业+生态”“农业+文化”的现代农业发展格局。全力推进五夫国家级田园综合体、国家农村产业融合发展示范园、省级农民创业园项目建设，锦秀园白鹅养殖及生产加工基地、五夫国家级田园综合体、道地中草药种植研究观光基地等一批融合武夷山市不同特色的绿色产业重点支撑项目相继建设投产，成为“十县百镇千村”信息化示范项目试点县（市）。深入开展“质量兴茶、绿色发展”行动，重点启动“2018 年茶园有机肥替代化肥示范县”项目，全面推行生态茶园农药化肥零增长减量化行动，在全省率先启动“无化学农药无化肥”茶园示范项目。

2）打造旅游休闲产业

认真做好“旅游+”文章，大力发展旅游+茶叶、+文化、+赛事、+节事、+会议会展、+研学，打造独具武夷山市特色的旅游品牌。做好体验游文章，推出红色之旅、生态之旅、研学之旅、工业观光之旅、山水体验之旅等一批特色精品旅游线路；做好夜游文章，整合茶博园、印象大红袍、酒吧一条街、云河夜游、武夷水秀等沿崇阳溪的夜间休闲旅游资源，打造度假区滨溪夜间休闲旅游带；做好低碳游文章，全面推进低碳旅游示范区项目建设，在全国率先启动首个低碳旅游项目“自在武夷•翼支付城”建设，为生态文明建设和低碳旅游作出示范。全面扶持康养产业，持续建设“三养”基地、健身气功养生基地等，积极创建“百佳深呼吸小城”“国际医疗旅游先行区”等品牌，引进东方养心谷、神农谷养生园、福建中医药大学附属康复养老中心、朱子养生文博园等项目落户武夷山市。设立中国健身气功协会武夷山国际养生基地，打响健身气功养生圣地品牌。挖掘彭祖养生文化，开发推广彭祖四季养生宴，打造彭祖导引养生旅游、健身气功养生旅游专属线路，推动康养产业发展。

3. 进展成效

经过多年的努力，武夷山市生物多样性保护与绿色发展取得了显著成效。首先，武夷山市生物多样性得到了很好的保护。严格的保护措施、生态银行的试点和生态产业的探索，减少了经济社会发展对生态环境的干扰与破坏。通过试点国家公园，并实行跨区域联合管理和差别化管理，形成了共商、共管、共建、共享的生态保护管理新模式。其次，区内自然生态系统原真性和完整性得到有效保护。原生性森林植被和垂直带谱保存完整，生态系统和生物多样性保持良好，自然植被覆盖率达 94.92%，野生动植物种群数量增加，发现广义角蟾属新种雨神角蟾、天麻属新种福建天麻。武夷山国家公园主要部分成为生物多样性保护示范区域和生态系统修复、生态价值实现和生态教育展示样板区域，吸引了大批国内外相关高校和科研机构的学者、研究生、本科生前来开展科研教学实习，并与南京林业大学建立了长期合作关系，双方合作完成国家级和省部级科研项目近 10 项。2016 年武夷山市成为全国首批生态文明试验区（福建）核心区，2018 年成功入选国家生态文明建设示范市县（图 7-17）。

图 7-17　武夷山的绿水青山（武夷山市提供）

利用良好的生态环境创造出品牌优势，武夷山市绿色发展成绩斐然。武夷山市生态产业体系初步建立，茶叶和旅游成为两大主导产业，以此为基础探索的农业+旅游、农业+生态、农业+文化、旅游+文化等产业也得到了较好的发展。2018 年干毛茶总产量 1.92 万 t，茶叶产值 21.12 亿元。“武夷山大红袍”2015～2017 年连续三年荣获区域品牌价值十强，荣获“中国十大茶叶区域公用品牌”称号，名列中欧地理标志产品互认互保“100+100”产品清单。“武夷岩茶”获评品牌强度 937，品牌价值 693.1 亿元，品牌价值继续雄踞全国茶叶类第二位。武夷山市荣获“中国茶旅融合竞争力全国十强县（市）”“2018 年中国茶业百强县（市）”称号。同时，武夷山市旅游业发展迈上新台阶，被评为首批中国优秀旅游城市、全国旅游标准化示范城市等，成为首批国家重点风景名胜区、首批国家旅游度假区、首批国家重点自然保护区、全国重点文物保护单位、全国首批 5A 级风景旅游区、全国十大文明风景旅游区等；先后被评为国家生态旅游示范区、全国森林旅游示范县、国家生态文明建设示范市（县），被列入国家智慧旅游、国家公园体制试点城市、国家全域旅游示范区等。2019 年共接待旅游总人数 1625.66 万人次，同比增长 7.3%，旅游总收入 359.11 亿元，同比增长 16.5%。

此外，“生态银行”探索取得明显成效，并被列入中宣部 2019 年宣传重点。试点以来，五夫镇融合了国家级田园综合体、国家现代农业园区、水美乡村（中小流域治理）等一批平台项目，进行资源开发整理。五夫镇全域资源价值得到全面显著提升，镇区新农村宅基地由 2018 年均价 2500 元/m^2 增值至目前 3600 元/m^2；古街内古民居价格也从 375 元/m^2 增值为第三方评估的 2100 元/m^2。生态银行也吸引了大量的社会资本投资，五夫镇已与绿地集团、贵澳集团、神玉集团、国开基金等大型企业接洽，初步达成投资意向；“籍溪草堂”“诸子窑陶艺馆”“舍仓民宿”“朱子佳酒”“熹柳镇农特产品馆”“武星农业”等文旅、农旅项目先后落地五夫镇。此外，生态银行试点也让五夫镇当地农民收入明显提升，茶叶、白莲、笋干、香菇、板栗等土特产品，通过网络搭台销往全国各地。

第 8 章　生物多样性保护与绿色发展战略对策

生物多样性保护关系到经济发展、大众健康及未来的人类福祉，是实现“联合国千年发展目标”不可或缺的内容。加强生物多样性保护，是生态文明建设的重要内容，也是推动绿色发展的重要抓手。近年来，尽管各级政府和相关部门分别在不同区域与领域采取了积极的生物多样性保护措施，但是气候变化、环境污染、生物资源过度利用等诸多因素依然严重威胁物种的生存，中国生态系统质量仍然较低，生态系统保护与经济发展矛盾较为突出，生态供给能力与社会需求仍存在较大差距，生物多样性下降的总体趋势尚未得到有效遏制。为加强生物多样性保护和绿色发展，应健全生物多样性保护的法律法规，加快以国家公园为主体的保护地体系建设，开展生物多样性基础调查，推动完善物种种质资源库建设，促进公众参与生物多样性保护，加强生物多样性保护国际合作，完善生物多样性监测预警体系，持续探索并推行生物资源可持续利用模式。

8.1　生物多样性保护与绿色发展的主要问题

生物多样性和每一个人的生产、生活都有密切联系。尽管中国采取了多种措施保护生物多样性，并坚持绿色发展的基本理念，但仍存在生物多样性下降趋势未得到遏制、生境栖息地遭到挤占破坏、外来物种入侵风险较大、生物多样性保护与管理制度政策有待完善、生物多样性保护任务落实还有待推进、生物资源粗放利用等问题。

8.1.1　生物多样性下降趋势仍然未得到遏制

1. 自然生态系统退化

近年来，我国正在不断“变绿”，NASA 数据显示我国 2000～2017 年新增绿叶面积达 135.1 万 km^2，占全球绿叶净增长面积的 25%，并且其中 42%来自植树造林工程（Chen et al.，2019），第九次全国森林资源清查成果也显示，我国森林覆盖率已由 20 世纪 70 年代初的 12.70%提高到 22.96%。尽管形势向好，但我国天然林面积比例仍然较低，仅占森林面积的 63.7%，森林生态系统的结构简单，抗病虫害能力弱，残次林多，破碎化程度较高，中幼龄林面积高达 64%，森林退化情况不容乐观。

草原生态系统的退化形势则更为严峻，根据学者研究，过去几十年我国干旱半干旱地区均出现不同程度的草地退化，如藏北地区（曹旭娟等，2016）、三江源地区（刘纪远等，2008）、新疆伊犁河谷（闫俊杰等，2018）等，具体表现为植被覆盖度降低、生物量减少或者毒草比例上升。

此外，在经济发展的推动下，征占湿地的现象屡禁不止，在面积下降的同时，由于工业和农业污染、湿地斑块破碎化、干旱缺水、过度养殖和放牧等，湿地的生物多样性服务功能不断退化。《2019 年中国海洋生态环境状况公报》显示，监测的河口、海湾、滩涂湿地、珊瑚礁、红树林和海草床等海洋生态系统处于健康、亚健康和不健康状态的分别占 16.7%、77.8%和 5.5%，退化状况同样显著。

2. 部分物种濒危程度加剧

联合国生物多样性和生态系统服务政府间科学-政策平台（IPBES）2019 年 5 月发布的《生物多样性和生态系统服务全球评估报告》显示，全球物种种群正在减少，物种正在以前所未有的速度灭绝，至少比过去 1000 万年的平均值高出数千倍，如果人类继续这样无节制地发展，未来几十年里又将会有 100 万个物种灭绝。在《美国国家科学院院刊》的文章中，有研究者表示：第六次大灭绝已经出现了，采取有效行动的时间已所剩不多，最多可能只有 20～30 年（Ceballos et al.，2017）。2019 年 3 月，联合国发布的第六期《全国环境展望》报告指出，42%的陆地无脊椎动物、34%的淡水无脊椎动物和 25%的海洋无脊椎动物被认为濒临灭绝。

2020 年 3 月我国国家林业和草原局表示，通过系统实施濒危物种拯救工程，60 多种珍稀濒危野生动物人工繁殖成功，部分濒危野生动植物持续下降的态势已得到扭转，种群数量总体稳中有增。其中，大熊猫的受威胁等级从“濒危”降为“易危”，野生大熊猫种群数量从 20 世纪 80 年代的 1114 只升至 1864 只；亚洲象种群数量从 180 头增加到近 300 头；藏羚羊保护等级已从“濒危”降为“近危”，种群数量由不足 7.5 万头增至 30 万头以上；朱鹮由最初仅剩的 7 只增加到野外种群和人工繁育种群总数超过 4000 只。此外，约有 65%的国家重点保护野生植物和极小种群野生植物得到保护，通过对德保苏铁、华盖木、百山祖冷杉、天台鹅耳枥、普陀鹅耳枥等近百种极小种群野生植物实施抢救性保护，部分濒危物种种群数量逐步恢复。

尽管形势向好，但据《世界自然保护联盟濒危物种红色名录》（以下简称《IUCN 红色名录》）统计，中国仍有 535 种动物和 631 种植物处于“极危”“濒危”和“易危”状态。根据《2019 中国生态环境状况公报》，全国 34 450 种已知高等植物中受威胁的有 3767 种，近危等级的有 2723 种，缺乏等级数据的有 3612 种；4357 种已知脊椎动物（除海洋鱼类）中受威胁的有 932 种，近危等级的有 598 种，缺乏等级数据的有 941 种；9302 种已知大型真菌中受威胁的有 97 种，近危等级的有 101 种，缺乏等级数据的高达 6340 种。

此外，存在部分物种濒危程度加剧的现象。2009 年进行中国陆生脊椎动物濒危状况调查发现，国家二级保护动物中有 81 种濒危等级上升。2004～2017 年，黄胸鹀在《IUCN 红色名录》评级中经历了从“无危”到“极危”的“五级跳”。类似的，中华穿山甲（尹峰等，2016）、绿孔雀（孔德军和杨晓君，2017）等近年来受到非法盗猎、栖息地退化等外界因素与自身种质因素的影响，数量大幅下降。据统计，我国脊椎动物的濒危程度要高于全球平均水平，两栖动物的濒危比例更是达到 42%。

3. 部分遗传资源流失

遗传多样性是生物技术研究的重要物质基础和战略资源，对于未来生物产业的绿色发展和国际上基因知识产权的竞争以及促进遗传资源获取与惠益分享等具有非常重要的战略意义。我国遗传资源十分丰富，基因类型繁多，7000 多年的农业开垦史给中国留下了丰富的种质资源，使得中国成为世界上农作物和家养动物品种与类群最丰富的国家之一，有栽培作物 528 类 1339 个栽培种，水稻品种 5000 种，大豆品种 20 000 种，经济树种达 1000 种以上，药用生物资源 12 807 种，原产观赏植物种类 7939 种，家养动物 948 个品种，约 2 万种水产生物资源，共保存 350 多种农作物种质资源 51 万份。2015 年已启动第三次全国农作物种质资源普查与收集行动，截至 2019 年，我国已建立了 199 个国家级畜禽遗传资源保种场、保护区、基因库，458 个省级保种场（区）；认定了 52 个杂交水稻、杂交玉米制种大县和 100 个国家区域性良繁基地。

然而，随着定向选育的快速发展，遗传基础越来越窄。目前地方栽培植物和驯化动物种类与品种正在消失，某些具有优良特性但产量水平低下的品种逐渐退出生产。例如，西方蜜蜂在全世界传播，由于个体大、适应性强、产蜜量高而被大量饲养，相应的，我国本土蜂种中华蜜蜂的分布范围则减少了 75%。同时，在政府的大力倡导和政策引导下，一些过去家家户户少量种植的小宗作物逐渐被大宗作物所取代，农作物品种、人工林品种、畜禽品种等单一化现象日益突出，更是加重了遗传侵蚀。全国第二次畜禽遗传资源调查结果显示，近 300 个地方畜禽品种数量下降，15 个地方畜禽品种已灭绝，22 个濒临灭绝，55 个处于濒危状态。遗传多样性的丧失大大破坏了农业系统对害虫、病原体和气候变化等威胁的抵御力，甚至对粮食安全构成一定威胁。

此外，不同畜禽品种在药物等科学试验中有特殊价值，如海南五指山猪有着突出的高度近交不退化的特点，并且有数十项生理指标与人类数值近似，是实验动物的理想选择。还有很多地方畜禽品种和民族、地方文化风俗有着密切关系，如青藏高原的藏猪、牦牛，以及东北鄂伦春族的鄂伦春马，无一不是其民族特性的重要组成部分。这些遗传资源如果流失，对科研、教育、文化等也是沉重的打击。

与此同时，我国还有 15%～20%的作物遗传资源尚待收集，林木资源中部分树种仅有模式标本或几十年前采集的少量标本，特别是西部，由于交通不便和技术力量薄弱，还有相当一部分遗传资源未能收集。另外，随着国内外交流日益增强，各类遗传资源被有意或者无意带出国境，但相关传统知识的产权保护及惠益分享制度还没有形成，造成遗传资源流失严重。除了保护以外，国外引种交换工作也有待加强。目前，我国外引资源数量仅占保存总量的 18%，美国这个比例高达 80%，过去 10 年我国作物遗传资源总量仅增加 9%，同时期美国资源总量增加 24%（高吉喜等，2018）。

8.1.2 生境栖息地遭到挤占破坏

1. 生境栖息地被挤占

为了减缓物种灭绝和生物多样性丧失的速率，人们选择建立保护地，这种就地保护的模式也成为公认的相对有效的生物多样性保护方式（Pouzols et al.，2014）。然而根据 2019 年 IPBES 报告显示，保护地的任务和形势依然严峻，栖息地的破坏是目前全球物种灭绝的头号原因。随着城镇化、工业化加速发展，人类活动干扰加剧，物种生境受到严重威胁，但就地保护能力建设严重不足，动植物栖息地大量丧失和碎片化，我国有 900 多种脊椎动物、3700 多种高等植物受到威胁。目前全球约 100 万种物种濒临灭绝，其中超过 50 万种陆生生物因生存所需栖息地不足“肯定会灭绝”，许多物种如果栖息地得不到恢复，会在几十年内灭绝。

破坏物种生境主要是为了获取天然资源、扩张耕地和城市化。例如，以羊草为建群种的黑龙江大庆地区，因大量开采石油活动，羊草优势度下降，杂草入侵。2008～2012 年，内蒙古草原区平均每年煤炭增产 5000 万 t，破坏草原面积达 1000km^2 以上。因打柴和采集肉苁蓉，以梭梭为主要建群种的荒漠草原植被遭到人为破坏，荒漠草原植被逐步沙化。在草原与荒漠生态区，农牧矛盾突出，耕地增加的部分几乎均表现为对草地的侵占，在三江平原，农业开发是湿地面积减少与功能降低最主要的因素，自 20 世纪 50 年代中期以来，已有超过 3 万 km^2 的湿地变为农田（Wang et al.，2015）。在城市周边，耕地多被建设用地侵占，如在 20 世纪 90 年代的京津冀地区，新增城市用地中 74%来源于耕地（Tan et al.，2005）。除此以外，铁路、高速公路和草原围栏等基础设施导致野生动物生境面积减少或破碎化，限制了野生动物的活动、觅食和迁徙，还可能会导致种群间的遗传隔离。

自然保护区作为珍稀濒危野生动植物物种的天然集中分布区，应更加重视其保护工作，截至 2019 年底，全国共建立以国家公园为主体的各级、各类保护地逾 1.18 万个，各类自然保护地面积超过 172.8 万 km^2，保护面积占全国陆域国土面积的 18.0%、管辖海域面积的 4.1%，提前实现“爱知目标”提出的到 2020 年达到 17%的目标。各类生态保护区域（存在交叉重叠）的总面积已经超过全国陆域国土面积的 50%（杨锐和曹越，2018），在保护生物多样性、保存自然遗产、改善生态环境质量和维护国家生态安全方面发挥了重要作用。

然而，近年来接连发生了甘肃祁连山生态破坏、新疆卡拉麦里保护区“缩水”给矿山让路、陕西秦岭违建别墅等事件，给当地生物多样性带来极大威胁。数据显示，2019 年上半年和下半年，国家级自然保护区分别新增或规模扩大人类活动 1019 处和 2785 处，总面积分别为 8.98km^2 和 6.42km^2。

2. 生境栖息地被污染

近年来我国一再强调打好污染防治攻坚战，2019 年全国生态环境质量总体改善，环境空气质量改善成果进一步巩固，水环境质量持续改善，海洋环境状况稳中向好，土壤环境风险得到基本管控。2015～2019 年，我国化肥和农药使用量分别下降了 10.3%和 15.7%。

尽管生态环境质量逐渐开始好转，但 2019 年我国仍有 25.1%的监测断面未达到地表水三类水标准，入海断面中更是有 54.1%未达到三类水标准。2014 年的《全国土壤污染状况调查公报》显示，全国土壤总的点位超标率为 16.1%，耕地、林地、草地土壤点位超标率分别为 19.4%、10.0%、10.4%。农药、杀虫剂、化肥、煤炭、石油的广泛使用，产生了大量有毒物质，严重污染了大气、土壤和水体，对生物多样性及物种栖息地造成严重影响。例如，滇池蝾螈曾分布于云南等地，多生活于滇池周围，1956 年随着滇池周围人口剧增，工业废水和生活污水未加处理向滇池排放，其溶解氧、透明度降低，水质被破坏，1970 年“围湖造田”致使其栖息地进一步被破坏，最终滇池蝾螈于 1979 年宣布灭绝。

8.1.3　外来物种入侵风险仍然较大

据研究，所有外来物种中大约有 10%的物种可以在新的生态系统中自行繁殖，在这些能够自行繁殖的外来物种中，又有 10%能够造成生物灾害而成为外来入侵物种。外来入侵物种对生态系统的破坏和对生物多样性的威胁是长期的、持久的，由于外来入侵物种的排斥和竞争，许多本土物种种群数量下降甚至灭绝。

2019 年，全国已发现 660 多种外来入侵物种。其中，71 种对自然生态系统已造成或具有潜在威胁并被列入《中国外来入侵物种名单》。67 个国家级自然保护区外来入侵物种调查结果表明，215 种外来入侵物种已入侵国家级自然保护区，其中 48 种外来入侵物种被列入《中国外来入侵物种名单》。农田生态系统由于物种单一，抗风险能力弱，受到物种入侵影响较为严重。目前，生态环境部已联合中国科学院发布了 4 批外来入侵物种名单，并发布了《外来物种环境风险评估技术导则》，重点开展国家级自然保护区外来入侵物种调查工作。

8.1.4　生物多样性保护与管理制度政策有待完善

目前，我国政府已发布了一系列生物多样性保护相关法律，主要包括《中华人民共和国环境保护法》《中华人民共和国草原法》《中华人民共和国森林法》《中华人民共和国野生动物保护法》《中华人民共和国畜牧法》《中华人民共和国种子法》以及《中华人民共和国进出境动植物检疫法》等；颁布了一系列行政法规，包括《中华人民共和国自然保护区条例》《中华人民共和国野生植物保护条例》《农业转基因生物安全管理条例》《中华人民共和国濒危野生动植物进出口管理条例》和《野生药材资源保护管理条例》等；相关行业主管部门和部分省级政府也制定了相应的规章、地方法规与标准规范，但仍存在一些问题。

1. 缺少综合性生物多样性保护法律

目前，生物多样性保护相关规定分散在《中华人民共和国环境保护法》《中华人民共和国草原法》《中华人民共和国森林法》《中华人民共和国野生动物保护法》等一些相关法律中，很多规定是原则性的，缺乏能够使具体措施落实的条例或者管理办法。为了加强生物多样性保护的系统性、科学性和规范性，国家有必要制定生物多样性保护的专门法律。近年来，陆续有很多全国人大代表、政协委员积极呼吁在生物多样性保护领域单独立法，特别是在《中华人民共和国生物安全法》立法过程中，全国人大代表也提出了相同的建议。

2. 在野生动植物保护监督上缺少法律依据

按照“三定”职责的规定，生态环境部承担“监督野生动植物保护”的职责，但是目前《中华人民共和国野生动物保护法》《中华人民共和国自然保护区条例》等相关法律法规中并没有给出相关的规定，且由相关部门制定的《生态环境保护综合行政执法事项目录》没有规定生态环境主管部门具有野生动物保护执法职责。生态环境部作为监督部门缺少监管和执法的法律依据，无法有效履职。

3. 生物遗传资源获取和惠益分享管理上还存在立法空白

生物遗传资源获取和惠益分享既是履行《生物多样性公约》的现实要求，也是我国对生物遗传资源实施监管的重要内容。现有法律法规主要管制国家重点保护物种，而微生物遗传资源、遗传资源衍生物和相关传统知识管理，特别是生物遗传资源惠益分享、专利保护以及出境管理等环节监管缺失。2015 年，环境保护部开始推动《生物遗传资源获取与惠益分享管理条例》的立法进程，由于缺少上位法依据且涉及职责部门多，各部门意见协调统一难度大，目前整体立法进程相对缓慢。

4. 外来入侵物种管理缺少专门的法律法规

现有法律对外来入侵物种的规定大多只是原则性的，需要一部专门的外来入侵物种管理方面的法规进行细化和落实。正在制定的《中华人民共和国生物安全法》已对外来入侵物种的管理做出了一些明确规定，也为推进外来入侵物种管理相关法规的制定提供了上位法依据。

8.1.5 生物多样性保护任务落实还有待推进

近年来，中国政府积极贯彻实施《中国生物多样性保护战略与行动计划》（2011-2030 年），通过逐步完善生物多样性保护体制机制、加强就地保护和迁地保护、实施退化生态系统修复、强化执法检查和责任追究、加强科学研究和人才培养、推动公众参与、深化国际合作等政策措施，较好完成了规定的目标和任务，然而在提高外来入侵物种早期预警监测与应急能力、建立健全生物多样性保护和管理机构、加强人工种群野化与野生种群恢复、减少环境污染对生物多样性的影响、开展生物物种资源和生态系统本底调查、开展生物遗传资源和相关传统知识调查编目、建立生物遗传资源及相关传统知识保护、获取和惠益共享制度与机制、开展自然保护区规范化建设、制定生物多样性保护应对气候变化的行动计划、评估生物燃料生产对生物多样性的影响等方面进展还较为缓慢，任务落实有待推进。

8.1.6 生物资源粗放利用

生物资源粗放利用和无序开发对生物多样性的影响也十分显著。森林生态系统方面，部分地区森林采伐强度过高，森林群落类型减少，动植物种类也随之消失或被迫迁移。草原生态系统方面，由于草原主导功能定位不明确，草原资源被作为一种重要的农业生产资源连年超强度利用，且缺乏必要的补偿机制，草原生态赤字日趋加大。海洋生态系统方面，商业性捕鱼已成为海洋生物多样性最主要的威胁，随着海洋捕捞能力的增强，一些重要的经济鱼类遭到过量捕捞，利用量大大超过资源更新量，资源渐趋枯竭，近海海域的生物物种组成、丰度和均匀度等发生巨大改变。底层拖网、毒鱼或炸鱼等方式不仅给鱼类造成浩劫，也对整个生态系统产生巨大的破坏，严重影响海洋生物多样性的稳定。

8.1.7 气候变化影响不断加大

气候变化是全球生物多样性的主要威胁之一，气候的微小变化都有可能造成物种分布的显著变化，甚至导致物种灭绝。温度变化主要影响物种的生理活动和性别发育，降水变化则主要影响物种的生理活动和繁殖过程。对于许多物种而言，气候还通过物种的食物结构和栖息地环境间接影响其生存与繁育。

同时，生物多样性和气候变化之间的联系是双向的，生物多样性丧失和自然栖息地的退化也会引起气候变化（庄国泰和沈海滨，2013）。近 50 年来，由于气候变暖变湿，青藏高原及其相邻地区的冰川面积退缩，多年冻土面积减少。冰川冻土退缩不可避免地对生物多样性产生影响，部分生物（如无脊椎动物）可能无法适应栖息地变化，最终导致区域生态系统发生变化。对于生活在高寒地区的动物，如濒危物种伊犁鼠兔和柯氏鼠兔，气温变暖使其栖息地减少，不得不迁徙到海拔更高的地区，生存环境险恶和高度片段化分布导致种群繁衍困难，甚至可能导致物种灭绝。另外，对于低海拔地区动物，随着降水增多，植被扩张，其栖息地范围也随之扩大，物种可能繁殖加快。

8.2　生物多样性保护与绿色发展的战略目标

20 世纪 90 年代以来，中国政府已将生物多样性保护列为生态环境保护工作重点，在《中国 21 世纪议程》中将生物多样性保护列为重点项目。习近平总书记在党的十九大报告中强调，优化生态安全屏障体系，构建生态廊道和生物多样性保护网络，提升生态系统质量和稳定性。2019 年，韩正副总理主持召开中国生物多样性保护国家委员会会议，指出“生物多样性是人类赖以生存和发展的基础。加强生物多样性保护，是生态文明建设的重要内容，是推动高质量发展的重要抓手”。

8.2.1　国家重大战略和规划确定的战略目标

生物多样性保护目前已逐步被纳入国家各类规划和计划，《国民经济和社会发展第十三个五年规划纲要（2016-2020 年）》明确提出，加强生态保护修复，构建生态廊道和生物多样性保护网络，全面提升各类自然生态系统稳定性和生态服务功能，筑牢生态安全屏障。国家生态文明建设示范市县创建指标和美丽中国建设评估指标中均涉及生物多样性保护方面（国家重点保护野生动植物保护率、外来物种入侵情况、特有性或指示性水生物种保持率）；原环境保护部发布了《中国生物多样性保护优先区域范围》；生态环境部联合农业农村部、水利部发布了《重点流域水生生物多样性保护方案》。

另外，我国经济增长的资源环境约束逐年加剧，党和政府及时做出战略调整，提出要转变经济发展方式，走科学发展、绿色发展的道路。只有贯彻绿色发展的理念，在保护中发展，在发展中保护，才能避免重要生态系统和物种资源的丧失，从而发挥生态系统永续服务的功能和生物多样性资源持续利用的潜力，为我国未来的经济社会发展提供重要的资源储备。应该将生物多样性价值整合到经济社会发展和农业生产中，减少对自然的压力，提供基于自然的解决方案，减少生物多样性损失，并提升生态系统抵御病虫害和气候变化的能力。

与此同时，生物多样性保护和绿色发展关乎全球生态安全，与世界上每一个人都息息相关，因此除了国内的各类规划以外，国外一些组织也对中国的生物多样性保护和绿色发展提出期望（表 8-1）。

表 8-1　生物多样性保护和绿色发展的目标与战略

文件	目标与战略
《关于加快推进生态文明建设的意见》（2015 年）	到 2020 年，生物多样性丧失速度得到基本控制，全国生态系统稳定性明显增强。
《国民经济和社会发展第十三个五年规划纲要（2016-2020 年）》（2016 年）	坚持保护优先、自然恢复为主，推进自然生态系统保护与修复，构建生态廊道和生物多样性保护网络，全面提升各类自然生态系统稳定性和生态服务功能，筑牢生态安全屏障。实施生物多样性保护重大工程。强化自然保护区建设和管理，加大典型生态系统、物种、基因和景观多样性保护力度。开展生物多样性本底调查与评估，完善观测体系。科学规划和建设生物资源保护库圃，建设野生动植物人工种群保育基地和基因库。严防并治理外来物种入侵和遗传资源丧失。强化野生动植物进出口管理，严厉打击象牙等野生动植物制品非法交易。
《中国生物多样性保护战略与行动计划》（2011-2030 年）（2011 年）	到 2030 年，使生物多样性得到切实保护。各类保护区域数量和面积达到合理水平，生态系统、物种和遗传多样性得到有效保护。形成完善的生物多样性保护政策法律体系和生物资源可持续利用机制，保护生物多样性成为公众的自觉行动。

续表

文件	目标与战略
《生物多样性调查、观测和评估实施方案（2019-2023 年）》（2019 年）	到 2023 年，从生态系统、物种和遗传多样性三个层次完成全国生物多样性状况评估，构建生物多样性保护监管平台，明确威胁因素，提炼保护与监管模式，强化自然生态监管能力。重点掌握长江经济带与京津冀两个国家战略发展区的生物多样性保护优先区域，以及我国沿海重要滨海湿地的生物多样性状况与威胁因素，查明典型生态脆弱区的生态系统变化趋势；摸清 700 余个重点物种和生物遗传资源的现状与保护成效；优化观测网络，掌握哺乳动物和鸟类等指示类群动态变化；建立热点问题的应对机制，提出有影响力的政策建议，发表高水平的学术成果，培育生物多样性保护领域的创新人才，最终实现“五个一”目标，即：一套生物多样性调查、观测与评估技术标准规范与监管制度体系，一个全国生物多样性观测网络，全国生物多样性“一张图”展示平台，一个物种及生物遗传资源标本馆网络和一支生物多样性保护监管人才队伍，全面支撑生态文明建设。
《加强生物遗传资源管理国家工作方案（2014-2020 年）》（2014 年）	到 2020 年，生物遗传资源及相关传统知识保护与利用状况基本查清，生物遗传资源基础信息国家平台和相关传统知识国家数字图书馆初步建立，生物遗传资源及相关传统知识法律法规和制度体系进一步建立健全，国家监管体系基本形成。
《中国林业遗传资源保护与可持续利用行动计划（2015-2025 年）》（2015 年）	到 2025 年，初步建立起法律完备、机制健全、保护有效、管理有序、评价科学的林业遗传资源管理体系，本底清晰、结构完善、保存安全、监管规范的林业遗传资源保护体系，以及标准健全、资源共享、使用合理、惠益分享的林业遗传资源利用体系。全面提升林业遗传资源的研究、监测及保存能力，使 90%以上的珍稀、濒危树种和 80%以上的中国特有树种遗传资源得到保护；珍稀濒危野生动植物的遗传多样性保持稳定；重要资源微生物得到有效保存。基本实现资源大国向资源强国的转变，林业遗传资源得到切实保护和可持续利用。
《重点流域水生生物多样性保护方案》（2018 年）	到 2030 年，形成完善的水生生物多样性保护政策法律体系和生物资源可持续利用机制，重点流域水生生物多样性得到切实保护。
《中国落实 2030 年可持续发展议程国别方案》（2016 年）	到 2030 年，参与《联合国防治荒漠化公约》土地退化零增长目标设定的示范项目。推进荒漠化、石漠化、水土流失综合治理，预防土地沙化，不断拓展沙化土地治理范围，加强沙区生态保护和建设。全面提升山地自然生态系统稳定性和生态服务功能，筑牢生态安全屏障。建设国家林木种质资源库，形成标准化的种质资源保存体系。科学优化森林公园建设管理体系，促进森林多样性资源的分享和利用。
《阿布扎比全球物种保护行动呼吁》（世界自然保护联盟，2019 年）	开展大规模物种保护行动，以应对不断升级的生物多样性危机。世界各国政府、国际机构和私营部门应采取紧急措施，拯救那些濒临灭绝的物种，并应对导致种群减少和灭绝的主要威胁。到 2030 年前，阻止物种减少和防止人为导致的物种灭绝，并改善受威胁物种的保护状况，到 2050 年前，受威胁物种得到广泛恢复。
《地球生命力报告 2018》（世界自然基金会，2018 年）	世界自然基金会（WWF）中国总干事卢思骋表示：“2020 年的《生物多样性公约》第十五次缔约方大会将在中国举办，制定 2020 年后全球自然保护框架。中国提出了生态文明，WWF 希望中国可以发挥引领者的作用，促成一份有雄心、可执行的方案，使之成为里程碑式的大会。”

8.2.2 新时期生物多样性保护目标设定的重点研究内容

遏制生物多样性丧失、可持续地管理资源以及恢复生态系统，这些都是将在中国昆明举行的《生物多样性公约》第十五次缔约方大会（COP15）的任务。为了启动谈判，《生物多样性公约》官网（https://www.cbd.int/）于 2020 年 1 月 13 日发布了一份《2020 年后全球生物多样性框架》预稿，并于 9 月 1 日更新，其中包括 2050 年长期目标 4 个，2030 年行动目标 20 个。

下一步，应根据中国生物多样性保护存在的问题，结合 COP15 设定的目标，基于我国“十四五”期间、未来十年以及长远生态环境保护、生态文明建设、美丽中国建设的总体目标和部署安排，设定新时期各阶段的目标和战略。为此，需从以下方面开展研究。

1. 全面梳理总结我国生物多样性保护成效

从相关法规政策、调查评估、就地与迁地保护网络体系构建、外来物种入侵防控、生物多样性保护与减贫等方面，全面总结我国生物多样性保护和履约的具体做法与成效，评估存在的问题和不足。进一步凸显十八大以来，我国生态文明建设对于生物多样性保护的重大推动作用，进而明确生物多样性保护的基础、现状、挑战和未来方向。

2. 及时跟踪国际生物多样性保护目标及行动动向

搜集“2020 年后全球生物多样性框架”《欧盟 2030 生物多样性战略——自然恢复计划》等成果，跟踪国际生物多样性保护新动向。衔接 COP15 前期准备、主要议题、主要内容进展等，及时调整目标战略。

3. 研究构建我国生物多样性保护空间体系

在我国构建以国家公园为主体的自然保护地体系总体部署要求下，进一步研究构建以生物多样性保护优先区域、自然保护地体系、生态保护红线为主体的生物多样性保护空间体系，增加生物多样性保护小区、生物廊道等相关建设和保护要求。

4. 研究未来生物多样性保护优先领域和具体行动

在全面总结《中国生物多样性保护战略与行动计划》（2011-2030 年）各领域和行动进展、差距的基础上，增强现有领域和行动与未来工作的衔接，分析需要保留的优先领域和行动，进一步提出需要补充、增加的领域和行动，如增加城市生物多样性保护与发展、生物多样性绿色产业、生物资源和生态系统价值核算等优先领域，细化相关行动计划。

5. 研究生物安全、气候变化等重点全球性问题的应对策略

鉴于埃博拉病毒、新冠肺炎、非洲猪瘟等影响全球的事件，加大生物安全的应对措施研究，在优先领域及行动计划中体现动植物、微生物、外来入侵物种、生物资源进出口等生物安全方面的政策、制度、技术重点、任务安排。增加应对气候变化、降低气候变化对生物多样性负面影响方面的行动计划。

6. 研究提出生物多样性保护和治理体系

按照国家环境治理体系和治理能力现代化的要求，提出生物多样性保护和治理体系，明确体制机制、制度政策、基础设施、能力建设等方面的具体要求和举措。提出强化中国生物多样性保护国家委员会统筹协调作用的具体举措，加强生物多样性保护国家委员会对生物多样性保护工作的顶层设计和统筹领导。

8.3　生物多样性保护与绿色发展的主要对策和任务

8.3.1　持续推进生物多样性保护重大工程

生物多样性保护重大工程主要包括：开展生物多样性调查和评估，摸清家底；构建生物多样性观测网络，掌握其动态变化趋势；强化就地保护，完善生物多样性保护网络；加强迁地保护，收储国家战略资源；开展生物多样性恢复试点示范，提高生态系统服务功能；协同推动生物多样性保护与减贫，促进传统产业转型升级；加强基础能力建设，提高各级政府生物多样性保护水平。未来应结合新时期生物多样性保护目标的更新，持续开展更多工程。

8.3.2　深入开展生物多样性基础调查

开展生物多样性调查、观测是摸清生物多样性本底、掌握其动态变化趋势、识别其威胁因素、分析其保护成效的基础工作和根本途径。为全面掌握我国生物物种资源状况和受威胁情况，需持续开展全国生物物种资源调查和生物多样性调查，定期调查我国栽培植物、家畜家禽种质资源和水生生物、观赏植物、药用植物等物种资源的状况，针对重点物种和生物遗传资源，对其分布状况、濒危程度、致危因素、遗传多样性、贸易状况、就地和迁地保护（人工繁殖种群）现状等开展调查与评估；优化观测网络，开展哺乳动物和鸟类指示类群的观测与评估。通过调查基本摸清生物多样性本底，通过观测掌握生物多样性状况及其变化趋势，通过评估明确生物多样性变化原因，全面提升我国生物多样性保护水平和管理决策能力。

1. 需要继续开展生物多样性本底综合调查

针对重点地区和重点物种类型开展资源调查，开展河流湿地水生生物资源本底及多样性调查，建立国家和地方物种本底资源编目数据库，定期组织全国野生动植物资源调查，建立资源档案和编目，并建设国家生物多样性信息管理系统。采用地理信息系统、大数据融合分析、物种分布模型、情景模拟分析模型等技术方法，综合分析重点区域和重点物种的调查、观测数据，评估生物多样性的现状、威胁因素及保护状况。加大对生物资源调查中物种发现等工作的支持，丰富物种的编目，将生物多样性信息管理系统建立在扎实的科学数据基础上。在有条件的地区，开展生物多样性动态变化研究，了解其受自然或人类活动干扰后的恢复过程，为生物多样性保护与修复措施制定提供理论依据。

2. 开展生物遗传资源和相关传统知识调查编目

以边远地区和少数民族地区为重点，开展地方农作物和畜禽品种资源及野生食用、药用动植物与菌种资源的调查、收集整理，并存入国家种质资源库。重点调查重要林木、野生花卉、药用生物和水生生物等种质资源，进行资源收集保存、编目和数据库建设。调查少数民族地区与生物遗传资源相关的传统知识、创新和实践，建立数据库，开展惠益共享的研究与示范。

3. 开展生物多样性监测和预警

建立生态系统和物种资源的监测标准体系，推进生物多样性监测工作的标准化和规范化。加大生态系统和不同生物类群现代化监测设备、设施的研制与建设力度。依托现有的生态系统和生物多样性监测力量，如目前最主要的中国森林生物多样性监测网络（CForBio），构建各类生态系统生物多样性监测网络体系，开展系统性监测，实现数据共享，建立服务于国家和地方的可随时更新动态的生物多样性保护监管平台（Feng et al.，2016）。开发生物多样性预测预警模型，建立预警技术体系和应急响应机制。开展生物多样性调查方法的创新研究，充分利用分子测序、红外相机、卫星遥感、无人机遥测等技术手段，提高生物多样性监测的信息化水平，从局地、景观、区域、全球等一系列尺度提供直接反映生物多样性组成及其变化与受威胁程度的定性和定量精确描述（郭庆华和刘瑾，2018）。

4. 开展生物多样性综合评估

开发生态系统服务功能、物种资源经济价值评估体系，开展生物多样性经济价值评估的试点示范。对全国重要生态系统和生物类群的分布格局、变化趋势、保护现状及存在问题进行评估，定期发布综合评估报告。建立健全濒危物种评估机制，定期发布《中国生物多样性红色名录》。

8.3.3 加快国家公园保护地体系建设

国家公园保护地体系建设的重点任务首先是确定现有保护地的位置和范围是否合理，并及时进行调整。很多保护地在成立的时候，并没有进行科学合理的规划，导致很多没有保护意义的地区被囊括进来。经初步统计，仅国家级自然保护区核心区内就有城市建成区 2 个，建制乡镇建成区 72 个，人口约 40 万人，耕地 17.9 万 hm^2，其中永久基本农田 8.3 万 hm^2。国家级自然保护区内有探矿权 1855 个，重叠面积约 69 107km^2；采矿权 782 个，重叠面积 2421km^2；矿产资源开发与自然保护区管理冲突明显。与此同时，一些重要的自然生态系统、自然遗迹、野生动物重要栖息地、珍稀濒危野生动植物原生地尚未被纳入自然保护区，特别是海洋生态系统保护和水生生物保护不足，海洋类型自然保护地内的海洋保护面积占我国管辖海域面积的 4%左右，与保护目标仍有明显差距。

其次需要根据不同地区的情况确定如何扩大保护地的面积。对于人口稠密区，可通过城郊公园、保护小区等方式连接破碎化的栖息地，优化空间布局，提高保护地的连通性和整体保护能力。对于长期受到人类影响的地区，需利用不同地区社区与自然的关系，推进资源的可持续利用和新型保护地模式，在已有基础上扩大保护地面积。

生态廊道是保障自然保护区物种流通、维护区域生态安全格局的重要基础，构建连接破碎化生境并适宜生物生活、移动或迁移的生态廊道刻不容缓。我国生物多样性保护重大工程中，已经将生态廊道建设列入计划，应尽快启动，并进行顶层规划设计，选择一些濒危性高的物种尽快开展生态廊道工程建设的试点，利用边境自然生态系统保护良好的交界区域，建设大型跨境生态廊道，加强跨境生物多样性保护，维护跨境生态安全。率先开展云南、东北边境一带跨境保护区生态廊道建设，如中、老、缅、越亚洲象生态廊道，中、帕米尔高原生态廊道，中、俄、朝长白山、张广才岭和完达山区域东北虎与远东豹保护生态廊道，中、俄、蒙呼伦湖有蹄类动物生态廊道等。

自然保护小区具有一些自然保护区不具备的优势和特征，包括占地面积小、设置程序简单、建设快速简洁、管理灵活便捷、保护对象针对性强、社区可实现自我管理、可提升公众保护知识和意识等优点，因此成为弥补自然保护区不足的有效措施。中国的自然保护小区一般是由政府批准划定的小块区域，普遍面积较小，但不同保护小区之间的面积差距较大，从小于 $1hm^2$ 到大于 $2000hm^2$ 不等。自然保护小区一般都有稳定的边界、明确的保护对象和负责管理的责任方。中国目前的自然保护小区一般由县或县以下行政机关设定，但也有由村民自发建立并管理的，或者是由于历史文化或传统习俗等因素自发形成的小型保护区。随着数量和面积的快速增加，其对自然保护区的辅助作用越来越明显，在生物多样性保护中的地位和作用也会越来越高。这种情况下，各级政府应建立相应的保障体系，包括法律法规和政策以及补偿措施等，同时加强技术支持，推动自然保护小区的稳步发展。

在确定保护地范围的基础上，需要建立自然保护地监管体系。目前，部分保护区保护成效低，偷猎现象时有发生。例如，在云南多个保护区内拍摄到居民持枪偷猎、安放铁夹和设置石板陷阱等违法活动。一些自然保护地位置偏远、人烟稀少，内部缺少社会监督，部分保护地的管理机构和社区人员存在“监守自盗”现象。例如，2013 年云南省哀牢山国家级自然保护区管理局局长以及管护员、护林员等无证毁林修路修房；2014 年广东省平远龙文-黄田省级自然保护区内管护员伙同他人员非法砍伐国家二级保护植物闽楠进行贩卖等。迫切需要加强执法检查，严厉打击乱捕滥猎野生动物行为，严肃查处破坏野生动植物资源案件，定期评估保护地实施效果，开展生物多样性恢复示范区和保护示范区建设，吸纳社会力量参与监督管理。

8.3.4　健全生物多样性保护与惠益分享法规制度

未来我国需要全面梳理现有法律法规、标准中有关生物多样性保护与绿色发展的内容，调整不同法律、法规之间的冲突和不一致的内容，提高法律、法规的系统性和协调性。在修订完善现有法律、法规、标准的基础上，进一步强化保护地生物多样性监管，加强生物多样性监管基础能力建设，严厉打击盗采盗猎行为，加强国家和地方有关生物多样性法律、法规的执法体系建设。加快生物多样性监测与影响评估、重点物种保护成效评估等标准规范的制修订。积极开展生物多样性保护与减贫示范，制定促进自然保护区周边社区环境友好产业发展的相关政策。加快生物安全、生物遗传资源获取与惠益分享管理等方面的立法进程，修改完善《生物遗传资源获取与惠益分享管理条例》，进一步规范生物遗传资源获取与惠益分享活动。抓紧起草生物物种资源保护法律法规，加强生物多样性知识产权保护，规范生物物种资源的保护、采集、收集、研究、开发、贸易、交换、进出口、出入境等活动，严格控制直接商品化利用野生资源，加强全面禁食野生动物、防范外来物种入侵的立法工作，研究修订《农业转基因生物安全管理条例》，研究出台生物资源保护与可持续利用的激励政策。同时，积极编制《中国生物多样性白皮书》和《中国生物多样性红色名录》，评估全国生物多样性状况，构建生物多样性保护监管平台，明确威胁因素，提炼保护与监管模式，制定保护策略和政策建议。

8.3.5 促进公众参与生物多样性保护

生物多样性与人们的生活息息相关，保护生物多样性不能仅仅依靠政府和专家的努力，公众参与是保护政策顺利实施的重要前提，必须通过多种形式普及生物多样性保护知识，让更多的人认识到生物多样性保护的重要意义，并积极参与到生物多样性保护中来。6 月 5 日是世界环境日，2020 年中国确定的主题是“美丽中国，我是行动者”，号召公众共同保护生态环境，为建设美丽中国贡献力量。

下一步应充分调动志愿者参与生物多样性保护，充分发挥民间公益性组织和慈善机构的作用，推动企业和公众参与生物多样性保护。加快构建和完善包括家庭、学校、社会等在内的全方位生物多样性保护教育体系，并通过广播、电视、报纸、杂志、微博、微信公众号等各类新闻媒体大力宣传生物多样性保护理念，提高公众对生物多样性保护的认知度和参与度。依托自然保护区、动物园、植物园、森林公园、标本馆和自然博物馆，广泛宣传生物多样性保护知识，加强学校的生物多样性保护科普教育。通过调动公众参与生物多样性保护的积极性，让公众主动感受保护生物多样性所带来的益处，进而主动参与保护。同时，探索不同类型自然保护地的社区共管模式，开展社区共管、公共监督员、生态补偿的试点与推广。研究建立生物多样性保护与减贫相结合的激励机制，促进地方政府及基层群众参与自然保护地建设与管理（孙润等，2017）。

发挥好公众和媒体的监督作用。完善公众参与生物多样性保护的有效机制，加强生物多样性信息公开。通过官方网站、环保短信和各类主流媒体，积极推动信息公开，接受公众和社会监督。通过座谈会、听证会、公众评议、研讨等多种形式开展民意调查，畅通公众参与生物多样性保护的渠道。针对突出问题，抓住典型案例，深入开展警示教育，不断提高全社会保护生物多样性的责任感。

8.3.6 加快探索并推广生物资源可持续利用模式

地球的生物多样性为人类直接提供了绝大部分的食物、纤维、药物、建筑和家具材料及其他生活、生产原料，生物物种资源可以说是我们的“自然银行”，能够永久地为我们提供福利。人类文明的存在和发展，在很大程度上取决于对生物资源的合理开发和有效保护。进入 21 世纪以来，随着生物技术的快速发展，生物资源对经济社会发展的促进作用愈发明显，生物产业也成为促进各国经济转型发展的战略性新兴绿色产业。同时，经济全球化使世界各国在传统的经济、技术、军事等领域的竞争延伸到生物资源领域，生物资源拥有量成为国家综合竞争力的重要标志。

1. 发展生物技术与促进生物资源可持续利用相结合

加强生物资源的发掘、整理、检测、筛选和性状评价，筛选优良生物遗传基因，推进相关生物技术在农业、林业、生物医药和环保等领域的应用，鼓励自主创新，积极改良品种，主动申请国际专利，提高知识产权保护能力。充分利用国内、国际两个市场，进一步加强生物资源合作开发利用，推动生物产业发展，更好地为我国经济社会发展服务。同时，需要注意防范生物资源流失，加强我国野生动植物资源保护，以开放的视野做好保护工作。

2. 制定促进生物多样性保护和可持续利用政策

建立、完善与生物多样性保护和可持续利用相关的价格、税收、信贷、贸易、土地利用和政府采购政策体系，对生物多样性保护与可持续利用项目给予价格、信贷、税收优惠。完善生态补偿政策，扩大政策覆盖范围，增加资金投入。制定鼓励循环利用生物资源的政策，对开发生物资源替代品技术给予政策支持。

3. 建立生物遗传资源及相关传统知识保护、获取和惠益共享制度和机制

借鉴国际先进经验，开展试点示范，加强生物遗传资源价值评估与管理制度研究、抢救性保护和传承相关传统知识，完善传统知识保护制度，探索建立生物遗传资源及传统知识获取与惠益共享制度，保护知识产权，公平分享因利用生物遗传资源而产生的惠益，协调生物遗传资源及相关传统知识保护、开发和利用的利益关系，确保各方利益。完善专利申请中生物遗传资源来源披露制度，建立获取生物遗传资源及相关传统知识的“共同商定条件”和“事先知情同意”程序，保障生物物种出入境查验的有效性。建立生物遗传资源获取与惠益共享的管理机制、管理机构及技术支撑体系，建立相关的信息交换机制。

4. 加强生物遗传资源开发利用与创新研究

建立畜禽遗传资源生产性状、品质性状、抗逆性和形态学评价体系，筛选影响畜禽肉、蛋、奶、毛等畜产品产量和品质的主效基因，对其进行分离、克隆、测序和定位。开展畜禽遗传资源开发与利用技术研究，加强畜禽新品种、配套系培育，建设我国畜禽遗传资源保护利用技术自主创新体系。开展农作物种质资源的更新繁殖、性状鉴定与评价，对农作物种质资源优异功能基因进行分离、克隆。对林木种质资源进行系统的性状鉴定和基因筛选，确定重要林木资源的核心种质，选择优良基因用于林木品种改良。加强药用和观赏植物资源利用新技术的开发与应用，开展种质基因的鉴定、整理和筛选，培育优良新品种。发展能够体现微生物资源特性的检测或筛选技术，有计划地采集、分离、保存、评估和利用微生物菌种及菌株，进一步大力推进微生物的产业化进程，探索微生物技术在食用菌、中药、抗生素、肥料、农药、工业发酵、采油、冶金及污水、污染土壤和生活垃圾处理中的作用。实施生物产业专项工程，鼓励生物技术研究创新和知识产权保护，实现生物产业关键技术和重要产品研制的新突破。开展野生动植物特殊功能基因研究，如资源昆虫应用前景广阔，应对各种资源昆虫如天敌昆虫、饲料昆虫、药用昆虫等开展饲养繁殖、加工利用研究。

参 考 文 献

埃比尼泽•霍华德. 2010. 明日的田园城市[M]. 金经元译. 北京: 商务印书馆.
安丰轩. 2010. 基于自然保护小区建设的社区可持续发展研究综述[J]. 科技传播, (19): 19-25.
白秀萍. 2013. 日本如何应对生物多样性丧失危机[N]. 中国绿色时报. 2013-11-26.
白艳, 赖建红, 汤丹. 2018. 浅谈安吉白茶一二三产融合发展之路[J]. 中国茶叶, 40(12): 40-42.
柏成寿, 崔鹏. 2015. 我国生物多样性保护现状与发展方向[J]. 环境保护, 43(5): 17-20.
班娟娟, 陈淑兰. 2019. 生态文明建设成就绿水青山[N]. 经济参考报. 2019-09-12.
蔡波, 王跃招, 陈跃英, 等. 2015. 中国爬行纲动物分类厘定[J]. 生物多样性, 23(3): 365-382.
蔡婵静. 2005. 城市绿色廊道的结构与功能及景观生态规划方法研究——以武汉为例[D]. 湖北: 华中农业大学硕士学位论文.
蔡煜, 余凌帆, 文智猷, 等. 2016. 濒危植物光叶蕨孢子离体培养与萌发研究[J]. 四川林业科技, 37(6): 76-79.
曹涤环. 2019. 植物用于监测污染, 是不下岗的"哨兵"[J]. 农药市场信息, (15): 67-68.
曹旭娟, 干珠扎布, 梁艳, 等. 2016. 基于 NDVI 的藏北地区草地退化时空分布特征分析[J]. 草业学报, 25(3): 1-8.
陈昌笃. 1999. 论武夷山在中国生物多样性保护中的地位[J]. 生物多样性, (4): 320-326.
陈道印, 刘新宇, 高宝国, 等. 2018. 陕西榆林东方蜜蜂微卫星 DNA 种群遗传分析[J]. 中国蜂业, 69(6): 67, 73-76.
陈国庆, 姚发兴, 冯坤, 等. 2010. 大冶铜绿山鸭跖草居群的遗传变异初步分析[J]. 湖北师范学院学报(自然科学版), 30(1): 5-9.
陈济友, 徐昕, 刘晓勇. 2018. 江西省第九次森林资源清查主要结果与动态变化分析[J]. 林业资源管理, (2): 18-23.
陈洁. 2019. 澳大利亚: 生物多样性战略聚焦三大目标[N]. 中国绿色时报. 2019-01-09 (第 3 版).
陈丽霞, 刘化金, 刘宇霖, 等. 2019. 兴凯湖不同栖息地水鸟群落差异分析[J]. 林业科学, 55(1): 56-65.
陈灵芝. 1993. 中国的生物多样性现状及其保护对策[M]. 北京: 科学出版社.
陈灵芝, 马克平. 2001. 生物多样性科学: 原理与实践[M]. 上海: 上海科学技术出版社.
陈权. 2017. 互花米草入侵红树林湿地的生态学效应: 基于大型底栖动物与鸟类研究[D]. 北京: 中国科学院生态环境研究中心博士学位论文.
陈水华, 王彦平, 兰思思, 等. 2013. 城市化对杭州鸟类的影响: 从群落到个体[C]//中国动物学会鸟类学分会. 第十二届全国鸟类学术研讨会暨第十届海峡两岸鸟类学术研讨会论文摘要集. 杭州: 中国动物学会鸟类学分会, 浙江省科学技术协会.
陈叙图, 金筱霆, 苏杨. 2017. 法国国家公园体制改革的动态、经验及启示[J]. 环境保护, (19): 56-63.
陈延斌, 周斌. 2015. 新中国成立以来中国共产党对生态文明建设的探索[J]. 中州学刊, (3): 83-89.
陈雨晴, 王瑞江, 朱双双, 等. 2016. 广州市珍稀濒危植物水松的种群现状与保护策略[J]. 热带地理, 36(6): 944-951.
池仕运, 韦翠珍, 胡俊, 等. 2020. 富营养深水水库底栖动物群落与浮游生物相关性分析[J]. 湖泊科学, 32(4): 1060-1075.
迟德富, 孙凡, 严善春, 等. 2005. 保护生物学[M]. 哈尔滨: 东北林业大学出版社.
崔洪波, 张楠, 刘航, 等. 2015. 地理国情普查成果应用于生态保护红线划定工作的探讨[J]. 测绘与空间地理信息, 38(10): 92-94.
戴竞锋. 2016. 城市规划与城市生物多样性保护关系的思考[J]. 智能城市, 2(8): 292-293.
邓可蕴. 2001. 中国农村能源综合建设理论与实践[M]. 北京: 中国环境科学出版社.
邓茗文, 管竹笋. 2020. 生物多样性保护的中国"新样本"——伊利集团首发"双报告"[J]. 可持续发展经济导刊, (6): 28-30.
丁爱强, 徐先英, 张雯, 等. 2019. 不同退化程度柽柳灌丛的土壤理化和生物学特性[J]. 草业学报, 28(2): 1-11.
丁洪美. 2020. 野生动物迁徙物种保护公约新增 10 个物种[N]. 中国绿色时报. 2020-03-04.
丁圣彦. 2004. 生态学: 面向人类生存环境的科学价值观[M]. 北京: 科学出版社.
杜乐山, 李俊生, 刘高慧, 等. 2016. 生态系统与生物多样性经济学(TEEB)研究进展[J]. 生物多样性, 24(6): 686-693.
杜乐山, 刘海燕, 徐靖, 等. 2017. 城市化与生态系统服务的双向影响综述[J]. 生态科学, 36(6): 233-240.
杜志, 甘世书, 黄湘南, 等. 2018. 西藏自治区森林资源特点及经营管理策略[J]. 中南林业调查规划, 37(4): 18-21.
段文. 2018. 国家管辖范围外海洋保护区的第三方效力——以南极海洋生物资源养护委员会建立的海洋保护区为例[J]. 中国海洋法学评论(中英文版), (1): 75-104.

段义忠, 杜忠毓, 亢福仁. 2018a. 西北干旱区孑遗濒危植物蒙古沙冬青群落特征及与环境因子的关系[J]. 植物研究, 38(6): 834-842.
段义忠, 王建武, 亢福仁. 2018b. 孑遗濒危植物蒙古沙冬青 ISSR 遗传多样性分析[J]. 分子植物育种, 16(15): 5008-5014.
樊泽璐, 陈伟, 李佳, 等. 2017. 濒危植物太行菊属遗传多样性研究进展[J]. 现代园艺, (22): 6-8.
范玉龙, 胡楠, 丁圣彦, 等. 2016. 陆地生态系统服务与生物多样性研究进展[J]. 生态学报, 36(15): 4583-4593.
冯娜, 李风华. 2016. 瑞典绿色发展政策的高效运行之道探究[J]. 绿色科技, (22): 166-170.
冯晓辉. 2015. 生物多样性[M]. 北京: 高等教育出版社.
冯晓娟, 米湘成, 肖治术, 等. 2019. 中国生物多样性监测与研究网络建设及进展[J]. 中国科学院院刊, 34(12): 1389-1398.
傅伯杰. 1995. 黄土区农业景观空间格局分析[J]. 生态学报, 15(2): 113-120.
傅伯杰, 陈利顶. 1996. 景观多样性的类型及其生态学意义[J]. 地理学报, 51(5): 454-462.
概论编写组. 2013. 马克思主义基本原理概论[M]. 北京: 高等教育出版社.
甘萍. 2015. 安吉竹产业链优化研究[D]. 蚌埠: 安徽财经大学硕士学位论文.
干靓, 吴志强. 2018. 城市生物多样性规划研究进展评述与对策[J]. 规划师, 34(1): 87-91.
高吉喜, 薛达元, 马克平, 等. 2018. 中国生物多样性国情研究[M]. 北京: 中国环境出版社.
高吉喜. 2015. 探索我国生态保护红线划定与监管[J]. 生物多样性, 23(6): 705-707.
高敬, 王立彬, 史卫燕. 2018. 让祖国大地不断绿起来美起来——党的十八大以来我国生态环境保护成就综述[OL]. 新华社. https: //baijiahao.baidu.com/s?id=1600720780538820112&wfr=spider&for=pc[2018-05-17].
高永年, 高俊峰. 2010. 太湖流域水生态功能分区[J]. 地理研究, 29(1): 111-117.
高志义. 1991. 试论“三北”生态经济型防护林体系[J]. 应用生态学报, 2(4): 373.
郭庆华, 刘瑾. 2018. 遥感已经成为生物多样性研究保护与变化监测不可或缺的技术手段[J]. 生物多样性, 26(8): 785-788.
郭忠玲. 2003. 保护生物学概论[M]. 北京: 中国林业出版社.
国家发展和改革委员会. 2020. 加快改革经验“由点及面”推广生态文明制度建设迈向新台阶[OL]. https: //www.ndrc.gov.cn/fggz/hjyzy/stwmjs/202012/t20201207_1252381_ext.html.[2020-12-07].
国家林业局. 2010. 中国林业年鉴[M]. 北京: 中国林业出版社.
国务院第一次全国地理国情普查领导小组办公室. 2013. 第一次全国地理国情普查方案[Z].
韩宝翠, 魏磊, 杨新英, 等. 2017. 濒危植物半日花的遗传多样性和谱系地理结构研究[J]. 内蒙古林业科技, 43(2): 16-19.
韩西丽. 2004. 从绿化隔离带到绿色通道——以北京市绿化隔离带为例[J]. 城市问题, (2): 27-31.
郝璐楠, 周姝婧, 朱翔杰, 等. 2019. 东北地区东方蜜蜂遗传分化和多样性分析[J]. 东北农业大学学报, 50(9): 35-43.
何军, 谢婧, 刘桂环. 2017. 生物多样性保护经济政策分析及展望[J]. 环境与可持续发展, (6): 20-25.
何璆. 2017. 法国成立生物多样性署[N]. 中国绿色时报. 2017-02-23.
贺华良, 胡岩, 叶波, 等. 2018. 湖南省稻水象甲的遗传多样性及入侵扩散特点[J]. 湖南农业大学学报(自然科学版), 44(6): 613-619.
贺泽帅, 张大治, 杨贵军, 等. 2019. 宁夏西吉县党家岔湿地自然保护区鸟类多样性调查及分析[J]. 干旱区资源与环境, 33(2): 152-157.
胡海辉, 王明璐. 2017. 城市滨水近自然景观规划设计研究[J]. 湖北农业科学, 56(12): 2270-2271, 2367.
胡会峰, 王志恒, 刘国华, 等. 2006. 中国主要灌丛植被碳储量[J]. 植物生态学报, (4): 539-544.
胡理乐, 翟生强, 李俊生. 2015. 国家及国际决策中的生态系统和生物多样性经济学[M]. 北京: 中国环境出版社.
胡莎莎. 2019. 马克思恩格斯生态发展观及其当代价值[D]. 河北: 石家庄铁道大学硕士学位论文.
胡世俊, 闫晓慧, 何平, 等. 2013. 生境破碎对缙云卫矛种群遗传多样性的影响[J]. 重庆师范大学学报(自然科学版), 30(2): 26-29.
胡宗华. 2017. 云南省森林资源动态变化分析与评价[J]. 林业调查规划, 42(2): 87-94, 99.
户晓辉. 2016.《世界遗产公约》的修订及其中国意义[J]. 中原文化研究, (6): 73-79.
黄承梁. 2018. 新时代生态文明建设思想概论[M]. 北京: 人民出版社.
黄茂兴, 叶琪. 2017. 马克思主义绿色发展观与当代中国的绿色发展——兼评环境与发展不相容论[J]. 经济研究, 52(6): 17-30.
黄钰倩, 李想, 周亚东, 等. 2017. 基于核基因 *LEAFY* 的中国珍稀濒危植物中华水韭的遗传多样性分析[J]. 植物科学学报, 35(1): 73-78.
黄志斌, 沈琳, 袁蛟姣. 2015a. 毛泽东的绿色发展思想及其时代意义[J]. 毛泽东邓小平理论研究, (8): 48-52, 91.
黄志斌, 姚灿, 王新. 2015b. 绿色发展理论基本概念及其相互关系辨析[J]. 自然辩证法研究, 31(8): 108-113.
黄志斌, 袁蛟娇, 沈琳. 2016. 邓小平绿色发展思想的历史考察[J]. 安徽史学, (3): 106-110.

季维智, 宿兵. 1999. 遗传多样性研究的原理与方法[M]. 浙江: 浙江科学技术出版社.
江苏省植物研究所. 1978. 防污绿化植物[M]. 北京: 科学出版社.
江泽民. 1996. 在第四次全国环保会议上的讲话[J]. 环境, (9): 1, 4.
蒋际宝, 邱江平. 2018. 中国巨蚓科蚯蚓的起源与演化[J]. 生物多样性, 26(10): 1074-1082.
蒋志刚, 马克平. 2014. 保护生物学原理[M]. 北京: 科学出版社.
蒋志刚, 马克平, 韩兴国. 1997. 保护生物学[M]. 杭州: 浙江科学技术出版社.
金瑶梅. 2020. 论习近平生态文明思想的生成逻辑及创新意蕴[J]. 江海学刊, (3): 5-12, 254.
景淼. 2019. 辽宁省森林资源现状及保护利用建议[J]. 防护林科技, (4): 57-59.
康宁. 2012. 日本都市生物多样性的保全[J]. 农业科技与信息, (3): 16-19.
孔德军, 杨晓君. 2017. 绿孔雀及其在中国的保护现状[J]. 生物学通报, 1: 9-11, 64.
孔繁翔, 胡伟, 桑伟莲, 等. 2002. 二氧化硫对地衣中共生藻菌营养关系影响研究[J]. 应用生态学报, (2): 151-155.
孔祥智, 卢洋啸. 2019. 建设生态宜居美丽乡村的五大模式及对策建议——来自 5 省 20 村调研的启示[J]. 经济纵横, 398(1): 19-28.
劳小平, 金国东, 罗勇, 等. 2016. 广东省森林资源与生态状况动态变化分析与评价[J]. 林业与环境科学, 32(3): 84-88.
雷海, 陈智. 2014. 瑞典首都斯德哥尔摩绿色发展模式探析[J]. 中国行政管理, (6): 120-123.
李成, 谢锋, 车静, 等. 2017. 中国关键地区两栖爬行动物多样性监测与研究[J]. 生物多样性, 25(3): 246-254.
李干杰. 2017. 牢固树立绿水青山就是金山银山意识, 推动形成绿色发展方式和生活方式[R]. 南京: 2017 年纪念六五环境日主场活动暨 2017 国际环保新技术大会.
李海东, 高吉喜. 2020. 生物多样性保护适应气候变化的管理策略[J]. 生态学报, 40(11): 3844-3850.
李海涛. 2012. 四川西昌泸山风景区鸟类频率指数数量等级分析及其生态分布[J]. 绵阳师范学院学报, 31(2): 70-74, 80.
李京梅, 王腾林. 2017. 美国湿地补偿银行制度研究综述[J]. 海洋开发与管理, (9): 3-10.
李俊清. 2012. 保护生物学[M]. 北京: 科学出版社.
李俊清, 李景文. 2006. 保护生物学[M]. 2 版. 北京: 中国林业出版社.
李宁. 2017. 浅谈城市生态公园的近自然景观设计[J]. 城市建设理论研究(电子版), (25): 195.
李倩影, 曹同, 于晶, 等. 2010. 不同种群狭叶小羽藓(*Haplocladium angustifolium*)重金属含量及遗传多样性[J]. 上海师范大学学报(自然科学版), 39(2): 194-199.
李珊, 甘小洪, 憨宏艳, 等. 2016. 濒危植物水青树叶的表型性状变异[J]. 林业科学研究, 29(5): 687-697.
李绍东. 1990. 论生态意识和生态文明[J]. 西南民族学院学报(哲学社会科学版), (2): 104-110.
李晟之. 2017. 四川蓝皮书: 四川生态建设报告(2017) [M]. 北京: 社会科学文献出版社.
李思佳. 2014. 建设生态城市的生物多样性保护分析[J]. 资源节约与环保, (9): 147-148.
李文华, 欧阳志云, 赵景柱. 2002. 生态系统服务功能研究[M]. 北京: 气象出版社.
李文华, 张彪, 谢高地. 2009. 中国生态系统服务研究的回顾与展望[J]. 自然资源学报, 24(1): 1-10.
李晓燕, 廖里平, 高永, 等. 2017. 沙冬青属植物研究进展[J]. 草地学报, 25(5): 921-926.
李星. 2006. 英国公布生物多样性保护战略进展状况[J]. 世界林业动态, (6): 9-10.
李星. 2010. 日本通过《生物多样性国家战略 2010》[N]. 中国绿色时报. 2010-10-19.
李星. 2012. 澳大利亚全面实施生物多样性保护战略[N]. 中国绿色时报. 2012-11-28(第 3 版).
李优佳, 杨帆, 吕宝乾, 等. 2020. 入侵性食叶害虫椰子织蛾的单倍型多样性分析[J]. 华南农业大学学报, 41(4): 76-81.
李作洲, 黄宏文, 唐登奎, 等. 2006. 湖北后河国家级自然保护区生物多样性及其保护对策 II. 生物多样性保护现状、威胁及其对策[J]. 武汉植物学研究, (3): 253-260.
林学名词审定委员会. 2016. 林学名词[M]. 北京: 科学出版社.
刘昶焕, 姚顺波. 2019. 韩国生物多样性管理协议制度的绩效分析[J]. 林业经济, (9): 44-73.
刘桂环, 张彦敏, 谢婧, 等. 2015. 生物多样性保护与绿色经济关系辨析及对策探讨[J]. 环境保护, 43(5): 21-24.
刘纪远, 徐新良, 邵全琴. 2008. 近 30 年来青海三江源地区草地退化的时空特征[J]. 地理学报, (4): 364-376.
刘军会, 邹长新, 高吉喜, 等. 2015. 中国生态环境脆弱区范围界定[J]. 生物多样性, 23(6): 725-732.
刘琳璐. 2015. 中国生物多样性相关公约协同增效机制研究[D]. 北京: 北京林业大学硕士学位论文.
刘思华. 2002. 生态文明与可持续发展问题的再探讨[J]. 东南学术, (6): 60-66.
刘文慧, 宋文娟, 冯瑾, 等. 2018. 有效避免生物多样性先破坏后保护的典范——以《河北雄安新区规划纲要》为例[J]. 环境与可持续发展, 43(5): 103-107.
刘晓飞, 晋燕, 施伟, 等. 2019. 基于 mtDNA *cox1* 和 *cox2* 基因的宽带果实蝇种群遗传结构分析[J]. 应用昆虫学报, 56(3):

433-443.
刘旭艳, 张心昱, 袁国富, 等. 2019. 近 10 年中国典型农田生态系统水体 pH 和矿化度变化特征[J]. 环境化学, 38(6): 1214-1222.
刘卓. 2011. 法国发布未来十年生物多样性国家战略[OL]. 新华社. 2011-05-20. http://www.chla.com.cn
龙睿贇. 2017. 中国特色社会主义生态文明思想研究[M]. 北京: 中国社会科学出版社.
卢风. 2019. 生态文明: 文明的超越[M]. 北京: 中国科学技术出版社.
卢思骋. 2019. 共谋全球生态文明建设 深度参与全球环境治理——2020 年生物多样性公约第十五次缔约方大会展望[J]. 社会治理, (2): 85-87.
陆波. 2017. 当代中国绿色发展理念研究[D]. 苏州: 苏州大学博士学位论文.
罗明, 于恩逸, 周妍, 等. 2019. 山水林田湖草生态保护修复试点工程布局及技术策略[J]. 生态学报, 39(23): 8692-8701.
罗颖, 田金萍, 李建华. 2017. 河南省森林资源现状分析及发展对策[J]. 华东森林经理, 31(2): 32-36.
马嘉, 小堀贵子. 2019. 基于生态旅游与生物保护的日本山原国立公园环境教育[J]. 风景园林, 26(10): 60-65.
马金双, 李惠茹. 2018. 中国外来入侵植物名录[M]. 北京: 高等教育出版社.
马克平, 钱迎倩. 1998. 生物多样性保护及其研究进展(综述)[J]. 应用与环境生物学报, (1): 3-5.
马克平. 1993. 试论生物多样性的概念[J]. 生物多样性, (1): 24-26.
马克平. 2015a. 生物多样性保护主流化的新机遇[J]. 生物多样性, 23(5): 557-558.
马克平. 2015b. 中国生物多样性编目取得重要进展[J]. 生物多样性, 23(2): 137-138.
马克平. 2016. 从世界自然保护大会看生物多样性保护的新趋势[J]. 生物多样性, 24(10): 1091-1092.
马晓妍. 2020. 美国“30×30”生物多样性保护目标及启示[J]. 中国国土资源经济, 33(11): 44-49.
马梓文, 张明祥. 2015. 从《湿地公约》第 12 次缔约方大会看国际湿地保护与管理的发展趋势[J]. 湿地科学, 13(5): 523-527.
梅雪芹. 2020. 生态文明: 从理念到人[N]. 信睿周报. 2020-05-27.
蒙倩彬. 2016. 基于生物多样性保护的城市生态廊道建设研究[D]. 北京: 北京林业大学硕士学位论文.
孟宏虎, 高晓阳. 2019. “一带一路”上全球生物多样性与保护[J]. 中国科学院院刊, (7): 818-826.
南极海洋生物资源养护公约. 2016. 南极海洋生物资源养护委员会官方网站. http: //www.ccamlr.org/[2016-04-10].
欧朝蓉, 朱清科, 孙永玉. 2015. 西南干热河谷景观格局研究进展[J]. 西部林业科学, 44(6): 137-142.
潘家华. 2015. 生态文明: 一种新的发展范式[J]. China Economist, 10(4): 44-71.
裴盛基, 焦婷婷, 田捷砚, 等. 2012. 生物多样性与文化多样性[J]. 人与自然, 60(30): 18-25.
彭峰. 2016. 法国《生物多样性法令》的革新[J]. 环境保护, (18): 73-76.
齐欣, 杨威. 2013. 从被动保护到保护性开发的城市生态廊道规划——以广州番禺片区生态廊道规划为例[J]. 西部人居环境学刊, (3): 62-68.
钱俊生, 余谋昌. 2004. 生态哲学[M]. 北京: 中共中央党校出版社.
钱立华, 周嵘, 方琦, 等. 2020. 绿色金融助力生物多样性保护的风险与机遇[J]. 环境保护, (12): 30-34.
钱迎倩. 1994. 生物多样性研究的原理与方法[M]. 北京: 中国科学技术出版社.
强胜, 曹学章. 2001. 外来杂草在我国的危害性及其管理对策[J]. 生物多样性, (2): 188-195.
乔清举, 马啸东. 2019. 改革开放以来我国生态文明建设[J]. 前进, (2): 21-23, 30.
秦天宝. 2007. 遗传资源获取与惠益分享的立法典范——印度 2002《生物多样性法》评介[J]. 生态经济(学术版), (2): 9-12, 26.
邱耕田. 2017. 当今世界两种不同的发展模式[J]. 新疆师范大学学报(哲学社会科学版), 38(6): 40-47.
任留柱, 席静. 2012. 自然景观元素在城市景观设计中的营造[J]. 现代装饰(理论), (10): 76.
任勇. 2019. 生态环境治理体系和治理能力现代化需要关注的问题[N]. 中国环境报. 2019-11-19.
尚玮姣, 王忠明, 陈民, 等. 2016. 澳大利亚生物多样性保护管理及政策[J]. 世界林业研究, 29(5): 82-86.
申曙光. 1994. 生态文明及其理论与现实基础[J]. 北京大学学报(哲学社会科学版), (3): 31-37, 127.
施立明. 1990. 遗传多样性及其保存[J]. 生物科学信息, 2(4): 159-164.
施雯, 耿宇鹏, 欧晓昆. 2010. 遗传多样性与外来物种的成功入侵: 现状和展望[J]. 生物多样性, 18(6): 590-597.
石敏俊. 2018. 绿色发展是新时代生态文明建设的治本之策[OL]. 光明网. https: //theory.gmw.cn/2018-05/21/content_28897138.htm[2018-05-21].
史艳财, 唐健民, 柴胜丰, 等. 2017. 广西特有珍稀濒危植物小花异裂菊遗传多样性分析[J]. 广西植物, 37(1): 9-14.
宋亨根. 2019. 保护生物多样性以及可持续利用的韩国政策概况[J]. 中外企业文化, (7): 32-33.
宋培培, 朱瑞华, 陶跃顺, 等. 2020. 植物保护对粮食安全的影响及对策研究[J]. 农业开发与装备, (4): 98-99.
宋振, 张衍雷, 付卫东, 等. 2019. 少花蒺藜草在中国北方地区的不同种群遗传多样性分析[J]. 生态环境学报, 28(8): 1499-1506.

苏红巧, 苏杨, 王宇飞. 2018. 法国国家公园体制改革镜鉴[J]. 中国经济报告, (1): 68-71.
孙金龙. 2020. 促进人与自然和谐共生 奋力谱写新时代生态环境保护事业新篇章[J]. 旗帜, (9): 16-18.
孙丽婷, 赵峰, 张涛, 等. 2019. 基于线粒体 D-loop 序列的长江口中华鲟幼鱼遗传多样性分析[J]. 海洋渔业, 41(1): 9-15.
孙润, 王双玲, 吴林巧, 等. 2017. 保护区与社区如何协调发展: 以广西十万大山国家级自然保护区为例[J]. 生物多样性, 25(4): 437-448.
孙莎. 2016. 城市生态公园的近自然景观设计研究[D]. 哈尔滨: 东北农业大学硕士学位论文.
孙旺, 蒋景龙, 胡选萍, 等. 2020. 濒危植物秦岭石蝴蝶的 SCoT 遗传多样性分析[J]. 西北植物学报, 40(3): 425-431.
孙伟平. 2008. 生态文明: 以人为本的可持续发展观[J]. 江西社会科学, (9): 51-57.
孙湘来, 石绍章, 刘志伟, 等. 2019. 濒危植物葫芦苏铁种子繁育技术研究[J]. 安徽农业科学, 47(2): 117-119.
孙燕奇, 于伟巍. 2018. 浅析城市规划与城市生物多样性保护[C]//中国城市科学研究会, 江苏省住房和城乡建设厅, 苏州市人民政府. 2018 城市发展与规划论文集. 苏州: 第十三届城市发展与规划大会, 266-269.
孙正楷. 2020. 法国国家公园建设的经验和启示[J]. 绿色科技, (8): 15-17.
孙中艳. 2005. 英国、印度和美国生物多样性法律保护概况及其借鉴意义[J]. 油气田环境保护, 15(04): 7-9, 57.
谭幸欣, 王影. 2019. 生物多样性保护, 中国企业走了多远[J]? 可持续发展经济导刊, (4): 43-45.
唐建业. 2012. 南极海洋生物资源养护委员会与中国: 第 30 届年会[J]. 渔业信息与战略, 27(3): 194-202.
唐颖斌. 2017. 摸清国情家底 助力琼岛发展——海南省地理国情普查与监测成果应用精彩亮点[J]. 中国测绘, (3): 48-52.
滕婕华, 卫家贤, 李象钦, 等. 2017. 濒危特有种掌叶木的微卫星遗传多样性研究[J]. 广西植物, 37(11): 1471-1479.
田骏. 2012. 种质资源遗传多样性研究进展[J]. 草业与畜牧, 10: 53-58.
外交部, 生态环境部. 2020. 共建地球生命共同体: 中国在行动——联合国生物多样性峰会中方立场文件[OL]. http://www.xinhuanet.com/world/download/zgzxd.pdf
外交部. 2019. 中国落实 2030 年可持续发展议程进展报告(R). https: //www.fmprc.gov.cn/web/ziliao_674904/zt_674979/dnzt_674981/qtzt/2030kcxfzyc_686343[2017-08-24].
万夏林, 邹玥屿, 王茜璐, 等. 2020.《生物多样性公约》第十五次缔约方大会与生态文明理念的国际传播[J]. 环境保护, 48(22): 55-58.
汪青雄, 肖红, 杨超, 等. 2020. 西安市越冬水鸟种类及其种群动态变化[J]. 野生动物学报, 41(1): 100-107.
王爱兰, 李维卫. 2017. 青藏高原濒危植物唐古特大黄的遗传多样性[J]. 生态学报, 37(21): 7251-7257.
王伯荪, 王昌伟, 彭少麟. 2005. 生物多样性刍议[J]. 中山大学学报(自然科学版), 44(6): 68-70.
王琛, 周建华, 王海洋. 2010. 重庆市主城区城市生态廊道景观构成及结构特点[J]. 西南大学学报(自然科学版), (12): 169-174.
王福田. 2019. 我国湿地保护取得历史性成就[J]. 国土绿化, (2): 10-12.
王佳丽, 韦加奇, 孙志秀, 等. 2020. 入侵我国中南三省(区)草地贪夜蛾的单倍体型和群体遗传结构分析[J]. 华南农业大学学报, 41(1): 9-16.
王黎娜. 2014. 浅谈城市绿化隔离带中近自然景观设计[J]. 上海农业科技, (5): 96-97.
王丽霞, 何彦峰, 陈西仓. 2017. 甘肃木兰科濒危植物资源现状与保护对策[J]. 林业科技通讯, (9): 42-45.
王璐. 2017. 习近平生态文明思想的理论创新及世界意义[J]. 理论学习, (4): 14-18.
王美皇, 高翔, 关亚丽. 2020. 基于 SRAP 分子标记的银胶菊遗传多样性分析[J]. 分子植物育种, 18(1): 193-199.
王敏, 刘哲, 冯相昭, 等. 2014.《联合国气候变化框架公约》与《生物多样性公约》的关系[J]. 生物多样性, 22(4): 431-437.
王明璐. 2016. 基于生态城市建设的滨水近自然景观规划设计研究[D]. 哈尔滨: 东北农业大学硕士学位论文.
王青, 崔晓丹. 2018. 人与自然是共生共荣的生命共同体[N]. 学习时报. 2018-05-16.
王庆慧, 李婧贤, 彭羽, 等. 2019. 我国灌丛生态系统服务功能价值评估[J]. 江苏农业科学, 47(4): 233-237.
王述民, 张宗文. 2011.《粮食和农业植物遗传资源国际条约》实施进展[J]. 植物遗传资源学报, 12(4): 493-496.
王伟, 刘方正, 陈念念. 2018. 我国自然保护区与周边社区协调发展问题及对策[J]. 绿叶杂志, 12: 47-54.
王伟民, 祝令辉, 任鸿昌. 2008. 中国西部地区灌丛生态系统服务功能效益评估[J]. 林业资源管理, (4): 124-127, 131.
王晓英. 2011.《联合国防治荒漠化公约》研究[D]. 重庆: 西南政法大学硕士学位论文.
王业清, 黄桂云, 吴笛, 等. 2017. 湖北后河国家级自然保护区的生物多样性及其保护现状调研报告[J]. 黑龙江科技信息, (14): 270.
王轶虹, 史学正, 王美艳, 等. 2017. 2001-2010 年中国农田生态系统 NPP 的时空演变特征[J]. 土壤学报, 54(2): 319-330.
王雨辰. 2017. 生态文明的四个维度与社会主义生态文明建设[J]. 社会科学辑刊, (1): 11-18.
王玥. 2018. 自然景观元素在城市空间设计中的应用价值分析[J]. 美与时代(城市版), (9): 68-69.

王云才，王云. 2011. 美国生物多样性规划设计经验与启示[J]. 中国园林, (2): 35-38.

王云忠. 2020. 生物多样性理论在城市景观规划设计中的应用研究[J]. 现代园艺, 43(13): 122-125.

王致诚. 2002. 人类环境保护的“哨兵”——记神奇的环境指示动物[J]. 野生动物, (5): 31-33.

韦建桦. 2008. 理论工作在改革发展关键阶段的主题[J]. 马克思主义与现实, (1): 4-7.

温军鹰. 2012. 自然景观城市设计理念研究[D]. 北京：中国艺术研究院博士学位论文.

温宗国. 2020. 准确把握政策导向和主要任务 加快构建绿色发展法规政策体系——解读《关于加快建立绿色生产和消费法规政策体系的意见》[N]. 中国经济导报. 2020-03-26.

吴萍，张开平. 2008. 云南苏铁植物的现状及保护对策[J]. 林业调查规划, (4): 116-119.

吴舜泽，王勇，刘越，等. 2018. 牢固树立并全面践行“绿水青山就是金山银山”[J]. 环境与可持续发展, 43(4): 10-11.

吴霞，向丽. 2012. 日本里山模式下的生物多样性及保护[J]. 资源开发与市场, 28(7): 639-641.

吴晓青. 2006. 加强生态保护 维护国家生态安全[J]. 环境保护, (11): 9-12.

习近平. 2007. 之江新语[M]. 杭州：浙江人民出版社.

习近平. 2019. 推动我国生态文明建设迈上新台阶[J]. 奋斗, 583(3): 3-18.

夏光. 2013. 用系统完整的制度保护生态环境[N]. 人民日报. 2013-11-16.

夏铭. 1999. 遗传多样性研究进展[J]. 生态学杂志, (3): 60-66, 82.

肖猛，李群，郭亮，等. 2015. 四川西部濒危植物桃儿七遗传多样性的 RAPD 分析[J]. 生态学报, 35(5): 1488-1495.

谢宗强，唐志尧. 2017. 中国灌丛生态系统碳储量的研究[J]. 植物生态学报, 41(1): 1-4.

熊哲，郭丽楠，王潇潇，等. 2018. 设立全球重要农业文化遗产国际公约的国际经验借鉴及可行性分析——以《保护世界文化和自然遗产公约》《国际植物保护公约》和《粮食和农业植物遗产资源国际条约》为例[J]. 世界农业, (6): 11-17.

徐传秋. 2016. 我国外来物种入侵的法律防治[J]. 哈尔滨学院学报, 37(7): 51-55.

徐海根，吴军，吴延庆，等. 2018. 全国两栖动物多样性观测网络(China BON-Amphibians)建设进展[J]. 生态与农村环境学报, 34(1): 20-26.

徐健，刘敏. 2020. 澳大利亚推动绿色发展的经验及启示[J]. 浙江经济, (3): 75-77.

徐靖，耿宜佳，银森录，等. 2018a. 基于可持续发展目标的“2020 年后全球生物多样性框架”要素研究[J]. 环境保护, (23): 17-22.

徐靖，银森录，刘文静，等. 2018b. 2020 年后全球生物多样性框架的谈判进展以及对我国的建议[J]. 生物多样性, 26(12): 1358-1364.

徐丽娜，胡本进，苏贤岩，等. 2019. 入侵安徽省草地贪夜蛾的遗传分析[J]. 植物保护, 45(5): 47-53.

徐芹，肖能文. 2011. 中国陆栖蚯蚓[M]. 北京：中国农业出版社.

徐卫华，欧阳志云，黄璜，等. 2006. 中国陆地优先保护生态系统分析[J]. 生态学报, (1): 271-280.

薛达元，武建勇，赵富伟. 2012. 中国履行《生物多样性公约》二十年：行动、进展与展望[J]. 生物多样性, 20(5): 623-632.

薛达元. 2011.《中国生物多样性保护战略与行动计划》的核心内容与实施战略[J]. 生物多样性, 19(4): 387-388.

薛达元. 2015. 建立生物多样性保护相关国际公约的国家履约协调战略[J]. 生物多样性, 23(5): 673-680.

薛达元. 2019. 生物多样性相关传统知识的保护与展望[J]. 生物多样性, 27(7): 705-707.

郇庆治. 2020. 生态文明建设与可持续发展的融通互鉴[J]. 可持续发展经济导刊, (Z1): 59-62.

闫俊杰，刘海军，崔东，等. 2018. 近 15 年新疆伊犁河谷草地退化时空变化特征[J]. 草业科学, 35(3): 508-520.

闫朗，陈琳琳，吕卷章，等. 2020. 黄河口近岸海域大型底栖动物群落特征[J]. 广西科学, 27(3): 231-240.

阎树文，黄元. 2000. 浅谈西部大开发和生态环境建设[J]. 中国水土保持, (12): 8-10, 49.

颜凤，刘本法，余仁栋，等. 2018. 围填海对盐城珍禽自然保护区越冬水鸟群落及空间分布的影响[J]. 生态科学, 37(6): 20-29.

颜岳辉，丁雪梅，李强，等. 2019. 珠江源头入侵种波氏吻虾虎的遗传多样性分析[J]. 四川动物, 38(3): 263-270.

杨东民，何平，张贺全，等. 2019. 瑞士和法国国家公园等自然保护地的管理经验及启示[J]. 中国工程咨询, (8): 89-92.

杨济达，张志明，沈泽昊，等. 2016. 云南干热河谷植被与环境研究进展[J]. 生物多样性, 24(4): 462-474.

杨加志，张红爱，严玉莲，等. 2019. 基于森林资源连续清查的广东省人工林资源动态分析[J]. 林业与环境科学, 35(2): 95-99.

杨锐，曹越. 2018. 论中国自然保护地的远景规模[J]. 中国园林, 34(7): 5-12.

杨小林，宫照红，马和平. 2012. 拉萨半干旱河谷砂生槐灌丛群落退化程度评价[J]. 西北林学院学报, 27(5): 11-14.

杨晓明，韩雪梅，梁子安，等. 2020. 人类活动干扰下大型底栖动物功能多样性评价[J]. 河南师范大学学报(自然科学版), 48(4): 96-102.

杨星宇. 2015. 濒危水生蕨类植物水蕨的隐种多样性及分子谱系地理学研究[D]. 武汉：武汉大学博士学位论文.
杨艳刚，张彪，董敦义，等. 2011. 太湖地区竹林生态系统土壤硝态氮的分布特征——以浙江省安吉县为例[J]. 资源科学, 33(7): 1292-1297.
杨宜勇，吴香雪，杨泽坤. 2017. 绿色发展的国际先进经验及其对中国的启示[J]. 新疆师范大学学报(哲学社会科学版), 38(2): 2, 18-24.
杨玉萍. 2011. 城市近自然园林的营建与公众认知——以武汉市为例[D]. 武汉：华中农业大学博士学位论文.
姚冲学，王智红，梁良，等. 2020. 云南玉龙雪山两栖动物多样性时空格局的观测[J]. 生态与农村环境学报, 36(6): 726-730.
叶冬娜. 2016. 马克思恩格斯论人与自然矛盾的根源[J]. 中南林业科技大学学报(社会科学版), 10(2): 6-9, 60.
叶谦吉. 1988. 生态农业：农业的未来[M]. 重庆：重庆出版社.
易金鑫，代应贵，孙际佳，等. 2019. 北盘江下游尼罗罗非鱼群体 *Cytb* 基因多态性[J]. 水产科学, 38(5): 716-720.
殷悦. 2020. 巨型蝗灾席卷东部非洲[J]. 世界知识, (6): 52-53.
尹峰，卢琳琳，梦梦，等. 2016. 穿山甲的贸易与保护[J]. 野生动物学报, 37(2): 157-161.
于佳琳. 2017. 东北雨蛙线粒体 DNA 遗传多样性的研究[D]. 沈阳：沈阳师范大学硕士学位论文.
俞可平. 2005. 科学发展观与生态文明[J]. 马克思主义与现实, (4): 4-5.
俞孔坚，李迪华，段铁武. 1998. 生物多样性保护的景观规划途径[J]. 生物多样性, 6(3): 205-212.
俞懿春，万宇，张朋辉，等. 2020. 建设人与自然和谐共生的现代化——国际社会积极评价中国"十三五"时期生态文明建设成就[N]. 人民日报. 2020-10-19.
曾甜，邬志龙. 2020. 国际绿色发展研究进展及其热点趋势分析[J]. 环境与可持续发展, (4): 5-15.
詹绍文，赵雅雯. 2020. 全球生物多样性正在加速丧失[J]. 生态经济, (5): 5-8.
张春霞，章家恩，郭靖，等. 2019. 我国典型外来入侵动物概况及防控对策[J]. 南方农业学报, 50(5): 1013-1020.
张芬，杨传强，赵青，等. 2019. 山东省森林资源现状及动态变化分析[J]. 山东林业科技, 49(6): 78-80, 101.
张风春. 2020. 国家治理体系和治理能力现代化总目标下的生物多样性保护对策[J]. 环境与可持续发展, 45(2): 22-27.
张风春，李俊生，刘文慧. 2015a. 生物多样性基础知识[M]. 北京：中国环境出版社.
张风春，刘文慧，李俊生. 2015b. 中国生物多样性主流化现状与对策[J]. 环境与可持续发展, 40(2): 13-18.
张风春，朱留财，彭宁. 2011. 欧盟 Natura 2000：自然保护区的典范[J]. 环境保护, (6): 73-74.
张富文. 2016. 城市中心城区连片住区绿地结构生态优化研究以成都市为例[D]. 成都：西南交通大学硕士学位论文.
张桂英，王之安. 2004. 森林的净化作用[J]. 黑龙江科技信息, (2): 60.
张国锋. 2018. 自然保护小区建设的自主治理问题研究——以四川关坝流域自然保护小区为例[D]. 贵州：贵州师范大学硕士学位论文.
张海滨. 2019. 略论习近平生态文明思想的世界意义[J]. 环境与可持续发展, 44(6): 45-48.
张惠远，张强，郝海广，等. 2018. 生态产品及其价值实现[M]. 北京：中国环境出版集团.
张惠远，张强，胡旭珺. 2020. 共建地球生命共同体：生物多样性保护的中国方案、世界行动[J]. 世界环境, (2): 19-21.
张剑智. 2018. 深化生物多样性保护国际合作的思考[J]. 环境保护, 46(23): 32-36.
张健，张宏亮，易秀琴，等. 2016. 经济新常态下竹产业发展对策思考——以安吉为例[J]. 世界竹藤通讯, 14(5): 34-38.
张丽荣，王夏晖，李若溪，等. 2019. 生物多样性保护助力减贫：实践模式与案例[J]. 中华环境, 6(14): 24-26.
张龙生，程小云，李萍，等. 2020. 甘肃省森林资源现状及动态变化分析[J]. 林业与环境科学, 36(3): 73-79.
张式军. 2007. 巴西生物多样性保护法律与实践[J]. 中共济南市委党校学报, (1): 35-37.
张淑萍，郑光美. 2007. 北京市城区与郊区麻雀(*Passer montanus*)环境压力的比较研究[J]. 北京师范大学学报(自然科学版), (2): 187-190.
张维平. 1999. 生物多样性面临的威胁及其原因[J]. 环境科学进展, (5): 3-5.
张新时. 1994. 对生物多样性的几点认识[C]//生物多样性研究进展——首届全国生物多样性保护与持续利用研讨会论文集. 北京：首届全国生物多样性保护与持续利用研讨会.
张雁云，张正旺，董路，等. 2016. 中国鸟类红色名录评估[J]. 生物多样性, 24(5): 568-579.
张引，庄优波，杨锐. 2018. 法国国家公园管理和规划评述[J]. 中国园林, 34(7): 36-41.
张永亮，俞海，王勇，等. 2015. 可持续发展与生态文明，亦此亦彼[J]? 环境经济, (ZA): 24-25.
张玉峰，胡清，伍玉鹏，等. 2019. 环渤海岛屿蚯蚓种群遗传多样性研究——以湖北远盲蚓为例[J]. 环境生态学, (5): 29-37.
张玉峰，刘莹莹，李丛胜，等. 2016. 河北地区蚯蚓种群遗传多样性分析[J]. 河北农业科学, 20(4): 45-48.
张渊媛. 2019. 生物多样性相关传统知识的国际保护及中国应对策略[J]. 生物多样性, 27(7): 708-715.
张渊媛，薛达元. 2014. 气候公约的背景、履约进展、分歧与展望[J]. 中国人口·资源与环境, 24(S2): 1-5.

张云香, 胡灏禹, 何兴金. 2013. 珍稀濒危植物距瓣尾囊草遗传多样性的 ISSR 分析[J]. 西北植物学报, 33(6): 1098-1105.
张志强, 徐中民, 程国栋. 2000. 生态系统服务与自然资本价值评估研究进展[C]//生物多样性保护与区域可持续发展——第四届全国生物多样性保护与持续利用研讨会论文集. 武汉: 第四届全国生物多样性保护与持续利用研讨会.
赵蓓. 2015. 武陵山区生态文明建设的基本思路研究[D]. 湖南: 吉首大学硕士学位论文.
赵建军. 深入理解习近平生态文明思想的核心价值——《新时代生态文明建设思想概论》书评[N]. 中国环境报. 2018-06-07.
赵婧懿. 2017. 倡导联盟框架理论视域下全球生物多样性政策变迁研究[D]. 厦门: 厦门大学硕士学位论文.
赵曼. 2016. 中国共产党生态文明建设思想的历史逻辑[J]. 人民论坛, 36(24): 45.
赵晓宁, 李超. 2020. “生态银行”的国际经验与启示——以美国湿地缓解银行为例[J]. 资源导刊, (6): 52-53.
赵学敏. 2006. 积极推进我国自然保护区事业发展[N]. 中国绿色时报. 2006-11-01.
赵英民. 2019. 加快推进生态环境治理体系和治理能力现代化[N]. 光明日报. 2019-12-05.
浙江省林业考察团. 2011. 生物多样性保护的典范——赴英国、西班牙考察林业生态建设有感[J]. 浙江林业, (10): 31-33.
郑光美. 2011. 中国鸟类分类与分布名录[M]. 2 版. 北京: 科学出版社.
郑磐基. 1994. 关于建立自然保护小区的研究[J]. 环境与开发, (3): 289-293.
郑世群, 吴则焰, 刘金福, 等. 2011. 我国特有孑遗植物水松濒危原因及其保护对策[J]. 亚热带农业研究, 7(4): 217-220.
中共中央编译局. 2012. 马克思恩格斯选集(第一卷)[M]. 北京: 人民出版社.
中共中央文献研究室. 1994. 建国以来重要文献选编(第八册) [M]. 北京: 中央文献出版社.
中共中央文献研究室. 1997. 周恩来年谱(一九四九——一九七六) (下卷)[M]. 北京: 中央文献出版社.
中共中央文献研究室. 1999.经济建设是科学, 要老老实实学习[M] //毛泽东文集(第八卷). 北京: 人民出版社.
中国测绘报评论员. 2017. 惠及国计民生的重大成果[N]. 中国测绘报. 2017-05-05.
中国大百科全书总委员会《环境科学》委员会. 2002. 中国大百科全书, 环境科学[M]. 北京: 中国大百科全书出版社.
中国环境与发展国际合作委员会. 2020. 专题政策研究报告: 2020 后全球生物多样性保护[R].
中国科学院植物研究所. 1978. 环境污染与植物[M]. 北京: 科学出版社.
中华人民共和国环境保护部. 2011. 中国生物多样性保护战略与行动计划: 2011-2030 年[M]. 北京: 中国环境科学出版社.
周琛. 2007. 印度生物多样性保护法律与实践[J]. 中共济南市委党校学报, (1): 37-38.
周侃, 盛科荣, 樊杰, 等. 2020. 我国相对贫困地区高质量发展内涵及综合施策路径[J]. 中国科学院院刊, 35(7): 895-906.
周敏. 2018. 基于森林资源清查体系的安徽省森林资源动态变化分析[J]. 安徽林业科技, 44(1): 44-46, 51.
朱万泽, 范建容, 王玉宽, 等. 2009. 长江上游生物多样性保护重要性评价——以县域为评价单元[J]. 生态学报, 29(5): 2603-2611.
庄贵阳, 薄凡. 2018. 从自然中来, 到自然中去——生态文明建设与基于自然的解决方案[N]. 光明日报. 2018-09-12(14 版).
庄国泰, 沈海滨. 2013. 生物多样性保护面临的新问题和新挑战[J]. 世界环境, (4): 16-21.
祖慧琳, 朱煜, 郑典元, 等. 2012. 太湖蓝藻水华污染对黄颡鱼遗传多样性的影响[J]. 江苏农业科学, 40(4): 37-40.
Anna V R, Elena S B, Tatiana A M, et al. 2020. Genetic analysis in earthworm population from area contaminated with radionuclides and heavy metals[J]. Science of the Total Environment, 723.
Australian Association for Environmental Education. 1987. Our Common Future[M]. New York: Oxford University Press.
Barrett G W, Peles J D. 1994. Optimizing habitat fragmentation: an agrolandscape perspective[J]. Landscape and Urban Planning, 28(1): 99-105.
Berlin Derpartment of Urban Development. 1995. Valuable Areas for Flora and Fauna[R]. http: //www.stadtentwicklung. Berlin. de/umwelt/umweltatlas/ei503.htm.
Ceballos G, Ehrlich P R, Dirzo R. 2017. Biological annihilation via the ongoing sixth mass extinction signaled by vertebrate population losses and declines[J]. Proceedings of the National Academy of Sciences, 114(30): E6089-E6096.
Chen C, Park T, Wang X, et al. 2019. China and India lead in greening of the world through land-use management[J]. Nature Sustainability, 2(2): 122-129.
Chen S, Wang W, Xu W, et al. 2018. Plant diversity enhances productivity and soil carbon storage[J]. Proceedings of the National Academy of Sciences, 115(16): 4027-4032.
Clayton P, Schwartz W A. 2019. What Is Ecological Civilization? Crisis, Hope, and the Future of the Planet[M]. MN: Process Century Press.
Dai F, Nevo E, Wu D, et al. 2012. Tibet is one of the centers of domestication of cultivated barley[J]. Proceedings of the National Academy of Sciences, 109(42): 16969-16973.
David S W, Lawrence L M. 2005. How many endangered species are there in the united states[J]? Frontiers in Ecology and the Environment, 3(8): 414-420.
Deng J S, Wang K, Hong Y, et al. 2009. Spatio-temporal dynamics and evolution of land use change and landscape pattern in

response to rapid urbanization[J]. Landscape and Urban Plying, 92: 187-198.
Fan J, Shen S, Erwin D H, et al. 2020. A high-resolution summary of cambrian to early triassic marine invertebrate biodiversity[J]. Science, 367(6475): 272-277.
Feng G, Mi X, Yan H, et al. 2016. CForBio: a network monitoring Chinese forest biodiversity[J]. Science Bulletin, 61(15): 1163-1170.
Forman R T T. 1983. Corridors in landscape: their ecological structure and function[J]. Ekologia(CSSR), 2: 375-378.
Forman R T T. 1995. Landscape Mosaics [M]. New York: Cambridge Unicersity Press.
Forman R T T, Godron M. 1986. Landscape Ecology[M]. New York: John Wiley & Sons.
Frankel O H, Brown A H D, Burdon J J. 1995. The Conservation of Plant Biodiversity[M]. Cambridge: Cambridge University Press.
Gare A, 王俊. 2019. 从“可持续发展”到“生态文明”：打赢生存之战[J]. 伦理与文明, (7): 117-134, 184.
Hawksworth H D L. 1994. Biodiversity: measurement and estimation || preface[J]. Philosophical Transactions Biological Sciences, 345(1311): 5-12.
Hu J, Huang Y, Jiang J, et al. 2019. Genetic diversity in frogs linked to past and future climate changes on the roof of the world[J]. The Journal of Animal Ecology, 88(6): 953-963.
ICBP. 1992. Putting Biodiversity On The Map: Priority Areas For Global Conservation[M]. Cambridge: ICBP
Intergovernmental Science Policy Platform on Biodiversity and Ecosystem Services (IPBES). 2019.Global Assessment Report on Biodiversity and Ecosystem Services[R].
Lena B M V, Gilles P, Ann F, et al. 1995. Structure and function of buffer strips from a water quality perspective in agriculture landscapes[J]. Landscape and Urban Planning, 31: 323-331.
Li H D, Gao Y Y, Li Y K, et al. 2017. Dynamic of Dalinor Lakes in the Inner Mongolian Plateau and its driving factors during 1976-2015[J]. Water, 9(10): 749.
Li S, Yuan W, Shi T M, et al. 2011. Dynamic analysis of ecological footprints of Nanchong City in the process of urbanization[J]. Procedia Engineering, 15: 5415-5419.
Li X Y, Bleisch W V, Jiang X L. 2018. Using large spatial scale camera trap data and hierarchical occupancy models to evaluate species richness and occupancy of rare and elusive wildlife communities in southwest China[J]. Diversity and Distributions, 24(11): 1560-1572.
Liu B, Yan J, Li W, et al. 2020. Mikania micrantha genome provides insights into the molecular mechanism of rapid growth[J]. Nature Communications, 11(1): 1-13.
Liu C, Chen L, Vanderbeck R M, et al. 2018. A Chinese route to sustainability: postsocialist transitions and the construction of ecological civilization[J]. Sustainable Development, 26: 741-748.
Liu H, Yan Z, Xu H, et al. 2017. Development and characterization of EST-SSR markers via transcriptome sequencing in *Brainea insignis* (Aspleniaceae S. L.)[J]. Applications in Plant Sciences, 5(10) : 1700067.
McNeely J A, Mainka S A. 2009. Conservation for A New Era[M]. Switzerland: IUCN.
McNeely J A, Miller K R, Reid W V, et al. 1990. Conserving the world's biological diversity[M]. Switzerland: International Union for Conservation of Nature and Natural Resources.
Meynard C N, Pierre-Emmanuel G, Michel L, et al. 2017. Climate-driven geographic distribution of the desert locust during recession periods: subspecies' niche differentiation and relative risks under scenarios of climate change[J]. Global Change Biology, 23(11) : 4739-4749.
Norse E A. 1986. Today's biotechnology[J]. Science, 233(4762): 404.
Pearce D W. 1995. Blueprint 4: Capturing Global Environmental Value[M]. London: Earthscan
Piou C, Bacar M J, Ebbe M B, et al. 2017. Mapping the spatiotemporal distributions of the Desert Locust in Mauritania and Morocco to improve preventive management[J]. Basic and Applied Ecology, 25: 37-47.
Pisupat B. 2020. 生态文明和新型全球生物多样性框架[EB/OL]. 中国生物多样性保护与绿色发展基金会译. http: //www.cbcgdf.org/NewsShow/4854/12105.html[2020-11-10].
Pouzols F M, Toivonen T, Di Minin E, et al. 2014. Global protected area expansion is compromised by projected land-use and parochialism[J]. Nature, 516(7531): 383-386.
Rybak A V, Belykh E S, Maystrenko T A, et al. 2020. Genetic analysis in earthworm population from area contaminated with radionuclides and heavy metals[J]. Science of the Total Environment, 723: 137920.
Sachs J, Schmidt-Traub G, Kroll C, et al. 2020. The Sustainable Development Goals and COVID-19. Sustainable Development Report 2020[M]. Cambridge: Cambridge University Press.
Song H, Huang S, Jia E, et al. 2020. Flat latitudinal diversity gradient caused by the Permian–Triassic mass extinction[J]. Proceedings of the National Academy of Sciences, 117(30): 17578-17583.
Tan M, Li X, Xie H, et al. 2005. Urban land expansion and arable land loss in China–a case study of Beijing–Tianjin–Hebei region[J]. Land Use Policy, 22(3): 187-196.

Tian Y, Jia M, Wang Z, et al. 2020. Monitoring invasion process of Spartina alterniflora by seasonal sentinel-2 imagery and an object-based random forest classification[J]. Remote Sensing, 12(9): 1383.

Turner R K. 1991. Economics of wetland management[J]. Ambio, 20: 59-63.

United Nations Environment Programme, World Conservation Monitoring Centre (UNEP-WCMC). 2008. Convention on Biological Diversity poster series[Z].

Vought L B M, Pinay G, Fuglsang A, et al. 1995. Structure and function of buffer strips from a water quality perspective in agriculture landscapes[J]. Landscape and Urban Planning, 31: 323-331.

Wang Z, Brown J H, Tang Z, et al. 2009. Temperature dependence, spatial scale, and tree species diversity in eastern Asia and North America[J]. Proceedings of the National Academy of Sciences, 106(32): 13388-13392.

Wang Z, Mao D, Li L, et al. 2015. Quantifying changes in multiple ecosystem services during 1992–2012 in the Sanjiang Plain of China[J]. Science of the Total Environment, 514: 119-130.

Wilcox B A. 1984. *In Situ* conservation of genetic resources: determinants of minimum area requirements[M]. *In*: McNeely J A, Miller K R. National Parks, Conservation and Development, Proceedings of the World Congress on National Parks. Washington DC: Smithsonian Institution Press: 18-30.

World Resources Institute (WRI), World Conservation Union (IUCN), United Nations Environment Programme (UNEP). 1992. Global biodiversity strategy[M]. Catalog card: library congress.

World Resources Institute (WRI). 2003. Ecosystems and human well-being: a framework for assessment[J]. Physics Teacher, 34(9): 534-534.

World Wildlife Fund (WWF). 1989. The importance of biological diversity[M]. Grand: WWF.

Xu W B, Svenning J C, Chen G K, et al. 2019. Human activities have opposing effects on distributions of narrow-ranged and widespread plant species in China[J]. Proceedings of the National Academy of Sciences, 116(52): 26674-26681.

Yuan L, Gong W F, Dang Y F, et al. 2013. Study on ecological risk of land use in urbanization watershed based on RS and GIS: a case study of Songhua River watershed in Harbin section[J]. Asian Agricultural Research, 5(3): 61-65.